U0299622

"十二五"职业教育国家规划教材

经全国职业教育教材审定委员会审定

全国高职高专教育土建类专业教学指导委员会规划推荐教材

建筑电气施工组织管理
（第三版）
（建筑电气工程技术专业适用）

裴　涛　主　编

韩俊玲　副主编

刘春泽　主　审

中国建筑工业出版社

图书在版编目（CIP）数据

建筑电气施工组织管理/裴涛主编. —3 版. —北京：
中国建筑工业出版社，2014.5（2024.11重印）
"十二五"职业教育国家规划教材. 经全国职业教育教材审
定委员会审定. 全国高职高专教育土建类专业教学指导委员
会规划推荐教材（建筑电气工程技术专业适用）
ISBN 978-7-112-16465-3

Ⅰ.①建… Ⅱ.①裴… Ⅲ.①建筑工程—电气施工—施工
组织—高等职业教育—教材 Ⅳ.①TU85

中国版本图书馆 CIP 数据核字（2014）第 034793 号

为了更好地支持相应课程的教学，我们向采用本书作为教材
的教师提供课件，有需要者可与出版社联系。
建工书院：http：//edu. cabplink. com/index
邮箱：jckj@cabp. com. cn 电话：010-58337285

责任编辑：齐庆梅 田启铭
责任校对：李美娜 党 蕾

"十二五"职业教育国家规划教材
经全国职业教育教材审定委员会审定
全国高职高专教育土建类专业教学指导委员会规划推荐教材

建筑电气施工组织管理

（第三版）

（建筑电气工程技术专业适用）

裴 涛 主 编
韩俊玲 副主编
刘春泽 主 审

*

中国建筑工业出版社出版、发行（北京西郊百万庄）
各地新华书店、建筑书店经销
北京红光制版公司制版
建工社（河北）印刷有限公司印刷

*

开本：787×1092毫米 1/16 印张：13½ 字数：331千字
2015 年 8 月第三版 2024 年11月第二十一次印刷
定价：**28.00**元（赠教师课件）
ISBN 978-7-112-16465-3
（25301）

第 三 版 前 言

本书是根据高等职业院校土建类专业教学指导委员会对高职院校建筑电气工程技术专业、楼宇智能化工程技术专业学生的培养目标编写的，是"十二五"职业教育国家规划教材。

在编写过程中，力求体现高等职业技术学校的要求和特点，注重理论与实践的结合，注重培养学生的实际应用能力，对第二版教材的内容做了适当的调整和补充，编写了必要的例题、习题以满足教学需要。

本书综合了目前建筑电气施工组织与管理中常用的基本原理、方法、步骤、技术以及现代化科学成果。针对本专业具有的实践性强、涉及面广、发展较快、综合性强等特点，同时结合高等职业技术学院培养应用型人才的特点，编写中力求做到结合工程实际、解决实际问题，既保证全书的系统性和完整性，又体现内容的先进性、适应性、可操作性，便于案例教学和实践教学。

本书共分六章，主要包括建筑电气施工组织管理概述、工程招投标与工程合同，施工项目管理、流水施工组织、网络计划技术和施工组织设计等内容。

本书由辽宁建筑职业学院裴涛、韩俊玲、张铁东编写。其中裴涛编写第一章、第二章、第三章，张铁东编写第四章，韩俊玲编写第五章、第六章。本书由裴涛任主编，韩俊玲任副主编，辽宁轻工职业技术学院刘春泽任主审。

为了方便教学，我们制作了一个简单的电子课件，可发送邮件至 jiangongshe@163.com 免费索取。

由于编者水平有限，书中会有不妥之处，在此恳请广大读者提出宝贵意见。

目　录

第一章　电气安装工程···1

　第一节　基本建设程序···1

　第二节　建筑电气安装工程施工程序及施工中的协调·····················6

　本章小结···9

　复习思考题···9

第二章　工程招投标与工程合同···10

　第一节　建设工程招标···10

　第二节　建设工程投标···21

　第三节　建设工程施工合同···30

　第四节　建设工程施工索赔···37

　本章小结···47

　复习思考题···47

第三章　施工项目管理···48

　第一节　施工项目管理···48

　第二节　施工项目进度管理···55

　第三节　施工项目质量管理···62

　第四节　施工项目成本管理···85

　第五节　施工项目安全管理···90

　第六节　施工项目技术管理···98

　第七节　建设工程监理制度···106

　本章小结···113

　复习思考题···113

第四章　流水施工组织···114

　第一节　流水施工基本原理···114

　第二节　流水施工的基本参数···118

　第三节　流水施工组织及计算···124

　本章小结···131

　复习思考题···131

第五章　网络计划技术···133

　第一节　概述···133

　第二节　网络图的绘制···138

　第三节　双代号网络计划时间参数的计算·····································149

　第四节　单代号网络计划时间参数的计算·····································161

第五节　双代号时标网络计划……………………………………… 165

第六节　搭接网络计划……………………………………………… 168

本章小结…………………………………………………………… 175

复习思考题………………………………………………………… 175

第六章　施工组织设计………………………………………………… 176

第一节　单位工程施工组织设计的编制程序和内容………………… 176

第二节　电气工程施工方案………………………………………… 189

第三节　某学校宿舍楼普通灯具安装施工工艺……………………… 193

第四节　电梯安装工程施工设计…………………………………… 199

本章小结…………………………………………………………… 208

复习思考题………………………………………………………… 208

第一章　电气安装工程

安装工程包括建筑电气、智能楼宇、电梯工程、给水排水、通风与空调、采暖等，是多工种、多专业、多设备、高技术、综合复杂的系统工程，是许多过程的组合体。同一个施工过程采用不同的施工方案施工速度也会不同。安装工程施工组织与管理就是针对施工条件的复杂性，来研究安装工程的统筹安排和系统管理的客观规律的一门学科。具体来说，就是针对安装工程的性质、规模、工期、劳动力、材料、机械等因素，寻求最合理的施工组织与方法。这些工作组织与协调，对于提高工程质量、降低工程成本、缩短工期、实现安全施工具有重要意义。

第一节　基本建设程序

一、基本建设

（一）固定资产

1. 固定资产的概念

当使用年限和单项价值达到规定标准以上，并在使用过程中保持原有实物形态的资产，称为固定资产。

2. 固定资产的条件

固定资产包括生产性和非生产性两类，生产性固定资产是指工、农业生产用的厂房和机器设备等；非生产性固定资产是指各类生产福利设施和行政管理设施。

（二）基本建设

1. 基本建设的概念

基本建设是指国民经济各部门为建立和形成固定资产的一种综合性的经济活动，即将一定数量的建筑材料、机器设备等，通过购置、建造和安装调试等活动，使之成为固定资产，形成新的生产能力或使用效益的过程。

但是，固定资产的再生产并不都是基本建设。对于利用更新改造资金和各种专项资金进行的挖潜、革新、改造项目，均视为固定资产的更新改造而不列入基本建设范围内。

2. 基本建设的内容

基本建设的内容包括：建筑工程、安装工程、设备的材料的购置和其他基本建设工作。

（1）建筑工程

建筑工程包括：各种永久性和临时性的建筑物、构筑物及附属于建筑工程内的暖卫、管道、通风、照明、消防、燃气等安装工程；设备基础、工业筑炉、障碍物清理、排水、竣工后的施工渣土清理、水利工程、铁路、公路、桥梁、电力线路等工程以及防空设施。

（2）安装工程

安装工程包括：各种需要安装的生产、动力、电信、起重、运输、传动、医疗、实验等设备的安装工程；被安装设备的绝缘、保温、油漆、防雷接地和管线放设工程；安装设备的测试和无负荷试车等；与设备相连的工作台、梯子等的装设工程。

（3）设备和材料的购置

包括一切需要安装与不需要安装设备和材料的购置。

（4）其他基本建设工作

包括上述内容以外的土地征用，原有建筑物拆迁及赔偿，青苗补偿、生产人员的培训和管理工作等。

3. 基本建设的作用

基本建设是扩大再生产以提高人民物质、文化生活水平和加强国家综合实力的重要手段。它的具体作用是：

（1）为国民经济各部门提供生产能力；

（2）影响和改变各产业部门内部之间、各部门之间的构成和比例关系；

（3）使全国生产力的配置更趋于合理；

（4）用先进的技术改造国民经济；

（5）基本建设还为社会提供住宅、文化设施、市政设施，为解决社会重大问题提供了物质基础。

因此，基本建设是发展国民经济的物质技术基础，它在国家的社会主义现代化建设中占据着重要地位，有着十分重要的作用。

4. 基本建设的分类

（1）按建设项目的建设性质分：新建项目、改建项目、恢复项目、迁建项目；

（2）按建设项目在国民经济中的用途分：生产性建设项目、非生产性建设项目；

（3）按建设项目资金的来源渠道分：国家投资的建设项目、银行信用筹资的建设项目、自筹资金的建设项目、引进外资的建设项目、长期利用市场资金的建设项目；

（4）以计划年度为单位，按建设项目的建设过程分：筹建项目、施工项目、投产项目、收尾项目等；

（5）按建设项目建设总规模和投资多少分：大型、中型、小型；

（6）按建设项目隶属关系分：部直属项目、部直供项目、地方项目。

二、建设工程组成项目的划分

基本建设工程项目，是指具有计划任务书和总体主设计、经济上实行独立核算、管理上具有独立组织形式的基本建设单位。通常将基本建设工程项目简称为建设工程或建设项目。例如，在工业建设中，一般一个工厂为一个建设项目，城市与工业区的一项给水工程或一项排水工程为一个建设项目；在民用建设中，一般一所学校、一所医院即为一个建设项目。

基本建设工程项目可以划分为：单项工程、单位工程、分部工程和分项工程。

（一）单项工程

单项工程是建设项目的组成部分。凡是具有独立的设计文件，竣工后可以发挥生产能力或效益的工程，称为一个单项工程。一个建设项目，可以由一个单项工程组成，也可以由若干个单项组成。工业建设项目中，如各个独立的生产车间、实验大楼等；民用建设中，如学校的教学楼、宿舍楼、图书馆、食堂等，这些都各自为一个单项工程，其内容包括：建筑工程、安装工程、设备和材料的购置。

（二）单位工程

单位工程是单项工程的组成部分。凡是具有独立的施工图设计，具有独立的专业施工特点并能独立施工，但完工后不能独立发挥生产能力或效益的工程，称为单位工程。一个单项工程可划分一个或若干个单位工程，如房屋建筑中的电气工程、暖通工程等。

（三）分部工程

分部工程是单位工程的组成部分。一般按工程部位、专业结构特点等，将一个单位工程划分为若干个分部工程，如防雷接地、电缆工程等。

（四）分项工程

分项工程是分部工程的组成部分，是指安装工程中某一道工序中的不同敷设方式，不同安装位置等，如钢管敷设中砖混结构明配、暗配；普通灯具安装中的吸顶安装与吊杆式安装。分项工程中不同规格的材料敷设、不同容量的设备安装等称之为分项工程子目，也就是每个分项工程安装项目对应的定额编号。

三、基本建设程序

基本建设是把投资转化为固定资产的经济活动，它需要多行业、多部门的密切配合，综合性强，涉及面广，环节多。基本建设程序是人们在长期进行基本建设经济活动中，对基本建设客观规律所作的科学总结。因而，从事任何一项基本建设活动，都必须按照这些客观规律所要求的先后顺序进行施工，妥善处理各个环节之间的关系，保证工程建设的顺利进行。

一个建设项目的基本建设程序，一般分为决策、设计、施工、竣工验收阶段，如图1-1 所示。

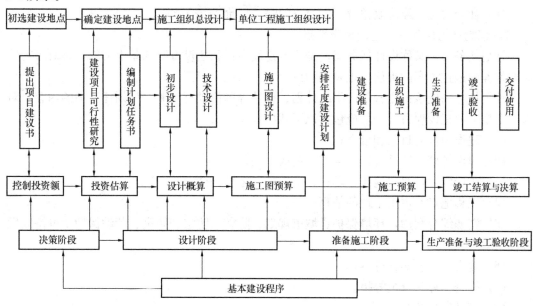

图 1-1　基本建设程序

（一）决策阶段

1. 提出项目建议书

项目建议书是根据国民经济和社会发展的长远规划、行业规划、地区规划要求，经过

3

调查、预测和分析后提出的。项目建议书的主要内容如下：

（1）项目提出的必要性和依据；

（2）产品方案、拟建规模和建设地点的初步设想；

（3）资源情况、建设条件、协作关系和引进国别、厂商的初步设计；

（4）投资的初步估算和资金筹措设想；

（5）项目的进度安排；

（6）经济效果和社会效益的初步估计。

2. 建设项目可行性研究

根据国民经济发展规划及项目建议书，对建设项目的投资建设，从技术和经济两个方面，进行系统的、科学的、综合性的研究、分析、论证，以判断它是否可行，即在技术上是否可靠，经济上是否合理，预测其投产后的经济效益和社会效益，通过多方案比较，提出评价意见，推荐最佳方案，以取得尽可能好的经济效果。

建设项目的可行性研究是计划任务书的编制基础。其主要内容有：

（1）建设项目的背景、必要性和依据；

（2）建设项目的国内外市场需求预测分析；

（3）拟建项目的规模、产品方案、工艺技术和预备选择的技术经济的比较和分析；

（4）资源、能源动力、交通运输、环境等状况分析；

（5）建设条件和地址方案的比较和选择；

（6）企业组织、劳动定员和人员培训；

（7）投资估算、资金来源及筹措方式；

（8）社会效益、经济效益及环境效益的综合评价。

3. 编制计划任务书，选定建设地点

计划任务书，又称设计任务书，是确定建设项目和建设方案的基本文件，是对可行性研究推荐的最佳方案的确认，也是编制设计文件的主要依据。

计划任务书应该由主管部门组织计划、设计等单位进行编制。计划任务书的内容，对大、中型工业建设项目，一般应包括以下几项：

（1）建设项目的目的和依据；

（2）建设规模、产品方案，生产工艺或方法；

（3）矿产资源，水文地质，燃料、水、电、运输条件；

（4）工程地点及占用土地的估算；

（5）资源综合利用，环境保护、城市规划、防震、防空、防洪、劳动保护及可持续发展的要求；

（6）建设工期和实施进度；

（7）投资估算和资金筹措；

（8）劳动定员控制数；

（9）预期技术水平和经济效益等。

建设项目立项后，建设单位提出建设用地申请。设计任务书报批后，必须附有城市规划行政主管部门的选址意见书。建设地点的选择要考虑工程地质、水文地质的自然条件是否可靠；水、电、运输条件是否落实；项目建设投产后的原材料、燃料等是否具备；对于生产人员的生活条件、生产环境也应全面考虑。在认真细致调查研究的基础下，从几个方案中选出最佳推荐方案，编写选址报告。

（二）设计阶段

设计阶段是指由设计单位根据可行性研究报告及选址报告的批准文件内容要求，而编制设计文件。建设项目一般采用两段设计，即初步设计和施工图设计；对于重大工程项目实行三段设计，即初步设计、技术设计和施工图设计。有些工程技术复杂，可把初步设计的内容适当加深，即是扩大初步设计。

1. 初步设计

初步设计是一项带有规划性质的轮廓设计。它的主要内容包括：建厂规模、产品方案、工艺流程、设备选型及数量、主要建筑物和构筑物、劳动定员、建设工期、"三废"治理等。在初步设计阶段，应编制建设项目总概算，确定工程总造价。

2. 技术设计

技术设计是对初步设计的深化。它的内容包括进一步确定初步设计所采用的产品方案和工艺流程，校正初步设计中设备的选择和建筑物的设计方案以及其他重大技术问题，同时编制修正的总概算。

初步设计和扩大初步设计由文字说明、设计图纸和总概算三部分组成。它是主要设备、施工前期准备和控制项目投资的依据，也是施工图设计和编制施工组织总设计的主要依据。

3. 施工图设计

施工图设计是初步设计的技术设计的具体化，是施工单位组织施工的基本依据。其主要内容包括：

（1）建设工程总平面图，单位建筑物、构筑物布置详图和平面图、立面图及剖面图；

（2）生产工艺流程图、设备布置和管路与电气系统等的平面图、剖面图；

（3）各种标准设备的型号、规格、数量及各种非标准设备加工制作图等；

（4）编制施工图预算，且应低于总概算。施工单位依据施工图预算承包工程。

施工图是施工安装必用图，所以施工图设计的深度应该以能够满足设备、材料安排、各种非标设备的制作加工的要求为准。

（三）准备和实施阶段

1. 安排年度建设计划

建设项目必须具备有经过批准的扩大初步设计和总概算才能列入年度建设计划。建设单位根据批准后的初步设计、总概算和总工期，编制企业的年度基本建设计划。合理分配各年度的投资额，使每年的建设内容与当年的投资额及设备材料分配额相适应。配套项目应该同时安排，相互衔接，保证施工的连续性。

2. 建设准备

根据批准的设计文件和基本建设计划，就可以对建设项目进行建设准备了。建设准备工作主要包括：

（1）组织设计文件的编审；

（2）安排年度基本建设计划；

（3）申报物资采购计划；

（4）组织大型专用设备预订和安排特殊材料的订货；

（5）落实地方材料供应，办理征地拆迁手续；

（6）提供必要的勘察、测量资料；

（7）落实水、电、道路等外部建设条件和施工力量等。

3. 组织施工

当施工准备工作就绪后，应由建设单位或施工单位提出开工报告，经主管部门审批后方可正式开工。

施工过程中，要按照施工顺序合理地组织施工，进行文明生产。要严格按照设计的要求以及施工验收规范的规定，确保工程质量，保证计划、设计、施工三个环节互相衔接，投资、工程内容、施工图纸、设备材料、施工力量五个方面落实，做到保质、保量、保工期，全面完成施工任务。

（四）生产准备与竣工验收阶段

1. 生产准备

生产准备是衔接工程建设和生产的一个不可逾越的阶段。建设单位要根据建设项目的生产技术特点，抓好投产前的准备工作。生产准备工作主要内容：

（1）招收和培训生产人员，组织他们参加设备安装、调试和工程验收；

（2）落实原材料、协作产品、燃料、水电、气等的来源以及其他协作配合条件；

（3）组织工具、器具、备品、备件的生产和购置；

（4）组织生产经营管理机构、制定管理制度和安全操作规程、收集生产技术经济资料和产品样品等。

生产准备工作是保证实现投资效果的重要环节，所以生产准备工作要细致全面，为正式投产打下基础。

2. 竣工验收阶段

竣工验收是全面考核建设成果，检查设计和施工质量的重要环节，由建设单位或委托监理公司组织实施。按照批准的设计文件和合同规定的内容全部施工完成的工程项目，其中生产性项目经负荷试运行和试生产合格，并能生产合格产品的，非生产性项目符合设计要求，能够正常使用的，便可组织竣工验收。

验收前，建设单位要组织设计、施工等单位进行初验，提出竣工报告，整理技术资料，分类立卷，移交建设单位保存。验收合格后，施工单位向建设单位办理工程移交，办理工程竣工结算。

第二节 建筑电气安装工程施工程序及施工中的协调

一、电气安装工程施工程序

随着国家建设规模的发展，电气安装工程已成为建设工程的一项重要组成部分。电气安装工程包括的内容很多，如变配电装置、照明工程、架空线路、防雷接地、电气设备调试、闭路电视系统、电话通信系统、广播音响系统、火灾报警系统与自动灭火系统等。

电气安装工程的施工程序是反映工程施工安装全过程必须遵循的先后次序。它是多年来电气安装工程施工实践经验的总结，是施工过程中必须遵循的客观规律。只有坚持按照施工程序进行施工，才能使电气安装工程达到高质量、高速度、高工效、低成本。一般情况下，电气安装工程施工程序要经过下面五个阶段。

1. 承接施工任务、签订施工合同

施工单位获得施工任务的方法主要是通过投标而中标承接。有一些特殊的工程项目可由国家或上级主管部门直接下达给施工单位。不论哪种承接方式，施工单位都要检查其施工项目是否有批准的正式文件，是否列入基本年度计划，是否落实投资等。

承接施工任务后，建设单位和施工单位应根据《合同法》的有关规定签订施工合同。施工合同的内容包括：承包的工程内容、要求、工期、质量、造价及材料供应等，明确合同双方应承担的义务和职责以及应完成的施工准备工作。施工合同经双方法人代表签字后具有法律效力，必须共同遵守。

2. 全面统筹安排，做好施工规划

施工单位接到任务，首先进行摸底工作，了解工程概况、建设规模、特点、期限；调查建设地区的自然、经济和社会等情况。在此基础上，拟订施工规划或编制施工组织总设计或施工方案，部署施工力量，安排施工总进度，确定主要工程施工方案等。批准后，组织施工先遣人员进入现场，与建设单位密切配合，共同做好施工规划确定的各项全局性的施工准备工作，为建设项目正式开工创造条件。

3. 落实施工准备，提出开工报告

签订施工合同，施工单位做好全面施工规划后，应认真做好施工准备工作。其内容主要有：会审图纸；编制和审查单位工程施工组织设计；施工图预算和施工预算；组织好材料的生产加工和运输；组织施工机具进场；建立现场管理机构，调遣施工队伍；落实好施工现场的"三通一平"，搭建临时设施等。具备开工条件后，提出开工报告并经审查批准后，即可正式开工。

4. 精心组织施工

开工报告批准后即可进行全面施工。施工前期为与土建工程的配合阶段，要按设计要求将需要预留的孔洞、预埋件等设置好；进线管、过墙管也应按设计要求设置好。施工时，各类线路的敷设应按图纸要求进行，并合乎验收规范的各项要求。

在施工过程中提倡科学管理，文明施工，严格履行经济合同。合理安排施工顺序，组织好均衡连续施工，在施工过程中应着重对工期、质量、成本和安全进行科学的督促、检查和控制，使工程早日竣工，交付使用。

5. 竣工验收，交付使用

竣工验收是施工的最后阶段，在竣工验收前，施工单位内部应该先进行预验收，检查各分部分项工程的施工质量，整理各项竣工验收的技术经济资料，绘制竣工图，协同建设单位、设计单位、监理单位完成验收工作。验收合格后，双方签订交接验收证书，办理工程移交，并根据合同规定办理工程结算手续。

二、建筑电气安装工程施工中的协调

建筑电气安装工程施工中，与建设单位、设计单位、监理单位、总承包单位之间的协调配合，以及与各专业之间的协调配合是直接影响整体的施工进度、施工质量、施工成本和施工效果的重要因素。

（一）与业主、监理方的协调配合

1. 接受业主、监理方进行工程质量目标交底。

2. 积极参与由业主、监理方组织的每周或不定期召开的工程协调例会、施工进度会议、工程质量安全和文明施工会议，每月或每季质量、安全巡检活动等，并书面汇报施工情况及需协助解决的问题。

3. 按工程进度要求，及时上报工程验收和竣工资料。

4. 按时向监理方和业主上报每月完成的工程进度情况和提供工程量清单，做好工程施工过程中的工程量预算和工程竣工后的工程结算工作。

5. 施工过程中，对业主、监理方提出的工程质量、安全生产和文明施工等问题，做到及时整改，杜绝隐患。

6. 施工过程中，保持与业主、监理方的沟通和联系，做到业务来往规范化。

7. 接受业主、监理方对进场材料进行监督。接受业主、监理方对施工工序进行监督控制和验收。

（二）与设计单位的协调配合

1. 通过业主与设计单位密切配合，明确设计意图和设计方案，并进行图纸会审。

2. 按设计要求、设备安装要求、实际施工情况及有关规定，编写详细设计方案，并提交设计单位审批。

3. 与设计单位建立良好的沟通和反馈渠道，对重要的施工（变更等）情况应随时反馈设计单位，工程验收时提供系统的功能参数和调节验系数，以备设计单位的检查验收。

（三）与土建工程协调配合

建筑电气安装工程的施工是比较复杂的，它需要与土建、给水排水、采暖、通风等专业工种密切配合。电气安装工程是整个建筑工程项目的重要组成部分，与其他施工项目必然发生多方面的联系，和土建施工关系最为密切，如电源的进户、明暗管道的敷设、防雷接地装置等，都要在土建施工中预埋构件和预留孔洞。随着现代设计和施工技术的发展，以及许多新结构、新工艺的推广应用，施工中的协调配合就越来越重要。在土建施工阶段，针对建筑结构及施工方法的基本特点采取相应的方法，充分做好电气安装的配合施工。

1. 电气安装工程在施工前与土建的配合

在工程项目的设计阶段，由电气设计人员对土建设计提出技术要求，例如开关柜的基础型钢预埋；电气设备和线路和固定件预埋，这些要求应在土建结构施工图中得到反映。土建施工前，电气施工人员应会同土建施工技术人员共同审核土建和电气施工图，以防遗漏和发生差错，电气工人应该学会看懂土建施工图，了解土建施工进度计划和施工方法，尤其是梁柱、地面、屋面的做法和相互间的连接方式，并仔细校核拟采用的电气安装方法是否和此项目的土建施工相适应。施工前，必须加工制作和备齐土建阶段中的预埋件、预埋管道和零配件。

2. 电气安装工程在基础阶段与土建的配合

（1）基础工程施工时，应及时配合土建做好强电、弱电专业的进户电缆穿墙管及止水挡板的预留、预埋工作。这一方面要求电专业应在土建做墙体防水处理之前完成，避免电气施工破坏防水层造成墙体渗漏；另一方面要求格外注意预留的轴线、标高、位置、尺寸、数量、用材、规格等方面是否符合图纸要求。进户电缆穿墙管的预留、预埋是不允许返工修理的，返工后土建做二次防水处理很困难，所以电气专业施工人员应特别留意与土建的配合。

（2）利用基础主筋作接地装置时，要将主筋在基础根部散开与地板筋焊接，引上留出接地母线。

（3）在地下室预留孔洞。

（4）隐蔽工程隐检记录。及时做好隐蔽工程质量检查，验收合格后进行土建混凝土浇筑。

3. 电气安装工程在结构施工阶段与土建的配合

根据土建浇筑混凝土的进度要求及流水作业的顺序，逐层逐段地做好电气配管的暗敷工作，这是整个电气安装工程的关键工序，做不好不仅影响土建施工进度与质量，而且也影响整个电气安装工程后续工序的质量与进度，应引起足够的重视。如现浇混凝土楼板内配管时，在底层钢筋绑扎完后，上层钢筋未绑扎前，根据施工图尺寸位置配合土建施工。土建浇筑混凝土时，电工应留人看守，以免振捣时损坏配管或使得灯头盒移位。

4. 电气安装工程在装修阶段与土建配合

在土建工程砌筑隔断墙之前应与土建工长和放线员将水平线及隔墙壁线核实，因为它可以使电气人员按此线确定管路预埋位置及确定各种灯具、开关、插座的位置、标高。在土建抹灰前，电气施工人员应按设计和规范要求查对核实，符合要求后将箱盒进行安装。当电气器具已安装完毕后，土建修补喷浆或墙面时，一定要保护好电气器具，防止器具污损。

5. 电气安装工程与其他安装工程的配合

电气安装工程与其他（如水暖工程等）要统一协调，避免各种管道之间相互交叉碰撞、相互干扰。特别是电气管线怕水、怕热，施工的电气安装施工人员要仔细查阅水暖燃气的施工图纸，检查是否有相互矛盾之处，施工时重要的是确保各管线之间的距离符合验收规范的要求。

本 章 小 结

本章主要介绍了安装工程施工与组织管理的相关知识、基本建设程序以及电气安装工程的施工顺序。本章是本课程的基础，通过本章内容学习应掌握基本建设的含义及其内容；掌握基本建筑工程项目的划分；了解基本建设程序的划分及作用；了解电气安装工程与土建工程、设备安装工程的区别与划分；掌握电气安装工程的施工顺序及其同基本建设程序的区别与联系。

复 习 思 考 题

1. 什么是基本建设？它包含哪些内容？

2. 基本建设项目是如何划分的？

3. 什么是基本建设程序？它分为哪些阶段？

4. 说明电气安装工程的施工程序？

第二章　工程招投标与工程合同

第一节　建设工程招标

一、工程招标与投标的概念与意义

（一）工程招投标的概念

工程招、投标是指勘察、设计、施工的工程发包单位与工程承包单位彼此选择对方的一种经营方式，它包括招标和投标两个方面。

建设工程招标指建设单位（发包单位或甲方），根据拟建工程内容、工期和质量等要求及现有的技术经济条件，通过公开或非公开的方式邀请施工单位（承包单位或乙方）参加承包建设任务的竞争，以便择优选定承包单位的活动。

投标是指施工单位经过招标人审查获得投标资格后，以同意发包单位招标文件所提出的条件为前提，进行广泛的市场调查，结合企业自身的能力，在规定的期限内，向招标人填写投标书，通过投标竞争而获得工程施工任务权的过程。建筑安装工程招标与投标是法人之间的经济活动。实行招标投标的建设工程不受地区、部门限制，凡持有营业执照的施工企业，经审查合格均可参加投标。凡符合国家政策、法令和有关规定而进行的招、投标活动均受法律保护、监督。

（二）工程招投标的意义

建设工程实行招投标、承包制度，是工程建设经济体制的一项重大改革。1983 年城乡建设环境保护部印发了《建筑安装工程招投标试行办法》，1984 年国家计委、建设部印发了《建设工程招标投标暂行规定》，1992 年发布了《建设工程招标投标管理办法》，1996 年建设部印发了《建设工程施工招标投标文件范本》。这些文件的颁发，有力地规范了招投标工作的开展，使招投标工作趋于完善。

建设工程自实行招投标承包制以来，取得了较显著的经济效益和社会效益。主要表现为：

（1）工期普遍缩短；

（2）工程造价普遍有较合理下降；

（3）促进了工程质量不断提高；

（4）简化了工程结算手续，减少扯皮现象，密切了承发包双方的协作关系；

（5）促进了施工企业内部经济责任制的落实，调动了企业内部的积极性。

总之，实行建设工程招投标，是搞活和理顺建筑市场，堵塞不正之风和非法承包，确保工程质量，提高投资效益，保证建筑业和工程建设管理体制改革深入发展的行之有效的重要手段。

二、招标方式

（一）公开招标

公开招标是指招标人以招标公告的方式邀请不特定的法人或者其他组织投标。公开招标也称无限竞争性招标，是一种由招标人按照法定程序，在公开出版物（指报刊、广播电视、网络等公共媒体）上发布招标公告，所有符合条件的供应商或承包商都可以平等参加投标竞争，招标人从中择优选择中标者的招标方式。

公开招标能有效地防止腐败，为潜在的投标人提供均等的机会，能最大限度引起竞争，达到节约建设资金、保证工程质量、缩短建设工期的目的。但是，公开招标也存在着工作量大、周期长，花费人力、物力、财力多等方面的不足。

（二）邀请招标

邀请招标也称有限竞争性招标，是一种由招标人选择若干符合招标条件的供应商或承包商，向其发出投标邀请，由被邀请的供应商、承包商投标竞争，从中选定中标者的招标方式。

邀请招标的特点是：

（1）招标人在一定范围内邀请特定的法人或其他组织投标。为了保证招标的竞争性，邀请招标必须向三个以上具备承担招标项目能力并且资信良好的投标人发出邀请书。

（2）邀请招标不需要发布公告，招标人只要向特定的投标人发出投标邀请书即可。接受邀请的人才有资格参加投标，其他人无权索要招标文件，不得参加投标。

邀请招标虽然在潜在投标人的选择和通知形式上与公开招标不同，但其所适用的程序和原则与公开招标是相同的，其在开标、评标标准等方面都是公开的，因此，邀请招标不失其公开性。

三、招标条件

1. 建设单位具备的招标条件

建设单位应当具备下列条件方可自行组织招标投标：

（1）有与招标工程相适应的经济、技术、管理人员；

（2）有组织编制招标文件的能力；

（3）有审查投标单位资质的能力；

（4）有组织开标、评标、定标的能力。

不具备以上条件的，招标单位应当委托经建设行政主管部门资质审查合格的招标代理机构代理招标。

2. 建设工程具备的招标条件

（1）拟招标的建设工程必须有国家、省（自治区或直辖市）批准的初步设计和概算，建设项目已列入国家、部门或地方的年度固定资产投资计划；

（2）已经向当地建设行政主管部门办理报建手续；

（3）建设用地使用权已经取得，建设用地征用、拆迁和场地清理已经完成，现场施工的"三通一平"条件已经落实；

（4）建设资金、设备、主要材料和协作配合条件均已落实，能保证建筑安装工程连续施工；

（5）满足招标需要的有关文件及技术资料已经编制完成；

（6）招标所需的其他条件已经具备。

四、建设工程施工招标程序及内容

（一）建设工程项目报建

1. 建设工程项目报建的主要内容

建设工程项目的立项批准文件或年度投资计划下达后，按照有关规定，须向建设行政主管部门的招标投标行政监管机关报建备案。工程项目报建应按规定的格式进行填报，其主要内容包括：

（1）工程名称；

（2）建设地点；

（3）投资规模；

（4）资金来源；

（5）当年投资额；

（6）工程规模；

（7）开、竣工时间；

（8）发包方式及工程筹建情况等。

2. 建设工程项目报建程序

（1）建设单位到建设行政主管部门或其授权机构领取工程建设项目报建表；

（2）按报建表的内容及要求认真填写；

（3）向建设行政主管部门或其授权机构报送工程建设项目报建表，并按要求进行招标准备。

3. 工程报建文件资料

（1）立项批准文件或年度投资计划；

（2）固定资产投资许可证；

（3）建设工程规划许可证；

（4）资金证明等。

工程项目报建备案的目的，是便于当地建设行政主管部门掌握工程建设的规模，规范工程实施阶段程序的管理，加强工程实施过程的监督。建设工程项目报建备案后，具备招标条件的建设工程项目，即可开始办理招标事宜。凡未报建的工程项目，不得办理招标手续和发放施工许可证。

（二）建设工程招标程序

当工程项目报建工作完成后，即可按规定程序进行工程项目招标工作。建设工程施工招标程序主要是指招标工作在时间和空间上应遵循的先后顺序，建设工程施工公开招标工作程序如图 2-1 所示。

（三）建设工程施工招标的主要内容

1. 审查招标人招标资质

组织招标有两种情况，招标人自己组织招标和委托招标代理机构招标。对于招标人自行办理招标事宜的，必须满足一定的条件，并向其行政监管机关备案，行政监管机关对招标人是否具备自行招标的条件进行审查。对委托招标代理机构招标也应向其行政监管机关备案，行政监管机关检查其相应的代理资质。对委托的招标代理机构，招标人应与其签订委托代理合同。

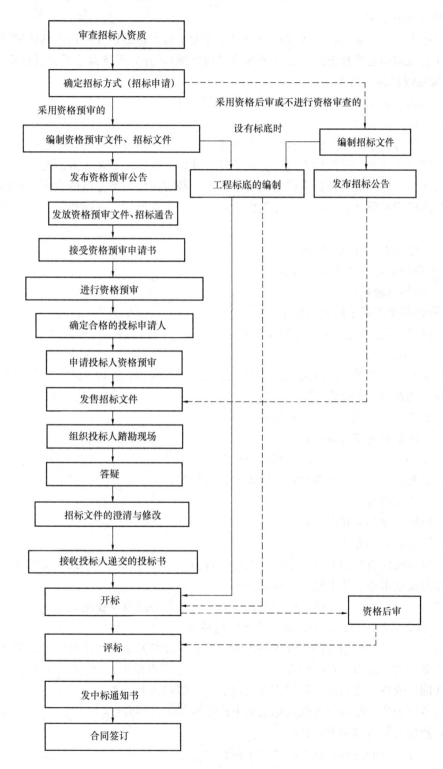

图 2-1 建设工程施工公开招标工作程序

注：实线为采用资格预审时的程序，虚线为采用资格后审时的程序。

2. 确定招标方式

当招标人自己或委托招标代理机构组织招标确定后，根据招标项目的具体情况，按照法律法规的规定确定招标方式（公开招标或邀请招标），并向行政监管机关进行备案。

3. 编制资格预审文件

招标方式确定并备案后，即可编制资格预审文件。

（1）资格预审文件

公开招标对投标人的资格审查有资格预审和资格后审两种。资格预审是指在发售招标文件前，招标人对潜在的投标人进行资质条件、业绩、技术、资金等方面的审查；资格后审是指在开标后评标前对投标人进行的资格审查，经资格后审不合格的投标人应作废标处理。只有通过资格预（后）审的潜在投标人，才可以参加投标。我国通常采用资格预审的方法。

（2）资格预审文件的主要内容

1）资格预审公告的格式、内容；

2）资格预审通知；

3）资格预审申请书的内容及格式；

4）资格预审合格通知书的内容及格式。

4. 编制招标文件

（1）工程综合说明书。包括项目名称、地址、工程内容、承包方式、建设工期、工程质量验收标准及施工条件等；

（2）工程施工图纸和必要的资料；

（3）工程款项的支付方式；

（4）实物工程量清单（采用工程量清单招标）；

（5）材料供应方式及主要材料、设备的订货情况；

（6）工程保修要求；

（7）招标程序和时间安排；

（8）评标标准和方法；

（9）投标文件投标函部分的格式、投标文件商务标部分的格式、投标文件技术标部分的格式以及资格审查申请书格式（资格预审）等。

资格预审文件和招标文件需向当地建设行政主管机关报审及备案。

5. 发布资格预审公告、招标公告或投标邀请书

资格预审文件和招标文件经审查备案后，招标人即可发布资格预审公告、招标公告或发布投标邀请书，吸引潜在投标人前来投标（或参加资格预审）。资格预审公告、招标公告必须在国家或省、自治区、直辖市人民政府指定的媒体上公布。

资格预审公告、招标公告或投标邀请书应当载明的内容有：

（1）招标人的名称和地址；

（2）招标项目的内容、规模、资金来源；

（3）招标项目的实施地点和工期；

（4）获取招标文件或者资格预审文件的地点和时间；

（5）对招标文件或者资格预审文件收取的费用；

（6）对投标人的资质等级的要求。

采用资格预审方式时，招标公告、投标邀请书的内容及格式分别如表 2-1、表 2-2
所示。

招 标 公 告 表 2-1

1. （招标人名称）的（招标人工程项目名称），已由（项目批准机关名称）批准建设。现决定对该项目的工程施工进行公开招标，选定承包人。

2. 本次招标工程项目的概况如下：

2.1 （说明招标工程项目的性质、规模、结构类型、招标范围、标段及资金来源和落实情况等）；

2.2 工程建设地点为_____；

2.3 计划开工日期为_____年_____月_____日，计划竣工日期为_____年_____月_____日，工期为_____日历天。

2.4 工程质量要求符合《工程施工质量验收规范》标准。

3. 凡具备承担招标工程项目的能力并具备规定的资格条件的施工企业，均可对上述（上一个或多个）招标工程项目（标段）向招标人提出资格预审申请，只有资格预审合格的投标申请人才能参加投标。

4. 投标申请人须是具备建设行政主管部门核发的（建筑业企业类别、资质等级）及以上资质的法人或其他组织。自愿组成联合体的各方均应具备承担招标工程项目的相应资质条件；相同专业的施工企业组成的联合体，按照资质等级低的施工企业的业务许可范围承揽工程。

5. 投标申请人可从（地点和单位名称）处获取资格预审文件，时间为_____年_____月_____日至_____年_____月_____日，每天上午_____时_____分至_____时_____分，下午_____时_____分至_____时_____分（公休日、节假日除外）。

6. 资格预审文件每套售价为（币种、金额、单位），售后不退。如需邮购，可以书面形式通知招标人，并另加邮费每套（币种、金额、单位）。招标人在收到邮购款后_____日内，以快递方式向投标申请人寄送资格预审文件。

7. 资格预审申请书封面上应清楚注明"（招标工程项目名称和标段名称）投标申请人资格预审申请书"字样。

8. 资格预审申请书须密封后，于_____年_____月_____日_____时_____分前送至_____处，逾期送达或不符合规定的资格预审申请将被拒绝。

9. 资格预审结果将及时告知投标人，并预计于_____年_____月_____日发出资格预审合格通知书。

10. 凡资格预审合格的投标申请人，请按照资格预审合格通知书中确定的时间、地点和方式获取招标文件及有关资料。

招标人：_____

办公地址：_____

邮政编码：_____ 联系电话：_____

传　真：_____ 联系人：_____

招标代理机构：_____

办公地址：_____

邮政编码：_____ 联系电话：_____

传　真：_____ 联系人：_____

日　期：___年___月___日

投 标 邀 请 书 表 2-2

(采用资格预审方式)

招标工程项目编号：＿＿＿＿＿＿＿＿＿

致：(投标人名称)

1. (招标人名称)的(招标人工程项目名称)，已由(项目批准机关名称)批准建设。现决定对该项目的工程施工进行邀请招标，选定承包人。

2. 本次招标工程项目的概况如下：

2.1 (说明招标工程项目的性质、规模、结构类型、招标范围、标段及资金来源和落实情况等)；

2.2 工程建设地点为＿＿＿＿＿＿＿＿＿；

2.3 计划开工日期为＿＿＿＿年＿＿＿＿月＿＿＿＿日，计划竣工日期为＿＿＿＿年＿＿＿＿月＿＿＿＿日，工期为＿＿＿＿日历天。

2.4 工程质量要求符合《工程施工质量验收规范》标准。

3. 本工程对投标申请人的资格采用资格预审方式，主要资格审查标准和内容详见招标文件中的资质审查文件，只有资质审查合格的投标申请人才有可能被授予合同。

4. 如你方对本工程上述(上一个或多个)招标工程项目(标段)感兴趣，请从(地点和单位名称)处获取资格预审文件，时间为＿＿＿＿年＿＿＿＿月＿＿＿＿日至＿＿＿＿年＿＿＿＿月＿＿＿＿日，每天上午＿＿＿＿时＿＿＿＿分至＿＿＿＿时＿＿＿＿分，下午＿＿＿＿时＿＿＿＿分至＿＿＿＿时＿＿＿＿分(公休日、节假日除外)。

5. 资格预审文件每套售价为(币种、金额、单位)，售后不退。如需邮购，可以书面形式通知招标人，并另加邮费每套(币种、金额、单位)。招标人在收到邮购款后＿＿＿＿日内，以快递方式向投标申请人寄送资格预审文件。

6. 资格预审申请书封面上应清楚注明"(招标工程项目名称和标段名称)投标申请人资格预审申请书"字样。

7. 资格预审申请书须密封后，于＿＿＿＿年＿＿＿＿月＿＿＿＿日＿＿＿＿时＿＿＿＿分前送至＿＿＿＿处，逾期送达或不符合规定的资格预审申请将被拒绝。

8. 资格预审结果将及时告知投标人，并预计于＿＿＿＿年＿＿＿＿月＿＿＿＿日发出资格预审合格通知书。

9. 凡资格预审合格的投标申请人，请按照资格预审合格通知书中确定的时间、地点和方式获取招标文件及有关资料。

招 标 人：＿＿＿＿＿＿＿＿＿

办公地址：＿＿＿＿＿＿＿＿＿

邮政编码：＿＿＿＿＿＿＿＿＿ 联系电话：＿＿＿＿＿＿＿＿＿

传 真：＿＿＿＿＿＿＿＿＿ 联 系 人：＿＿＿＿＿＿＿＿＿

招标代理机构：＿＿＿＿＿＿＿＿＿

办公地址：＿＿＿＿＿＿＿＿＿

邮政编码：＿＿＿＿＿＿＿＿＿ 联系电话：＿＿＿＿＿＿＿＿＿

传 真：＿＿＿＿＿＿＿＿＿ 联 系 人：＿＿＿＿＿＿＿＿＿

日 期：＿＿＿年＿＿＿月＿＿＿日

6. 投标人资格预审

对已获取招标资格预审信息，愿意参加投标资格预审的报名者进行资格预审，其目的是为了保证投标人具备承担招标工程项目的能力。资格预审工作应当遵循公平、公正、科学、择优的原则，任何单位和个人不得非法干预，影响资格预审过程和结果。

资格预审的内容一般包括：

(1) 企业状况；

(2) 财务状况；

(3) 拟投入的主要管理人员情况；

(4) 目前剩余劳动力和施工机械设备情况；

(5) 近三年承建工程情况；

(6) 目前正在承建的工程情况；

(7) 两年来涉及的诉讼案件情况；

(8) 其他资料(如各种奖励和处罚等)。

7. 发售招标文件和有关资料

招标人应按规定时间和地点向经审查合格的投标人（含被邀请的投标人）发售招标文件和有关资料，并收取一定数量的投标保证金。投标保证金是指为了防止投标人在投标过程中擅自撤回投标或中标后不愿与招标人签订合同而设立的一种保证措施。投标保证金的额度，由招标人在招标文件中确定。一般不应大于投标总价的 2%，且不高于 80 万元人民币。

招标文件发出后，招标人不得擅自变更其内容。确需必要的澄清、修改或补充的，应当在招标文件要求提交投标文件截止时间前一定的时间内，书面通知所有获得招标文件的投标人。该澄清、修改或补充的内容是招标文件的组成部分，对招标人和投标人都有约束力。与招标文件有同等效力，并同时将招标文件的澄清、修改部分向建设行政主管部门备案。

8. 组织投标人踏勘现场并答疑

招标文件发放后，招标人要在招标文件规定的时间内，组织投标人踏勘现场，并对投标人关于招标文件和踏勘现场中所提问题进行答疑。

踏勘现场的目的在于使投标人了解工程现场和周围环境情况，获取对投标有帮助的信息，并据此作出关于投标策略和投标报价的决定，同时还可以针对招标文件中的有关规定和数据，通过现场踏勘进行详细核对，对于现场踏勘中有疑问或不清楚的问题，应当以书面的形式向招标人提出，招标人应当给予解释和答复。招标人的答疑可以根据情况采用以下方式进行：

（1）以信函的方式书面解答。解答内容应同时送达所有获得招标文件的投标人，并向建设行政主管部门备案；

（2）通过召开答疑会进行解答。以会议纪要形式将解答内容送达所有获得招标文件的投标人，并同时将答疑纪要向建设行政主管部门备案。

9. 接受投标书

招标人接受投标人的投标文件，并记录接受日期和时间。投标人应在招标文件约定的投标截止日期前，提交投标文件，逾期送达的投标文件将被拒绝。在开标前，招标人应妥善保管投标文件。

10. 开标

开标是招标过程中的重要环节。开标应在招标文件规定的提交投标文件截止日期的同一时间公开进行，开标地点应在招标文件中确定。开标会议由招标人或招标代理机构组织并主持，所有投标单位的法定代表人或授权代理人均应参加，招标投标管理机构到场监督。

招标人在提交投标文件的截止日期前收到的所有投标文件，开标时都应当当众予以拆封。按规定提交了合格的撤回通知的招标文件不予开封，退回给投标人。

开标过程中如出现下列情况，应宣布投标文件无效：

（1）未按招标文件的要求标志、密封的；

（2）无投标人公章和投标人的法定代表人或其委托代理人的印鉴或签字的；

（3）投标文件标明的投标人在名称和法律地位上与通过资格审查的不一致的；

（4）未按招标文件规定的格式、要求填写，内容不全或关键字字迹模糊、无法辨认的；

（5）投标人提交两份或多份内容不同的投标文件，或在一份投标文件中对同一招标项目有两个或多个报价，且未书面声明哪一个是有效的（按招标文件规定提交备选方案的除外）；

（6）未按招标文件要求提交投标保证金的；

（7）投标人未参加开标会议的；

（8）联合体投标未附联合体各方共同投标协议的。

无效的投标文件不能进入评标。

11. 评标

当开标结束后，招标人将有效的投标文件，送评标委员会进行评审。

评标由招标人依法组建的评标委员会负责，评标委员会由招标人或其委托的招标代理机构的熟悉相关业务的代表和有关经济、技术方面的专家组成。与投标人有利害关系的人、项目主管部门或者行政监督部门的人员不得进入相关项目的评标委员会，评标委员会的名单在中标结果确定之前应保密。招标人应采取必要措施，保证评标在严格保密的情况下进行，评标委员会在完成评标后，应当向招标人提交书面评标报告，并推荐合格的中标候选人，整个评标过程应在招投标管理机构的监督下进行。

12. 定标、发中标通知书

在评标结束后，招标人以评标委员会提供的评标报告为依据，对评标委员会所推荐的中标候选人进行比较、确定中标人。招标人也可以授权评标委员会直接确定中标人，定标应当择优。

确定中标人后，招标人应当向中标人发出中标通知书，并同时将中标结果通知所有未中标的投标人。中标通知书对招标人和中标人均具有法律约束力。中标通知书发出后，招标人改变中标结果的，或者中标人放弃中标项目的，应承担法律责任。中标通知书的内容及格式如表 2-3 所示：

中 标 通 知 书

表 2-3

（中标人名称）：

（招标人名称）的（工程项目名称），于_____年_____月_____日公开开标后，已完成评标工作和向建设行政主管部门提交该施工招标投标情况的书面报告工作，现确定你单位为中标人，中标标价为(币种、金额、单位)，中标工期自_____年_____月_____日开工，_____年_____月_____日竣工，总工期为_____日历天，工程质量要求符合《工程施工质量验收规范》。项目经理_____。 　你单位收到中标通知书后，须在_____年_____月_____日_____时前到（地点）与招标人签订合同。 招标人：_____（盖章） 法定代表人或其委托代理人：_____（签字或盖章） 招标代理机构：_____（盖章） 法定代表人或其委托代理人：_____（签字或盖章） 日期：_____年_____月_____日

13. 签订合同

招标人与中标人应当在规定的时间期限内，正式签订书面合同。同时，双方要按照招标文件中的约定相互提交履约担保或者履约保函，履约担保的担保金额不得低于工程建设合同价格（中标价格）的 10%，采用经评审的最低投标价法中标的招标工程，担保金额不得低于工程合同价格的 15%。合同订立后，招标人应及时通知其他未中标的投标人，按要求退回招标文件、图纸和有关技术资料，同时退还投标保证金。

（四）招标失败与招标无效

造成招标失败有三种原因：

（1）提交投标文件的投标人少于 3 个。

（2）在评标过程中按规定否决不合格标书或产生废标后的有效标书不足 3 个，使得投标明显缺乏竞争后，经评标委员会一致决定否决全部投标。

（3）经评委会评审，认为所有投标都不符合招标文件要求的，即否决所有投标。

招标无效是指招标人或招标代理机构、评标委员会，在招投标过程中，违反有关法律法规的规定，影响到了中标结果的合法性。

当招标失败或属无效招标的，都应依法重新招标。当第一次招标时提交投标文件的投标人少于 3 个，在重新招标时投标人仍少于 3 个时，属于必须审批的项目，报经原审批部门批准后可以不再进行招标；其他工程项目，招标人可以自行决定不再进行招标。

五、招标文件的编制原则与内容

1. 招标文件编制原则

招标文件的编制必须做到系统、完整、准确、明了，即提出要求的目标明确，使投标人一目了然。编制招标文件的依据和原则：

（1）首先要确定建设单位和建设项目是否具备招标条件。不具备条件的须委托具有相应资质的咨询、监理单位代理。

（2）必须遵守招投标法及有关法律的要求。因为招标文件是中标者签订合同的基础。按合同法规定，凡违反法律、法规和国家有关规定的合同属于无效合同。招标文件必须符合国家招标投标法、合同法等多项法律、法令等。

（3）应公正、合理地处理招标人投标人的关系，保护双方的利益。如果招标人在招标文件中不恰当地过多将风险转移给投标人一方，势必迫使投标人加大风险费用，提高投标报价，而最终还是招标人一方增加支出。

（4）招标文件应正确、详尽地反映项目的客观真实情况，这样才能使投标者建立在客观可靠的基础上投标，减少签约、履约的争议。

（5）招标文件各部分的内容必须统一。这一原则是为了避免各份文件之间的矛盾。招标文件涉及投标人须知、合同条件、规范、工程量表等多项内容。如果文件各部分之间有矛盾，就会给投标工作和履行合同的过程带来争端，甚至影响工程的施工。

2. 招标文件的内容

招标文件是招标单位编制的工程招标的纲领性、实施性文件，是各投标单位进行投标的客观依据。

招标人根据施工招标项目的特点和需要编制招标文件。招标文件一般包括下列内容：投标邀请书；投标人须知；合同主要条款；投标文件格式。采用工程量清单的招标方式，应当提供工程量清单、技术条款、设计图纸、评标标准和方法、投标辅助材料。

招标人应当在招标文件中规定实质性要求和条件，并用醒目的方式注明。

（1）投标邀请书。投标邀请书是发给通过资格预审投标人的投标邀请信函，并请其确认是否参与投标。

（2）投标人须知。投标人须知是对投标人投标时的注意事项的书面阐述和告知。投标人须知包括两部分：第一部分是投标须知前附表，如表 2-4 所示；第二部分是投标须知正文，主要内容包括总则、招标文件、投标文件、开标、评标、授予合同等方面的说明和要求。投标须知前附表是投标人须知正文部分的概括和提示，放在投标人须知正文前面，有利于引起投标人注意，便于查阅检索。

投标须知前附表　　　　　　　　　　　表 2-4

项号	条款号	内　容	说　明　与　要　求
1		工程名称	
2		建设地点	
3		建设规模	
4		承包方式	
5		质量标准	
6		招标范围	
7		工期要求	___年___月___日计划开工，___年___月___日计划竣工，施工总工期___日历天
8		资金来源	
9		投标人资质等级要求	
10		资格审查方式	
11		工程报价方式	
12		投标有效期	为___日历天（从投标截止之日算起）
13		投标担保金额	不少于投标总价的___%或（货币、金额、单位）
14		踏勘现场	集合时间：___年___月___日___时___分 集合地点：_____
15		投标人的替代方案	
16		投标文件份数	一份正本，_____份副本
17		投标文件提交地点及截止时间	收件人：_____ 地　点：_____ 时　间：___年___月___日___时___分
18		开标	开始时间：___年___月___日___时___分 地　　点：_____
19		评标方法及标准	
20		履约担保金额	投标人提供的履约担保金额为〔合同价款的___%或（货币、金额、单位）〕 招标人提供的支付担保金额为〔合同价款的___%或（货币、金额、单位）〕

（3）合同通用条款。我国建设工程施工合同包括"建设工程合同条件"和"建设工程施工合同协议条款"两部分。"合同条件"为通用条件，共计 10 方面 41 条。"协议条款"为专用条款。合同条款是招标人与中标人签订合同的基础。在招标文件中发给投标人，一方面要求投标人充分了解合同义务和应该承担的风险责任，以便在编制投标文件时加以考虑；另一方面允许投标人在投标文件中以及合同谈判时提出不同意见，如果招标人同意也可以对部分条款的内容予以修改。

（4）投标文件格式。投标文件是由投标人授权的代表签署的，一般都是由招标人或咨询工程师拟定好的固定格式，由投标人填写。

（5）采用工程量清单招标的项目，招标人应当提供工程量清单。《建设工程量清单计价规范》GB 50500—2012 规定，工程量清单是指用来表现建设工作的分部分项工程项目、措施项目、其他项目、项目规费和税金的名称和相应数量的明细清单。工程量清单是由封面、填表须知、总说明、分部分项工程工程量清单、措施项目清单、其他项目清单、零星项目工作表七部分组成。

（6）技术条款。这部分内容是投标人编制施工规划和计算施工成本的依据。一般有三个方面的内容：一是提供施工的自然条件，二是现场施工条件，三是本工程采用的技术规范。

（7）设计图纸。图纸是招标文件和合同的重要组成部分，是投标人拟定施工方案、确定施工方法以及提出替代方案、计算投标报价必不可少的资料。

（8）评标标准和方法。评标标准和方法应根据工程规模和招标范围详细地确定出来。

（9）投标辅助资料。投标辅助资料主要包括项目经理简历表、主要施工管理人员表、主要施工机械设备表、项目拟分包情况表、劳动力计划表、近三年的资产负债表和损益表、施工方案或施工组织设计、施工进度计划表、临时设施布置及临时用电表等。

招标文件编制完成后需报上级主管部门审批，因此招标工作小组必须填写"建设工程施工招标文件报批表"。

第二节 建设工程投标

一、建设工程投标程序

建设工程投标是建设工程招标投标活动中投标人的一项重要活动，也是建筑企业取得承包合同的主要途径。建设工程投标工作的投标程序如图 2-2 所示。

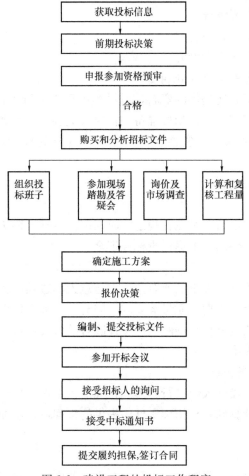

图 2-2 建设工程的投标工作程序

（一）投标的前期工作

投标的前期工作包括获取招标信息和前期投标决策两项内容。

1. 获取招标信息

投标人获取招标信息的渠道很多，最普遍的是通过大众媒体所发布的招标公告获取招标信息。投标人必须认真分析验证所获信息的真实可靠性，并证实其招标项目确实已立项批准和资金已落实等。

2. 前期投标决策

投标人在证实招标信息可靠后，同时还要对招标人的信誉、实力等方面进行了解，根据了解到的情况，正确做出投标决策，以减少工程实施过程中承包方的风险。

（二）参加资格预审

资格预审一般按招标人所编制的资格预审文件内容进行填报，一般要求被审查的投标人提供如下资料：

（1）投标企业概况；

（2）财务状况；

（3）拟投入的主要管理人员；

（4）目前剩余劳动力和施工机械设备情况；

（5）近 3 年承建的工程情况；

（6）目前正在承建的工程情况；

（7）3 年来涉及的诉讼案件情况；

（8）其他资料（如各种奖励和处罚）。

招标人根据投标申请人所提供的资料，对投标申请人进行资格审查。在这个过程中，投标申请人应根据资格审查文件，积极准备和提供有关资料，并做好信息跟踪工作，发现不足部分，及时补送，争取通过资格预审。经审查合格的投标申请人具备参加投标的资格。

（三）购买和分析招标文件

1. 购买招标文件

投标人在通过资格预审后，可以在规定的时间内向招标人购买招标文件。购买招标文件时，投标人应按招标文件的要求提供投标保证金。

2. 分析招标文件

投标人应认真阅读招标文件中的所有条款。注意投标过程中各项活动的时间安排，明确招标文件中对投标报价、工期、质量等要求，同时对招标文件中的合同条款、无效标书的条件等主要内容进行认真分析，理解招标文件隐含的含义，对可能发生疑义或不清楚的地方，应向招标人书面提出。

（四）收集资料、准备投标

招标文件购买之后，投标人应进行具体的投标准备工作。投标准备工作包括组建投标班子，进行现场踏勘，计算和复核招标文件中提供的工程量，参加答疑会，询问了解市场情况等内容。

1. 组建投标班子

为了确保在投标竞争中获得胜利，投标人在投标前应建立专门的投标班子，负责投标事宜。投标班子中的人员应包括施工管理、技术、经济、财务、法律法规等方面的人员。投标报价是技术性很强的一项工作，投标人在投标时如果认为必要，也可以请某些具有专业资质的投标代理机构投标或策划，以提高中标概率。

2. 参加现场踏勘

投标人在领到投标文件后，除对招标文件进行认真研读分析以外，还应按照招标文件规定的时间，对拟施工的现场进行考察。在实行工程量清单报价中，投标人所投报的单价一般被认为是在经过现场踏勘的基础上编制而成。报价单报出后，投标人无权以现场踏勘不同，情况了解不细或因素考虑不全为理由提出修改标价或提出索赔等要求。现场踏勘应由招标人组织，投标人自费自愿参加。

现场踏勘时应从以下五个方面详细了解工程的有关情况，为投标工作提供第一手资料。

（1）工程的性质及与其他工程之间的关系。

（2）投标人投标的工程与其他承包商之间的关系。

（3）工地地貌、地质、气候、交通、电力、水源、障碍物等情况。

（4）工地附近的住宿条件、料场开采条件、其他加工条件、设备维修条件等。

（5）工地附近的治安情况。

3. 参加答疑会

答疑会又被称为投标预备会或标前会议，一般在现场踏勘之后的1～2天内举行。答疑会的目的是解答投标人对招标文件及现场踏勘中所提出的问题，并对图纸进行交底和解释。投标人在对招标文件进行认真分析和对现场进行踏勘之后，应尽可能多地将投标过程中可能遇到的问题向招标人提出疑问，争取得到招标人的解答，为下一步投标工作的顺利进行打下基础。

4. 计算或复核工程量

招标采用工程量清单计价时工程量由招标人提供，投标人应根据施工图纸等资料对给定工程量的准确性进行复核，为投标报价提供依据。在工程量复核过程中，如果发现某些工程量有较大的出入或遗漏，应向招标人提出，要求招标人更正或补充。如果招标人不做更正或补充，投标人投标时应注意调整单价以减少实际实施过程中由于工程量调整带来的风险。采用定额计价时，招标人不给出具体的工程量清单，只给出相应工程的施工图纸，这时，投标报价应根据给定的施工图纸，结合工程量计算规则自行计算工程量，统计时应严格按照工程量计算规则的规定进行，不能漏项，不能多算或少算。

5. 询价及市场调查

编制投标文件时，投标报价是一个很重要的环节。为了能够准确确定投标报价，投标时应认真调查了解工程所在地的工资标准，材料来源、价格、运输方式，机械设备租赁价格等和报价有关的市场信息，为准确报价提供依据。

6. 确定施工方案

施工方案也是投标内容中很重要的部分，是招标人了解投标人的施工技术、管理水平、机械装备的途径。编制施工方案的主要内容如下：

（1）选择和确定施工方案。对大型复杂工程则要考虑几种方案，进行综合评比。

（2）选择施工设备和施工设施。

（3）编制施工进度计划。

（五）编制和提交投标文件

经过前期准备工作之后，投标人开始进行投标文件的编制工作。投标人编制投标文件时，应按照招标文件的内容、格式和顺序要求进行。投标文件编写完成后，应按招标文件中规定的时间、地点提交投标文件。

（六）出席开标会议并接受评标期间的澄清询问

投标人在编制和提交投标文件后，应按时参加开标会议。开标会议由投标人的法定代表人或其授权代理人参加。如果法定代表人参加开标会议，一般应持有法定代表人资格证明或委托代理人持有授权委托书。一般情况下，不参加开标会议的投标人，其投标文件将不予启封，视为投标人自动放弃本次投标。

在评标过程中，评标组织根据情况可以要求投标人对投标文件中含义不明确的内容做必要的澄清或说明。

（七）接受中标通知书及签订合同

经过评标，投标人被确定为中标人后，应接受招标人发出的中标通知书。中标人在收到中标通知书后，应在规定的时间和地点与招标人签订合同。我国规定招标人和中标人应当自中标通知书发出之日起 30 日内订立书面合同，合同内容应根据招标文件、投标文件的要求和中标的条件签订。招标文件要求中标人提交履约担保的，中标人应按招标人的要求提供。合同正式签订后，应按要求将合同副本分送有关主管部门备案。

二、建设工程投标决策

投标决策是投标活动中的重要环节，投标决策正确与否，关系到投标人能否中标及中标后的经济效益，关系到施工企业的信誉和发展前景。因此，企业的决策班子必须充分认识到投标决策的重要意义。

（一）建设工程投标决策的内容与分类

建设工程投标决策的内容主要包括两个方面：一方面是为是否参加投标进行决策；另一方面是为如何投标进行决策。

在获取招标信息后，承包商决定是否投标，应综合考虑以下几方面的情况：

（1）承包招标项目的可能性与可行性。即是否有能力承包该项目，能否抽调出管理力量、技术力量参加项目实施，竞争对手是否有明显优势等。

（2）招标项目的可靠性。如项目审批是否完成、资金是否已落实等。

（3）招标项目的承包条件。

（4）影响中标机会的内部、外部因素等。

一般来说，下列招标项目承包商应该放弃投标：

（1）工程规模、技术要求超过本企业技术等级的项目。

（2）本企业业务范围和经营能力之外的项目。

（3）本企业已承包任务比较饱满，而招标工程的风险较大的项目。

（4）本企业技术等级、经营、施工水平明显不如竞争对手的项目。

如果确定投标，则应根据工程的具体情况确定投标策略。

（二）建设工程投标策略

施工企业投标的目的，是为了获得工程的承包权。它是投标企业之间进行的一场比技术、比管理、比经验、比策略、比实力的复杂竞争。要想在竞争中获胜，就必须认真研究投标策略，总结经验，不断提高投标工作水平。投标策略的实质就是研究如何在投标竞争中获胜。

1. 选择投标对象的策略

首先，决定是否参加某项工程的投标。根据企业当前的经营状况，例如，企业的信誉如何，任务的饱满程度，以及该项目对提高企业信誉的影响；对施工技术的要求，本企业拥有的能力和对此项目的熟悉程度；竞争的激烈程度；工程招标的基本条件和以往投标经验等而定。一般来说，如果此项工程的条件比较优越，对企业的经营很有益处，应考虑参加投标，并压低标价，力争中标；如果条件较差，企业不感兴趣，则应放弃或提高投标价格。

其次，选择在哪几个项目投标。一般是先分析各工程项目是否满足企业的投标条件，然后把不满足条件的筛去，对满足条件的工程项目分别进行不同标价的盈利分析和中标可能性分析，从中选择中标可能性大而利润又高的工程项目作为投标对象。

2. 投标竞争的策略

（1）加大宣传力度，广泛传播企业服务宗旨，树立企业良好形象，可向招标单位做出某些承诺，提高企业的信誉；

（2）搜集、掌握招投标各方面的信息，包括内部信息和外部信息。内部信息，包括已竣工的各项工作的实际成本、工期、质量等，外部信息包括建设单位情况、有关竞争对象的技术、经济、经营、策略等各方面的资料及有关的政策、条例、规定等。通过了解和预测建设单位制定的标底范围、竞争对手的实力、优势、报价动态，并参考已建成的类似工程或有关工程造价指标，以便进一步修正报价、正确确定自己的投标策略；

（3）为提高中标率，施工单位可向招标单位提出优惠条件，如垫付工程材料款和对部分工程资金利息给予优惠、延长保修期等；

（4）合理降低投标报价。施工企业为了在某地打开局面或企业生产任务不饱满，为了获取施工任务，即使对盈利很少的工程，也采取较低的报价，宁愿目前少赚钱或不赚钱，而是着眼于发展，以争取将来的优势；

（5）为了在激烈的市场竞争中立于不败之地，根本的做法是改善企业管理，提高建筑企业素质，充分发挥企业内部潜力，技术上不断创新，生产率不断提高，实现优质、高效，以良好的服务，提高企业的竞争能力。

（三）建设工程投标技巧

投标技巧研究，其实质是在保证工程质量与工期的条件下，寻找一个好的报价的技巧问题。承包商为了中标并获得期望的效益，投标全过程都要研究投标报价技巧的问题。

如果以投标程序中"开标"为界，可将投标报价技巧研究分为两个阶段，即开标前的技巧研究和开标至订立合同前一阶段的技巧研究。

1. 开标前的投标技巧

（1）不平衡报价

不平衡报价，指在总价基本确定的前提下，如何调整整个项目和各个子项的报价，以期既不影响总报价，又在中标后满足资金周转需要，获得理想的经济效益。不平衡报价法通常采用的方法如下：

1）对能早期结账收回工程款的项目（如土方、基础等）的单价可报以较高价，以利于资金周转；对后期项目（装饰、电气安装等）单价可适当降低。

2）预计今后工程量可能增加的项目，其单价可提高；而对工程量可能减少的项目，其单价可降低。

上述两点通常要考虑：对于工程量计算有错误的早期工程，如不可能完成工程量表中的数量，则不能盲目抬高单价，需要具体分析后再确定。

3）图纸内容不明确或有错误，估计开工后工程量要增加的，其单价可提高；而工程内容不明确的，其单价可降低。

4）没有工程量而只需填报单价的项目，或招标人要求采用包干报价的项目，单价宜报高些；对其余的项目，单价可适当报低些。

5）对于暂定项目，其实施的可能性大的项目，价格可报高些；预计不一定实施的项目，单价可适当报低些。

采用不平衡报价法，优点是有助于对工程量表进行仔细校核和统筹分析，总价相对稳定，不会过高；缺点是单价报高报低的合理幅度难以掌握，单价报得过低会因执行中工程量增多而造成承包商损失，报得过高会因招标人要求压价而使承包商得不偿失。因此，在运用不平衡报价法时，要特别注意工程量有无错误，具体问题具体分析，避免单价盲目报高或报低。

（2）零星用工（计日工）

零星用工一般可稍高于工程单价表中的工资单价。

（3）多方案报价法

多方案报价法即对同一个招标项目除了按招标文件的要求编制一个投标报价以外，还要编制一个或几个建议方案。多方案报价法有时是招标文件中规定采用的，有时是承包商根据需要采用的。多方案报价法通常主要有以下两种情况：

1）如果发现招标文件中的工程范围很不具体、很不明确，或条款内容很不清楚、很不公正，或对技术规范的要求过于苛刻，可先按招标文件的要求报价，然后再说明假如招标人对合同要求作某些修改，报价可降低多少。

2）如发现设计图纸中存在不合理但可以改进的地方或可以利用某项新技术、新工艺、新材料替代的地方，或发现自己的技术和设备满足不了招标文件中设计图纸的要求，可以先按设计图纸的要求报价，然后再附上一个修改设计的比较方案，或说明在修改设计的情况下，报价可降低多少。这种情况，也通常称为修改设计法。

（4）突然降价法

突然降价法是指为迷惑竞争对手而采用的一种竞争方法。这种方法通常的做法，是在准备投标报价的过程中预先考虑好降价的幅度，然后有意散布一些假情报，如打算弃标等，按一般情况报价或准备报高价等，临近投标截止日期前，突然前往投标，并降低报价，以期战胜对手。

（5）先亏后盈法

在实际工作中，有的承包商为了打入某一地区或某一领域，依靠自身实力，采取不惜代价、只求中标的低报价方案。一旦中标之后，可以承揽这一地区或这一领域更多的工程任务，达到总体盈利的目的。

2. 开标后的投标技巧

投标人在通过公开开标这一程序可以得知众多投标人的报价，但低报价并不一定中标，需要综合各方面的因素，反复考虑，并经过议标谈判，才能确定中标者。所以，评标过程中是选定中标候选人，而非已确定了中标者。投标人可以利用议标谈判运用竞争手段，从而改变自己原投标文件中的不利因素而成为有利因素，提高中标的概率。

三、建设工程投标报价

投标报价是承包商采取投标方式承包工程项目时，计算和确定承包该项工程的投标总价格。招标人把投标人的报价作为主要标准来选择中标者，同时也是招标人和投标人就工程标价进行承包合同谈判的基础。报价是进行工程投标的核心。报价过高会失去中标机会，而报价过低虽然中标，但利润微薄有时会给工程带来亏损的风险。因此，标价过高或过低都不可取，如何做出合适的投标报价，是投标人能否中标的最关键的问题。

（一）投标报价的依据

工程投标报价的依据主要有下列各项：

（1）设计图纸及说明；

（2）工程量清单；

（3）合同条件，尤其是有关工期、支付工程款条件、外汇比例的规定；

（4）有关法规；

（5）拟采用的施工方案、进度计划；

（6）施工规范和施工说明书；

（7）工程材料、设备的价格及运费；

（8）劳务工资标准；

（9）当地生活物资价格水平；

（10）现行当地定额或企业定额，现行收费标准及其他有关规定；

（11）施工现场实际条件。

（二）投标报价编制方法

建设工程投标报价应该按照招标文件的要求及报价费用的组成，结合施工现场和企业自身情况自主报价。现阶段，我国规定的编制投标报价的方法有两种：一种是定额计价，另外一种是工程量清单计价。定额计价是我国长期以来采用的一种报价方法，它是以政府定额或企业定额为依据进行编制的。定额计价采用定额工料单价计价；工程量清单计价是一种国际惯例计算报价模式，采用综合单价法，每一项单价中已综合了各种费用。采用工程量清单计价，能够更直观准确地反映建设工程的实际成本，更加适用于招标投标报价的要求，增加招标投标活动的透明度，在充分竞争的基础上降低工程造价，提高投资效益。采用综合单价法编制投标报价步骤如下：

1. 准备资料，熟悉施工图纸

广泛收集、准备各种资料，包括施工图纸、设计要求、施工现场实际情况、施工组织设计、施工方案、现行的建筑安装预算定额（或企业定额）、收费标准和地区材料预算价格。

2. 测定分部分项工程清单项目的综合单价，计算分部分项工程费

分部分项工程清单项目的综合单价是确定投标报价的关键数据。由于工程投标报价所

用的分部分项工程的工程量是招标文件中统一给定的，因此整个工程的投标报价是否具有竞争性主要取决于企业测定的各清单项目综合单价的高低。

综合单价测定后，用清单项目工程量乘以相应的综合单价，计算分部分项工程费。

3. 计算措施项目费

措施项目，是为完成工程项目施工，发生于工程施工前和施工过程中技术、生活、安全等方面的非工程实体项目。如大型机械设备进出场及安拆费、脚手架费、混凝土模板及支架费等。

在计算完分部分项工程项目（即工程实体项目）清单报价后，投标人还要根据施工组织设计文件资料和招标文件，测算各项措施项目的工程量，根据企业定额或地方建筑工程预算定额的基价，计算措施项目费用。

4. 计算其他项目费

其他项目费，由投标人根据招标文件给出的项目进行编制；招标文件中未列的项目，可根据工程实际情况补充。

5. 工程量清单计价格式的填写

工程量清单计价采用统一格式，随招标文件发送至投标人，由投标人填写。工程量清单计价格式由以下内容组成：

（1）封面；

（2）投标总价；

（3）工程项目总价表；

（4）单项工程投标报价汇总表；

（5）单位工程投标报价汇总表；

（6）分部分项工程量清单计价表；

（7）措施项目清单计价表；

（8）其他项目清单计价表；

（9）零星工作项目计价表；

（10）规费、税金项目清单计价表；

（11）分部分项工程量清单综合单价分析表；

（12）措施项目费分析表；

（13）主要材料价格表。

四、投标文件的编制

建设工程投标文件是招标人判断投标人是否愿意参加投标的依据，也是评标委员会进行评审和比较的对象。中标的投标文件和招标文件一起成为招标人和中标人订立合同的法定依据。因此，投标人必须高度重视建设工程投标文件的编制和提交工作。

（一）建设工程投标文件的组成

建设工程投标人应按照招标文件的要求编制投标文件。从合同订立过程来分析，招标文件属于要约邀请，投标文件属于要约，其目的在于向招标人提出订立合同的意愿。

投标文件是由一系列有关投标方面的书面资料组成。一般来说，投标文件由以下几部分组成：

（1）投标函；

（2）投标函附录；

（3）投标担保；

（4）法定代表人资格证明书；

（5）授权委托书；

（6）具有标价的工程量清单与报价表；

（7）辅助资料表；

（8）资格审查表；

（9）对招标文件中的合同协议条款内容的确认和响应；

（10）施工组织设计；

（11）按招标人文件规定提交的其他资料。

投标人必须使用招标文件提供的投标文件表格格式，但表格可以按同样格式扩展。

（二）编制投标文件的注意事项

编制投标文件的注意事项如下：

（1）投标人编制投标文件时必须使用招标文件提供的投标文件表格格式。填写表格时，凡要求填写的空格都必须填写，否则，即被视为放弃该项要求。重要的项目或数字（如工期、质量等级、价格等）未填写的，将被作为无效或作废的投标文件处理。

（2）编制的投标文件正本仅一份，副本则按照招标文件中要求的份数提供，同时要明确标明"投标文件正本"和"投标文件副本"字样。投标文件正本和副本如有不一致之处，以正本为准。

（3）投标文件正本与副本均应使用不能擦去的墨水打印或书写。投标文件的书写要字迹清晰、整洁、美观。

（4）所有投标文件均由投标人法定代表人签署、加盖印章，并加盖法人单位公章。

（5）填报的投标文件应反复校核，保证分项和汇总计算均无错误。全套投标文件均应无涂改和行间插字，除非这些删改是根据招标人的要求进行的，或者是投标人造成的必须修改的错误。

（6）如招标文件规定投标保证金为合同总价的某百分比时，开具投标保函不要太早，以防泄露报价。

（7）投标文件应严格按照招标文件的要求进行包封，避免由于包封不合格造成废标。

（8）认真对待招标文件中关于废标的条件，以免被判为无效标而前功尽弃。

五、建设工程投标文件的提交

投标人应在招标文件规定的投标截止日期前将投标文件提交给招标人。当招标人延长了递交投标文件的截止时间，招标人与投标人以前在投标截止日期方面的全部权利、责任和义务，将适用于延长后的投标截止期。在投标截止时间以后送达的投标文件，招标人将拒收。

投标人可以在提交投标文件后，在规定的投标截止时间之前，采用书面的形式向招标人递交补充、修改或撤回其投标文件的通知。在投标截止时间以后，不能更改投标文件。投标人的补充、修改或撤回通知，应按招标文件中投标须知的规定编制、密封、加写标志和提交，补充、修改的内容为投标文件的组成部分。根据招标文件的规定，在投标截止时间与招标文件中规定的投标有效终止日之间的这段时间内，投标人不能撤回投标文件，否则其投标保证金将不予退还。

第三节 建设工程施工合同

一、建设工程施工合同概述

建设工程施工合同是指发包人和承包人为完成商定的建筑安装工程施工任务，为明确双方的权利义务关系而订立的协议。其核心是发包人提供必要的施工条件并支付价款，承包人完成建筑产品。施工合同的当事人是发包人和承包人，双方是平等的民事主体。承发包双方签订施工合同，必须具备相应资质条件和履行施工合同的能力。对合同范围内的工程实施建设时，发包人必须具备协调能力；承包人必须具备建设行政主管部门核发的资质等级证书，并持有营业执照等证明文件。施工合同一经签订，即具有法律约束力。

建设工程施工合同的关系如图 2-3 所示。

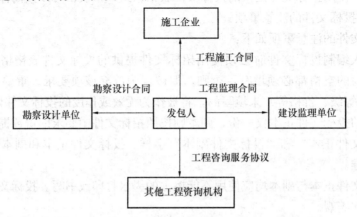

图 2-3 建设工程施工合同的关系

1. 建设工程施工合同的特征

（1）合同主体的严格性

建设工程施工合同主体必须满足法定的条件。发包人一般只能是经过批准进行工程项目建设的法人、其他组织或自然人，必须有国家批准的建设项目，落实投资计划，并且具备相应的协调能力；承包人则必须具备法人资格，而且应当具备相应的从事勘察设计、施工、监理等资质条件。无营业执照或无承包资质的单位不能作为建设工程合同的主体。承包人只能按其资质等级承揽相应建设项目，不得越级承包建设工程。

（2）合同标的特殊性

建设工程施工合同的标的是各类建筑产品，建筑产品体积庞大、形态各异，具有固定性、单件性等特点。在生产过程中由于生产的流动性，现场施工组织、材料供应、气候变化等细节不尽相同，使得任何一个建筑产品都具有不可替代的特殊性。

（3）合同履行过程的长期性

建设工程由于结构复杂、耗资巨大，且施工大多为露天作业，受气候变化的影响很大，因此建设工程与一般的工业产品相比，合同履行过程的期限较长。而且由于投资巨大，建设工程合同的订立、履行一般都需要较长的准备期。在合同的履行过程中，还可能因为不可抗力、工程变更、材料供应不及时等原因而导致合同期限的顺延。以上诸因素决定了建设工程合同履行过程的长期性。

（4）工程施工合同形式的法定性

我国《合同法》对一般合同是采用书面还是口头或其他形式没有限制。但是，考虑到建设工程的重要性、长期性和复杂性，在建设过程中经常会发生影响合同正常履行的纠纷，因此，我国《合同法》规定，建设工程合同应当采用书面形式。

2. 建设工程合同的种类

建设工程合同按照不同的分类标准，有不同的种类。

（1）按承发包的工程范围进行划分

按承发包的工程范围进行划分，可以将建设工程合同分为建设工程总承包合同、建设工程承包合同、分包合同。发包人将工程建设的全过程发包给一个承包人的合同，即为建设工程总承包合同。发包人将工程建设中的勘察、设计、施工等内容分别发包给不同承包人的合同，即为建设工程承包合同。经合同约定和发包人的同意，从工程承包人承包的工程中承包部分工程而订立的合同，即为建设工程分包合同。

（2）按完成承包的内容进行划分

按完成承包的内容进行划分，建设工程合同可以分为建设工程勘察合同、建设工程设计合同、建设工程施工合同、建设工程委托监理合同。

（3）按合同价款的确定方式进行划分

按合同价款的确定方式划分，建设工程合同可以分为固定价格合同、可调价合同、成本加酬金合同。

固定价格合同，是指合同总价或单价在工程实施期间内，在合同约定的风险范围内不可调整。这类合同适用于工程量不大且能精确计算，工期较短，技术不太复杂，风险较小的项目。

可调价合同，是指合同总价或合同单价在合同实施期内，可以根据事先双方约定的办法进行调整。这类合同适用范围较宽，其风险可以得到合理分解。

成本加酬金合同，是业主向承包单位支付建设工程的实际成本，并按事先约定的某一种方式支付酬金的合同类型。这类合同，承包商风险最小，但业主对工程总价不易控制，这类合同在实际工作中应用较少。

订立建设工程施工合同应具备下列条件：

（1）初步设计已经批准。

（2）工程项目已经列入年度建设计划。

（3）有能够满足施工需要的设计文件和技术资料。

（4）资金和建材、设备的来源已落实。

（5）中标通知书已经下达。

二、建设工程施工合同的管理

建设工程施工合同的管理是指各级建设行政主管机关、工商行政管理机关，以及工程发包单位、社会监理单位、承包企业依照法律和行政法规、规章制度，采取法律的、行政的手段，对施工合同关系进行组织、指导、协调及监督，保护施工合同当事人的合法权益，处理施工合同纠纷，防止和制裁违法行为，保护合同法规的贯彻实施等一系列活动。

从管理的主体的角度分类，施工合同的管理可分为工商行政管理部门和建设行政管理部门等行政管理机关进行的管理，以及发包单位、社会监理单位、承包企业对合同的管理。

1. 政府行政管理部门对施工合同的管理

施工合同的政府行政管理部门主要是各级建设行政主管部门和工商行政管理部门。工程造价审核、工程质量监督等部门对合同履行拥有监督权。各级行政管理部门一般通过如下形式对施工合同进行管理：

（1）宣传贯彻与施工合同方面有关的法律法规和方针政策。

（2）贯彻国家制定的施工合同示范文本，并组织推行和指导使用。

（3）组织培训合同管理人员，指导合同管理工作，总结交流工作经验。

（4）对施工合同的履行进行监督检查，对承发包双方在履行合同过程中存在的问题在职权范围内进行解决。

（5）在职权范围内，依照法律、行政法规的规定，对利用合同危害国家利益、社会公共利益的违法行为，负责监督处理。

（6）制定签订和履行合同的考核指标，并组织考核，表彰先进的合同管理单位。

（7）确定损失的责任和赔偿的范围。

（8）调解合同纠纷。

2. 发包人和监理单位对施工合同的管理

（1）施工合同的签订管理

在发包人具备了与承包人签订施工合同资格的情况下，发包人或者监理单位，可以对承包人的资格、资信和履约能力进行预审。对承包人的预审，招标工程可以通过招标预审进行，非招标工程可以通过社会调查进行。

（2）施工合同的履行管理

发包人和监理工程师在合同履行过程中，应当严格依照施工合同的规定，履行应尽的义务。施工合同内规定应由发包人负责的工作都是合同履行的基础，是为承包人开工、施工创造的先决条件，发包人必须严格履行。

在履行管理中，发包人、监理工程师也应实现自己的权利、履行自己的职责，对承包人的施工活动进行监督、检查。发包人对施工合同的履行管理主要是通过总监理工程师进行的。

（3）施工合同的档案管理

发包人和监理工程师应做好施工合同的档案管理工作。在合同的履行过程中，对合同文件，包括有关的协议、补充合同、记录、备忘录、函件、电报、电信等都应做好系统分类，认真管理。工程项目全部竣工后，应将全部合同文件加以系统整理，建档保管，建设单位应当及时向建设行政主管部门或其他有关部门移交建设项目档案。

3. 承包人对施工合同的管理

（1）施工合同的签订管理

在施工合同签订前，应对发包人和工程项目进行了解和分析，包括工程项目是否列入国家投资计划、施工所需资金是否落实、施工条件是否已经具备等，以免招致重大损失。承包人投标中标后，发包人和中标人应自中标通知书发出之日起30日内，按照招标文件订立书面合同。双方不得另行订立背离合同实质性内容的其他协议。

（2）施工合同的履行管理

在合同履行过程中，为确保合同各项指标的顺利实现，承包人需建立一套完整的施工合同管理制度。其内容主要有：

1）工作岗位责任制度。

工作岗位责任制度是承包人的基本管理制度。它规定承包人内部具有施工合同管理任务的部门和有关管理人员的具体工作范围，履行合同中应负的责任，以及拥有职权。只有建立工作岗位责任制度，才能使分工明确、责任落实，促进承包人施工合同管理工作正常开展，保证合同指标顺利实现。

2）检查制度

承包人应建立施工合同履行的监督检查制度。通过检查发现问题，督促有关部门和人员改进工作。

3）奖惩制度

奖优罚劣是奖惩制度的基本内容，建立奖惩制度有利于增强有关部门和人员在履行施工合同中的责任。

4）统计考核制度

运用科学的方法，利用统计数字，反馈施工合同的履行情况。通过对统计数据的分析，为经营决策提供重要依据。

三、建设工程施工合同的违约责任与争议解决

（一）施工合同的公证与鉴证

为了维护社会主义法制，预防纠纷、减少诉讼，国家建立了公证制度。国务院于1982年发布了《中华人民共和国公证暂行条例》，司法部和国家工商行政管理总局于1983年发出了《关于经济合同鉴证与公证问题的联合通知》，有力地保证了充分运用行政手段并法律手段，保障并促进了经济合同法的贯彻、实施。

公证，是国家公证机关根据当事人的申请，依照法定规定程序，证明施工合同的真实性和合法性，以保护公共财产，保护公民身份上、财产上的权利和合法权益。这是国家对施工合同的签订和履行实行监督的法律制度。

鉴证，是合同管理机关审查施工合同当事人的资格和合同内容是否真实、合法并给予证明。

施工合同的公证或鉴证是两个不同的概念，既有共同点，也有不同点。施工合同公证或鉴证的共同点是：

（1）两者都依法证明合同的真实性和合法性。依法证明施工合同的真实性，是指合同双方当事人达成的协议真实。合法性是指订立合同双方当事人的主体资格合法，施工合同的内容符合法律规定。

（2）两者都采用自愿原则。《经济合同法》第六条规定，"经济合同依法成立，具有法律约束力。"公证暂行条例第二条规定，公证事项是根据当事人的申请办理。国家工商行政管理局关于经济合同鉴证的暂行规定第二条规定，经济合同的鉴证实行自愿的原则，国家另有规定者除外。

经济合同公证或鉴证的不同点是：公证是国家对经济合同的签订和履行监督的一项法律制度，而鉴证则是国家对经济合同的签订和履行实行监督的一项行政管理制度。

（二）合同的履行、变更和解除

1. 合同的履行

合同的履行，是指工程建设项目的发包方和承包方根据合同规定的内容，全面完成各自所承担的义务的法律行为。能否严格履行经济合同，不仅关系到企业经营管理的经济效益和社会信誉，同时也直接影响到国家经济秩序的稳定和国家计划的完成。因此，经济合同的履行，不只是双方当事人相互承担义务，也是签订合同双方向国家和人民负责。合同履行的原则是：

（1）实际履行，就是合同双方当事人按照合同的标注（内容、范围）履行。

（2）全面履行，就是合同双方当事人按照合同规定的所有条款完全履行。施工合同全面履行主要包括：履行的数量和质量、履行期限、履行地点和履行价格。

不履行，是指当事人一方根本不履行合同。如工程竣工验收后，发包方未付工程款；不适当履行，也称履行不当，是指当事人虽然有履行合同的行为，但没有按照施工合同的规定条款履行，如工程质量不符合质量验收标准；到期不履行，也称延期履行，是指履行期已满，但当事人没有履行合同。如施工合同规定的开、竣工日期，因为各种原因没有按时开工。施工合同不履行行为是一种违反法律、法规行为。除承担法律规定行为责任外，违约方要承担违约责任。承担违约责任的具体方式是支付违约金和赔偿金。

2. 合同的变更和解除

《经济合同法》还规定，凡发生下列情况之一者，允许变更或解除经济合同。

（1）当事人双方经过协商同意，并且不因此损害国家利益和影响国家计划的执行；

（2）订立经济合同所依据的国家计划被修改或取消；

（3）当事人一方由于关闭、停产、转产而确实无法履行经济合同；

（4）由于不可抗力或由于一方当事人虽无过失但无法防止的原因，致使经济合同无法履行；

（5）由于一方违约，使经济合同履行成为不必要。

3. 建设工程施工合同的变更

（1）施工图纸与现场情况不符，图纸有错误或遗漏，或发生未预料到的变化；

（2）建设单位的投资计划发生变化，导致工程内容的变更或中止施工；

（3）国家调价或工资变动而需对承包金额作变更；

（4）人力不可抗拒原因造成的损害。

（三）建设工程施工合同的违约责任

违约责任是指合同当事人违反合同约定所应当承担的民事责任。违约责任是法律规定的强制性责任。如果违反合同的当事人拒绝承担违约责任，合同对方可以通过司法途径强制其承担。违约责任制度是使合同得到履行的重要保障，有利于促进合同的履行和弥补违约造成的损失，对保护合同当事人的合法权益和社会的交易活动具有重要的意义。

1. 承担违反建设工程施工合同民事责任的方式

当事人违反施工合同的，根据其违约的性质和违约程度，以下列一种或多种方式承担民事责任。

（1）支付违约金

违约金是指当事人在合同中约定的，当一方违约时，应向对方支付一定数额的货币。当事人可以预先在合同中约定支付违约金的数额或者计算方法。但对于逾期付款的违约金，应执行法定违约金，即按欠款额的万分之四/日的标准计算。

违约金具有补偿性，约定的违约金视为违约的损失赔偿，损失赔偿应相当于违约造成的损失。但约定的违约金数额高于或者低于违约行为所造成的损失的，当事人可以请求人民法院或者仲裁机构予以适当减少或增加。

（2）赔偿损失

赔偿损失是指合同当事人就其违约而给对方造成的损失给予补偿的一种方法。违约方支付的损失赔偿额应相当于因违约所造成的损失，包括合同履行后可能获得的利益，但不得超过违反合同一方订立时预见到或者应当预见到的因违反合同可能造成的损失。

（3）强制履行

《中华人民共和国合同法》规定，"当事人一方不能履行非金钱债务或者履行非金钱债务不符合规定的，对方可以要求履行。"违反施工合同的当事人不能因为支付违约金或赔偿损失就可以免除继续履行合同的责任。对于发包人来讲，如果承包人不履行合同，其订立施工合同所期望的获得建筑产品的经济目的就无法实现。因此，非违约方有权选择请求违约方按照合同约定履行义务，从而更好地弥补非违约方的损失，有利于保护受损害的一方，也更符合订立合同所追求的经济目的。

（4）定金制裁

施工合同当事人一方在法律规定的范围内可以向对方给付定金。债务人履行债务后，定金应当抵作价款或者收回。给付定金的一方不履行约定的债务的，无权要求返还定金；收受定金的一方不履行约定的债务的，应当双倍返还定金。当事人可以预先在合同中约定定金的数额，但不得超过合同标的额的20％。当事人既约定违约金，又约定定金的，一方违约时，对方可以选择违约金或定金条款。

2. 发包人违约

（1）发包人的违约行为

发包人应当完成合同约定应由己方完成的义务。如果发包人不履行合同义务或不按合同约定履行义务，则应承担相应的民事责任。发包人的违约行为包括：

1）发包人不按时支付工程预付款；

2）发包人不按合同约定支付工程款；

3）发包人无正当理由不支付工程竣工结算款；

4）发包人其他不履行合同义务或者不按合同约定履行义务的情况。

发包人的违约行为可以分为两类。一类是不履行合同义务，如发包人应当将施工所需要的水、电、电信线路从施工场地外部接至约定地点，但发包人没有履行这项义务，即构成违约。另一类是不按合同约定履行义务，如发包人应当开通施工场地与城乡公共道路，并在合同条款中约定了开通的时间和质量要求，但实际开通的时间晚于约定或质量低于合同约定，也构成违约。合同约定应由工程师（监理单位委派的总监理工程师在施工合同中称为工程师）完成的工作，工程师没有完成或者没有按照约定完成，给承包人造成损失的，也应当由发包人承担违约责任。因为工程师是代表发包人进行工作，其行为与合同约定不符时，视为发包人违约。发包人承担违约责任后，可以根据监理委托合同或单位的管理规定追究工程师的相应责任。

（2）发包人承担违约责任的方式

1）赔偿损失。赔偿损失是发包人承担违约责任的重要方式，其目的是补偿因违约给承包方造成的经济损失。承发包双方应当在专用条款内约定发包人赔偿承包人损失的计算方法。损失赔偿额应当相当于因违约造成的损失，包括合同履行后承包人可以获得的利益，但不得超过发包人在订立合同时预见或者应当预见到的因违约可能造成的损失。

2）支付违约金。支付违约金的目的是补偿承包人损失，双方也可在专用条款中约定违约金的数额或计算方法。

3）顺延工期。对于因发包人违约而延误的工期，应当相应顺延。

4）继续履行。承包人要求继续履行合同的，发包人应当在承担上述违约责任后继续履行施工合同。

3. 承包人违约

（1）承包人的违约行为

1）因承包人原因不能按协议约定日期竣工或工程师同意顺延的工期竣工。

2）因承包人原因工程质量达不到协议约定的质量标准。

3）其他承包人不履行合同义务或不按合同约定履行义务的情况。

（2）承包人承担违约责任的方式

1）赔偿损失。承发包双方应当在专用条款内约定承包人赔偿发包人损失的计算方法。损失赔偿额应当相当于违约所造成的损失，包括合同履行后发包人可以获得的利益，但不得超过承包人在订立合同时预见或应当预见到的因违约可能造成的损失。

2）支付违约金。双方可以在专用条款内约定承包人应当支付违约金的数额或计算方法。

3）采取补救措施。对于施工质量不符合要求的违约，发包人有权要求承包人采取返工、修理、更换等补救措施。《建设工程质量管理条例》第三十二条规定："施工单位对施工中出现质量问题的建设工程或者施工验收不合格的建设工程，应当负责返修。"

4）继续履行。如果发包人要求继续履行合同，承包人应当在承担上述违约责任后继续履行施工合同。

4. 担保方承担责任

在施工合同中，一方违约后，另一方可按双方约定的担保条款，要求提供担保的第三方承担相应的责任。

（四）建设工程施工合同争议的解决

1. 建设施工合同争议的解决方式

合同当事人在履行建设工程施工合同时发生争议，可以和解或要求合同管理及其他有关主管部门调解。和解或调解不成的，双方可以在专用条款内约定以下方式解决争议：第一种解决方式是双方达成仲裁协议，向约定的仲裁委员会申请仲裁；第二种解决方式是向有管辖权的人民法院起诉。

如果当事人选择仲裁，应当在专用条款中明确的内容有：请求仲裁的意思表示，仲裁事项，选定的仲裁委员会。在施工合同中直接约定仲裁的，关键是要指明仲裁委员会，因为仲裁没有法定管辖，而是依据当事人的约定由哪一个仲裁委员会仲裁。而选择仲裁的意思表示和仲裁事项则可在专用条款中以隐含的方式实现。当事人选择仲裁的，仲裁机构做出的裁决是终局的，具有法律效力，当事人必须执行。如果一方不执行，另一方可向有管辖权的人民法院申请强制执行。

如果当事人选择诉讼，则施工合同纠纷一般应由工程所在地的人民法院管辖。当事人只能向有管辖权的人民法院起诉，作为解决争议的最终方式。

2. 争议发生后允许停止履行合同的情况

发生争议后，在一般情况下，双方都应继续履行合同，保持施工连续，保护好已完工程。出现下列情况时，当事人方可停止履行施工合同：

（1）单方违约导致合同确已无法履行，双方协议停止施工。

（2）调停要求停止施工，且为双方接受。

（3）仲裁机关要求停止施工。

（4）法院要求停止施工。

第四节　建设工程施工索赔

对于一个完善的市场，工程索赔是一件正常的现象。在国际建筑市场上，工程索赔是承包商保护自身权益、弥补工程损失、提高经济效益的重要和有效手段。但在我国，由于建设工程索赔处于起步阶段，合同各方忌讳索赔、索赔意识不强、处理程序不清的现象普遍存在。随着市场经济的不断发展、法律的不断完善以及国际竞争的需要，建设工程施工中的索赔与反索赔问题，已经引起高度重视。

一、工程索赔概述

（一）工程索赔的概念

1. 索赔

索赔是指合同实施过程中，合同当事人一方因对方违约或其他过错，或虽无过错但因无法防止的外因致使本方受到损失时，要求对方给予赔偿或补偿的权利。

工程索赔是指工程合同履行过程中，合同当事人一方非自身因素或对方不履行或未能正确履行合同而受到经济损失或权利损失时，通过一定的合法程序向对方提出经济或时间补偿要求。工程索赔有广义和狭义两种。狭义指工程承包商向业主提出的索赔；广义的工程索赔既包括工程承包商向业主的索赔，也包括业主向承包商提出的索赔，后者又称为反索赔。

工程索赔主要是工程承包商向业主提出的补偿要求，包括经济补偿或延长工期补偿。工程承包商对其实际损失或额外费用给予补偿的要求，对业主不具有惩罚性质。

2. 反索赔

反索赔是业主因工程承包方的原因不履行或不正确履行合同而受到经济损失或权利损失时，通过一定的合法程序向承包商提出经济补偿要求。

在工程索赔的实施过程中，发生反索赔的现象相对较低，而且业主始终处于主动和有利地位，可以直接从应付工程款中扣抵或没收履约保证金等实现索赔要求。

（二）索赔特征、原因、分类及证据

1. 工程索赔的特征

工程索赔是正当权利的要求，是业主、工程师、工程承包商之间正常的、大量发生的、普遍存在的合同管理业务。工程索赔具有如下特征。

（1）工程索赔是双向的

工程索赔不仅是承包商向业主提出索赔，主业也可以因工程承包商未按合同履行义务向工程承包商提出索赔。

（2）工程索赔要有证据和合同、法律条文

工程索赔需要有利于自己的证据，还要有为自己辩护的合同、法律条文，才能提出索赔。

（3）只有实际发生了经济损失或权利损失才可以提出索赔

工程索赔要有事实根据，即只有发生的经济损失或权利损失才可以作为索赔的依据，不能用估计要发生的事件作为索赔依据。

（4）工程索赔是一种等待确认的行为

工程索赔不同于工程签证。施工中签证是承发包双方就额外增加的费用补偿或工期延长等达成一致的书面证明材料，这是一种补充协议，可作为工程价款结算或最终增减工程造价的直接依据。工程索赔是一种等待确认的行为，在未被对方确认前不具有约束力，索赔要求只有等待对方确认后才能实现。

（5）工程索赔工作贯穿于工程项目建设的全过程

工程招投标阶段，招投标双方都应仔细研究工程所在地的法律法规及合同条件，以便为将来索赔提供合同、法律依据。合同执行阶段，当事人会密切注视对方履行合同的情况，发现对自己伤害的行为，及时提出索赔。同时，也要求自己严格履行合同，不给对方造成索赔机会。

（6）工程索赔是一门工程技术与法律融合的科学艺术

工程索赔涉及工程施工技术、工程管理、法律法规、财务会计等专业知识，要求索赔人员具有深厚的工程技术等专业知识和丰富的施工经验，才能提出科学合理、符合实际情况的索赔。索赔人员应通晓合同、法律，提出的索赔才有合同、法律依据。索赔谈判是与对方直接交涉，要运用人际交往的知识，要求索赔人员懂得社交艺术，具有一定的公关知识。

2. 工程索赔的原因

索赔常常起因于非承包方的责任引起的干扰事件。在现代承包工程中，特别在国际承包工程中，索赔经常发生，而且索赔额很大。实际工程中常见的索赔原因如表 2-5 所示。

实际工程中常见的索赔原因　　　　　　　　　　　　　　表 2-5

索赔原因	常见的干扰事件
业主违约	1. 没有按合同规定提供设计资料、图纸，未及时下达指令、答复请示，使工程延期； 2. 没按合同规定的时间交付施工现场、道路，提供水电； 3. 应由业主提供的材料和设备，使工程不能及时开工或造成工程中断； 4. 未按合同规定按时支付工程款； 5. 业主处于破产境地或不能再继续履行合同或业主要求采取加速措施，业主希望提前交付工程等； 6. 业主要求承包商完成合同规定以外的义务或工作
合同文件缺陷	1. 合同缺陷，不周密的合同条款和不足之处：如合同条文不全、不具体、措辞不当、说明不清楚、有二义性、错误，合同条文间有矛盾； 2. 由于合同文件复杂，分析困难，双方的立场、角度不同，造成对合同权利和义务的范围、界限的划定理解不一致，合同双方对合同理解的差异造成工程实施中行为的失调，造成工程管理失误； 3. 各承包单位责任界面划分不明确，造成管理上的失误，殃及其他合作者，影响整个工程实施

续表

索 赔 原 因	常见的干扰事件
设计、地质资料不准或错误	1. 现场条件与设计图纸不符合，给定的基准点、基准线、标高错误，造成工程报废、返工、窝工； 2. 设计图纸与工程量清单不符或纯粹的工程量错误； 3. 地质条件的变化：工程地质与合同规定不一致，出现异常情况，如未标明管线、古墓或其他文物等
计划不周或不当的指令	1. 各承包单位技术和经济关系错综复杂，互相影响； 2. 下达错误的指令，提供错误的信息； 3. 业主或监理工程师指令增加、减少工程量，增加新的附加工程，提高设计、施工材料的标准，不适当决定及苛刻检查； 4. 非承包商原因，业主或监理工程师指令中止工程施工； 5. 在工程施工或保修期间，由于非承包商原因造成未完成或已完工程的损坏； 6. 业主要求修改施工方案，打乱施工次序； 7. 非承包商责任的工程拖延
不利的自然灾害和不可抗力因素	1. 特别反常的气候条件或自然灾害；如超标准洪水、地下水，地震； 2. 经济封锁、战争、动乱、空中飞行物坠落； 3. 建筑市场和建材市场的变化，材料价格和工资大幅度上涨； 4. 国家法令的修改、城市建设部门和环境保护部门对工程新的建议、要求或干涉； 5. 货币贬值，外汇汇率变化； 6. 其他非业主责任造成的爆炸、火灾等形成对工程实施的内外部干扰

3. 工程索赔的分类

在承包工程中，索赔从不同的角度，按不同的方法和标准，有许多种分类的方法，常见的索赔分类如表 2-6 所示。

索 赔 分 类 表 2-6

类 别	分 类	内 容
按索赔的要求分类	工期索赔（要求延长合同工期）	施工合同中都有工期拖延的罚款条款。如果工程拖延是由承包商管理不善造成的，则他必须接受合同规定的处罚。而对非承包商引起的工期拖延，承包商可以通过索赔，要求延长合同工期，免去对他的合同处罚
	费用索赔（要求经济赔偿）	由于非承包商自身责任造成工程成本增加，承包商可以根据合同规定提出费用赔偿要求
按干扰事件的性质分类	工期拖延索赔	业主未能按合同规定提供施工条件，如未及时交付图纸、技术资料、场地、道路等；非承包商原因业主指令停止工程实施；其他不可抗力因素作用等原因
	不可预见的外部障碍或条件索赔	承包商在现场遇到一个有经验的承包商通常不能预见的外界障碍或条件，例如，地质与预计的（业主提供的资料）不同，出现未预见的岩石、淤泥或地下水等
	工程变更索赔	由于业主或工程师指令修改设计、增加或减少工程量，增加或删除部分工程，修改实施计划，变更施工次序等，造成工期延长和费用增加
	工程终止索赔	由于某种原因，如不可抗力因素影响，业主违约，使工程被迫在竣工前停止实施，使承包商蒙受经济损失

续表

类　别	分　类	内　容
按干扰事件的性质分类	其他索赔	如货币贬值，汇率变化，物价、工资上涨，政策法令变化，业主推迟支付工程款等原因引起的索赔
按索赔的起因划分	业主违约	包括业主和监理工程师没有履行合同责任，不按合同支付工程款；没有正确地行使合同赋予的权利，工程管理失误等
	合同错误	如合同条文不全、错误、矛盾、有二义性，设计图纸、技术规范错误
	合同变更	如双方签订新的变更协议、备忘录、修正案，业主下达工程变更指令
	工程环境变化	包括法律、市场物价、货币兑换率、自然条件的变化等
	不可抗力因素	如恶劣的气候条件、地震、洪水、战争、禁运等
按索赔的处理方式划分	单项索赔	是针对某一干扰事件提出的。索赔的处理是在合同实施过程中，干扰事件发生时或发生后立即进行，在合同规定的索赔有效期内向监理工程师提交索赔意向书和索赔报告，由工程师审核后交业主，再由业主作答复
	总索赔（又叫一揽子索赔或综合索赔）	国际工程中经常采用的索赔处理和解决方法。一般在工程竣工前，承包商将工程过程中未解决的单项索赔集中起来，提出一份总索赔报告。合同双方在工程交付前或交付后进行最终谈判，以一揽子方案解决索赔问题

4. 工程索赔的证据

工程索赔证据是在合同签订和合同实施过程中产生的用来支持其索赔成立或与索赔有关的证明文件和资料。

（1）对索赔证据的要求

1）真实性。索赔证据必须是在实施合同过程中确定存在和发生的，必须完全反映实际情况，能经得起推敲。

2）全面性。所提供的证据应能说明事件的全过程。索赔报告中涉及的索赔理由、事件过程、影响、索赔数额等都应有相应证据，不能零乱和支离破碎。

3）关联性。索赔的证据应当能够互相说明，相互具有关联性，不能互相矛盾。

4）及时性。索赔证据的取得及提出应当及时，符合合同约定。

5）具有法律证明效力。一般要求证据必须是书面文件、有关记录、协议、纪要必须是双方签署的；工程中重要事件、特殊情况的记录、统计必须由合同约定的发包人现场代表或监理工程师签字认可。

（2）索赔证据的种类

1）招标文件、工程合同、发包人认可的施工组织设计、工程图纸及技术规范等。

2）工程各项有关的设计交底记录、变更图纸、变更施工指令等。

3）工程各项经发包人或合同中约定的发包人现场代表或监理工程师签字认可的签证。

4）工程各项往来信件、指令、信函、通知、答复等。

5）工程各项会议纪要。

6）施工计划及现场实施情况记录。

7）施工日报及工长工作日志、备忘录。

8）工程送电、送水、道路开通、封闭的日期及数量记录。

9）工程停电、停水和干扰事件影响的日期及恢复施工的日期记录。

10）工程预付款、进度款拨付的数额及日期记录。

11）工程图纸、图纸变更、交底记录的送达份数及日期记录。

12）工程有关施工部位的照片及录像等。

13）工程现场气候记录，如有关天气的温度、风力、雨雪等。

14）工程验收报告及各项技术鉴定报告等。

15）工程材料采购、订货、运输、进场、验收、使用等方面的凭据。

16）国家和省级或行业建设主管部门有关影响工程造价、工期的文件、规定等。

（3）承包商通过索赔保护自己的利益，避免亏损。承包商应有针对性、有重点地提出有理有据的索赔。在下列情况下，承包商应重点提出索赔：

1）工程变更。

2）工期延长。

3）特殊风险。

4）工程加速。

5）工程保险。

6）工程暂停、终止。

7）业主或工程师违约。

8）施工条件变化。

二、建设工程施工索赔程序

施工索赔程序是指施工索赔事件发生到最终处理全过程所包括的工作内容、工作步骤。施工索赔实质是承包商与业主对工程风险造成的损失的分担，涉及合同当事人双方的经济利益，是一项繁琐、细致、消耗精力和时间的工作。

施工索赔程序，应按当事人双方签订的施工合同确定。施工索赔程序大致步骤如下：

（一）发出索赔意向通知

工程施工中，一旦发现或意识到潜在的索赔机会，承包商首先应在合同规定的时间内，将有关情况和索赔意向书面通知业主或工程师，即向业主或工程师表示某个事件的索赔愿望、保留索赔的权利。索赔意向的提出，标志着一项索赔工作的开始。施工索赔的第一个关键环节是抓住索赔机会，及时提出索赔意向。

我国建设工程施工合同条件示范文本规定：承包商应在索赔事件发生后的 20 天内，向业主发出索赔要求的通知，业主接到通知后 10 天内给予答复，同意索赔要求，或要求承包商补充索赔的理由和证据；业主在 10 天内未给予答复，应视为该项索赔已经批准。承包商若未在合同规定时间内发出索赔意向通知，业主有权拒绝承包商的索赔请求。

索赔意向通知，一般包括以下内容：

（1）索赔事件发生的时间、原因和情况的简单阐述。

（2）索赔依据。

（3）有关索赔证据分析。

（4）索赔事件影响分析。

（二）准备索赔资料

施工索赔成功与否，在很大程度上取决于承包商对索赔做出强有力的解释和证明材料的充分程度。证据不足的索赔，不可能得到业主和工程师的认同。承包商在日常管理工作中就应注意档案材料的管理，以备索赔时从中获得证据材料。这类文件资料主要包括：施工日志、来往信函、气象资料、备忘录、会议纪要、工程照片和声像资料、工程进度计划、工程考核资料、工程报告、投标参考资料和现场勘察备忘录、招标文件及投标文件等。

准备索赔资料这一阶段的主要工作有：

（1）跟踪调查干扰事件，收集资料。

（2）分析干扰事件产生的原因，划清责任，确定责任主体，明确干扰事件是否违反合同规定，损失是否在合同规定的赔偿范围内。

（3）损害和计算。

通过施工进度、工程成本实际与计划的比较，分析经济损失和权利损害的范围和大小，据此计算工期和费用索赔值。

（4）收集证据。

从干扰事件产生直至结束的全过程，必须保留完整的当时记录所取得的材料才具有说服力。我国建设工程施工合同示范文本要求合同当事人应积累和准备以下资料：

（1）业主和工程师的指令书、确认书。

（2）承包商要求、请求、通知书。

（3）业主提供的水文地质、地下管网资料，施工所需的证件、批件、临时用地占地证明书、坐标控制点资料和图纸。

（4）承包商的年、季、月度施工计划、施工方案、施工组织设计及业主批准书。

（5）施工规范、质量验收单、隐蔽工程验收单、验收记录。

（6）承包商要求预付款通知，工程量核实确认单。

（7）业主、承包商材料供应清单、合格证书。

（8）竣工验收资料、竣工图。

（9）工程结算书、保修单等。

（三）编制工程索赔意向通知书

索赔意向通知书表述了承包商的索赔要求和支持索赔的依据。编制索赔意向通知书应做到证据充分，损失计算准确，原因分析透彻。正文主要包括标题、事实与理由、损失计算。

索赔意向通知书是承包商提供给业主和工程师关于索赔的书面文件，全面表达了承包商对索赔事件的所有主张；业主通过对索赔意向通知书的分析、审核和评价做出同意、要求修改、反驳，甚至拒绝的决定；索赔意向通知书也是合同当事人进行索赔谈判或调解、仲裁、诉讼的基础资料。要求承包商按照索赔文件的格式和要求，将说明干扰事件的资料系统反映在索赔意向通知书中。

编制工程索赔意向通知书应注意以下问题：

1. 工程索赔意向通知书的内容和形式

工程索赔意向通知书应简明扼要，条理清晰，便于读者阅读理解；应注意工程索赔意向通知书的形式与内容安排。工程索赔意向通知书编写形式如下：

（1）说明信。说明信简要说明索赔理由、金额或工期和随函所附的报告正文和证明材料清单目录。

（2）索赔意向通知书正文。标题、事件介绍和分析、损失计算一览表。

（3）详细的计算过程和证明材料。详细计算过程、证明材料及附件。

2.编写工程索赔意向通知书应注意的事项

（1）实事求是。索赔事件是真实的，索赔依据和款项实事求是，不能虚构、无中生有。实事求是让业主和工程师审核后觉得索赔要求合情合理，不应拒绝。

（2）说服力强。实事求是的索赔本身就具有很强说服力，但若在索赔意向通知书中责任分析清楚、准确，引用合同、法律中的相关条款，并附上有关证明材料，就更具有说服力。

（3）计算准确。作为索赔依据的基本数据资料应准确无误，计算数据上的错误，容易对索赔的可信度产生疑问。

（4）简明扼要。工程索赔意向通知书要有说服力，文字应简练、用词严密、条理清楚，各种定义、论述、结论要正确，逻辑性强。既要完整反映索赔要求，又简明扼要，让业主理解索赔的实质，索赔就有成功的希望。

（四）提交索赔文件

工程索赔意向通知书编制完成后，应立即提交给业主和工程师。FIDIC（国际咨询工程师联合会）合同文件规定，承包商在发出工程索赔意向通知书后28天内或经工程师同意的合理时间内，提交一份详细的索赔文件。如果干扰对工程影响的持续时间较长，承包商应按工程师要求的合理间隔期间，提交中间报告，并在干扰事件影响结束后28天内提交最终索赔报告。我国要求在干扰事件发生后20天内提交索赔意向通知书，或双方在合同协议条款中约定提交索赔报告的具体时间。

索赔的关键是"索"，承包商不主动"索取"，业主和工程师不可能主动"赔"。

（五）工程师和业主对工程索赔意向通知书的审核

工程师受业主委托对工程项目建设进行组织、监督、控制和协调。工程师根据业主授权范围，对承包商的索赔进行审核，判定索赔事件是否成立，判定索赔金额计算是否正确合理。工程师和业主接到索赔意向通知书后，应立即阅读，对不合理的索赔进行反驳，对各种质疑做出答复。

（六）索赔处理

工程师或业主充分阅读工程索赔意向通知书并进行评审后，再与承包商讨论，由工程师提出索赔处理的初步意见，并召集业主、工程师、承包商直接协商，取得一致意见。若初次谈判未达成协议，可商定正式谈判的时间、地点，以便继续讨论确定索赔问题。若业主与承包商谈判失败，可邀请中间人调解。若不成功，可根据合同规定，将索赔争议提交仲裁机构，甚至提交到法院，使其得到解决。

工程索赔程序如图2-4所示。

工程建设中会发生许多索赔事件，当事人双方争取在最早、最短的时间、最低的层次、最大可能友好协商解决，不要轻易提交仲裁。仲裁和诉讼是复杂的，需要花费大量人力、物力、财力和时间，对工程建设也会带来不利影响。

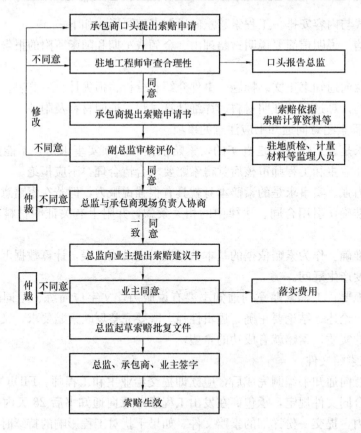

图 2-4　工程索赔程序

工程索赔在实际操作中影响的因素太多，有时可能事与愿违，产生负面影响，业主也要开展反索赔。如果大量提交索赔文件，要求经济补偿或延长工期，将使承包商进入业主的黑名单，不良记录在案。结果不仅不利于该项工程建设，其他业主对这样的承包商会有一定防范，承包商会为此失去许多机会。在权衡利弊后，承包商应根据合同条款，努力拿回尽可能多的索赔。

三、索赔报告的一般格式

索赔报告的一般格式如表 2-7 所示。

索赔报告的一般格式 表 2-7

负责人：_____

编　号：_____　　　　　　日期：_____

索　赔　报　告

题　　目	
索赔事件	
索赔理由	
影　　响	
结　　论	

四、费用索赔申请表

费用索赔申请表如表 2-8 所示。

费用索赔申请表 表 2-8

工程名称： 编号：

致：_____ （监理单位）
根据施工合同条款_____条的规定，由于_____的原因，我方要求索赔金额（大写）_____
___，请予批准。

索赔的详细理由及经过：
索赔金额的计算：
附：证明材料

承包单位：___

项目经理：___

日　　期：___

五、工程临时延期申请表

工程临时延期申请表如表 2-9 所示。

工程临时延期申请表 表 2-9

工程名称： 编号：

致：_____ （监理单位）
根据施工合同条款___条的规定，由于_____的原因，我方申请工程延期，请予批准。
附件：
1. 工程延期的依据及工期计算
合同竣工日期：
申请延长竣工日期：
2. 证明材料

承包单位：___

项目经理：___

日　　期：___

六、反索赔

业主反索赔是指业主向承包商提出的索赔，由于承包商不履行或不完全履行约定的义务，或是由于承包商的行为使业主受到损失时，业主为了维护自己的利益，向承包商提出的索赔。业主对承包商的反索赔还包括对承包商提出的索赔要求进行分析、评审和修正，否定其不合理的要求，接受其合理的要求。一旦干扰事件发生，不能进行有效的反索赔，同样要蒙受损失，所以反索赔和索赔有同等重要的地位。

（一）反索赔的意义

反索赔对合同双方具有同等重要的意义，主要表现在以下方面：

1. 反索赔可以减少和防止损失的发生，它直接关系工程经济效益的高低。如果不能进行有效的反索赔，不能推卸自己对干扰事件的合同责任，则必须满足对方的索赔要求，支付赔偿费用，致使自己蒙受损失。

2. 不能进行有效的反索赔，处于被动的局面，会影响工程管理人员的士气，进而影响整个工程的施工和管理。

3. 索赔和反索赔是不可分离的，不能进行有效的反索赔，同样也不能进行有效的索赔。

（二）反索赔的内容和措施

反索赔的内容包括防止对方索赔和反击对方索赔。防止对方索赔，首先要防止自己违约，要按合同约定履行。当干扰事件一经发生，就应着手研究，收集证据，一方面作索赔处理；另一方面又准备反击对方的索赔。

常见的反击双方索赔的措施有以下两个：

1. 用索赔对抗索赔，使最终解决双方都作让步，互不支付。

2. 反驳对方的索赔报告，找出理由和证据，证明对方的索赔报告不符合事实、不符合合同规定、没有根据、计算不准确，以推卸或减轻自己的赔偿责任，使自己不受或少受损失。

在实际工程中，这两种措施都很重要，常常同时使用。索赔和反索赔同时进行，即索赔报告中既有索赔，也有反索赔，反索赔报告中既有反索赔，也有索赔。攻守手段并用会达到很好的索赔效果。

反索赔的基本原则必须以事实为根据，以合同为准绳，实事求是地认可合理的索赔要求，反驳、拒绝不合理的索赔要求，按合同原则公平合理地解决索赔问题。

七、索赔案例

A公司通过投标承包一项污水管道安装工程。铺设路线中有一处需要从一条交通干线的路堤下穿过。在交通干线上有一条旧的砖砌污水管，设计的新污水管要从旧管道下面穿过，要求在路堤以下部分先做好导洞，但招标单位明确告知没有任何有关旧管道的走向和位置的准确资料，要求承包商报价时考虑这一因素。

施工时，当承包商从路堤下掘进导洞时，顶部出现塌方，很快发现旧的污水管距导洞的顶部非常近，并出现开裂，导洞内注满水。A公司遂通知监理工程师赴现场处理，监理工程师到现场后当即口头指示承包商切断水流，暂时将水流排入附近100m远的污水检查井中，并抽水修复塌方。

修复工程完毕，承包商向其保险公司索赔，但遭到保险公司的拒绝。理由是发生事故时，承包商未曾通知保险公司。而且保险公司认定事故是因设计错误引起的，因为新污水管离旧污水管太近。如果不存在旧污水管，则不会出现事故。因此，保险公司认定应由设计人承担或由业主或监理工程师来承担责任，因为监理工程师未能明确地确定污水管的位置。总之，保险公司认定该事故不属于第三者责任险的责任范围。

于是A公司遂向监理工程师提出了相关数额的索赔报告。其索赔的动因如下：

（1）设计错误造成塌方。

（2）工程师下达的指令构成变更令，修复塌方属于额外工作。

该索赔报告又遭到监理工程师的拒绝，理由如下：

（1）工程师下达的命令不属于工程变更令，承包商为抢救而付出的工作是为了弥补自己的过失，属于其合同义务。

（2）新管道的设计位置在旧管道下2m，承包商有足够的空间放置足以支撑地面压力的导洞支撑。

（3）招标单位在招标时已经告知没有关于旧管道走向及位置的详细资料，承包商在报价时已经考虑到这一因素。

双方经过协商无效，遂诉诸仲裁，结果承包商败诉。

评析：

根据本案例反映情况，承包商无疑是受害者。按客观情况，他完全有权获得补偿或赔偿，但问题出在承包商自己身上。我们既不能指责保险公司无情，也不能指责业主方面，只能怪承包商自己在处理问题时没有考虑将来的索赔问题，致使责任方互相踢皮球，推卸责任。

如果在事故发生时，承包商认定该事故属于第三者责任险的责任范围，应立即通知保险公司赴现场察看，在保险索赔报告中强调保险事故，不提工程设计或监理工程师下达指示问题，防止保险公司推卸责任，则保险索赔很可能成功。

或者，如果A公司认定向业主索赔，则在事故修复后立即要求工程师出面确认其关于抢救的口头指示，或在事故发生前即致函监理工程师指出可能会发生的风险，事故发生后要求监理工程师下达指令切断水流。这样该抢救修复工作指令极有可能被视同变更指令，从而成为索赔依据。

第三种办法是致函工程师，指出该事故系有经验的承包商无法预见的，尽管招标时业主方面已告知没有任何有关旧管道的走向和位置的准确资料，但投标时承包商无法获取地下埋藏物的资料，也没有义务获取。承包商只能根据地面和基土情况做出判断。从这方面着手同样可以获得索赔的成功。

总之，承包商在事故发生时就应该想到将来应向谁索赔，认定索赔对象，早做准备，不应等到最后盲目索赔，以致被责任方推来推去，最后一无所获，白白做出重大牺牲。

本 章 小 结

本章讲述了工程招投标以及工程合同。在学习时，应了解工程招投标的意义，掌握招标方式、条件、程序，掌握企业投标报价具体工作以及投标报价的策略；了解建设工程施工合同的类型、内容及签署的条件，了解合同的管理以及合同的履行、变更、解除、纠纷处理；了解工程索赔的理论知识及索赔报告的编写方法等内容。

复 习 思 考 题

1. 实行招投标的意义？

2. 建设工程招标方式有哪几种？其概念是什么？

3. 招标工作的一般程序是什么？

4. 对企业投标有哪些要求？投标的一般程序是什么？

5. 什么是建设工程施工合同？施工合同的作用有哪些？

6. 实行合同《示范文本》有什么意义？

7. 什么是施工合同的公证、签证、履行、变更和解除？

8. 什么是施工合同管理？解决合同纠纷有哪些方式？其主要内容是什么？

第三章 施工项目管理

第一节 施工项目管理

一、施工项目管理

（一）施工项目管理

施工项目是指年度计划内正在进行的建筑安装活动的工程项目，也就是单位工程或单项工程的建筑产品的施工过程及其成果。由于分部、分项工程只是整个建筑产品的构成部分，因此，不能称为施工项目。

项目管理是指运用系统工程的方法，按项目内在逻辑规律，对有限资源进行科学有效的规划、组织、控制与协调，以达到在既定时间和资源内最优实现项目的一种系统管理活动。项目管理有广义和狭义之分。广义指从项目规划、立项开始至建成投产的全过程、全方位管理，可称为建设项目管理。狭义则指项目实施阶段的管理，可称为施工项目管理。

项目管理是一项系统性、综合性很强的工作，需要经济、技术、法律、组织行为等多种知识，涉及诸如政府、银行、设计单位、承包单位、材料设备供应单位、运输公司、保险公司、咨询公司等许多方面。要接受政府和社会监理部门的监督管理。

（二）施工项目管理与建设项目管理的区别

1. 管理的主体不同

施工项目管理的主体是建筑安装施工企业。一般不委托咨询公司进行项目管理。建设单位和设计单位都不进行施工项目管理。建设项目管理的主体是建设单位或委托咨询监理单位。在建设项目管理中，涉及的施工阶段虽与施工项目管理有关，但仍为建设项目管理，不属于施工项目管理。监理单位把施工单位作为监督对象，虽然与施工项目管理有关，但不能算作施工项目管理。

2. 管理的任务不同

施工项目管理的任务是为了完成建筑安装产品，获取利润，而建设项目管理的任务是取得符合要求、能发挥应有效益的固定资产。

3. 管理内容不同

施工项目管理内容涉及从投标竞争到获取任务，到竣工交付使用为止的全部施工生产组织、管理与保修，而建设项目管理涉及固定资产投资和进行工程建设的全过程的管理。

4. 管理范围不同

施工项目管理是根据工程承包合同规定的承包范围，可能是一个单项工程或单位工程，而建设项目管理的范围，是由可行性研究报告所确定的所有工程作为一个建设项目。

二、施工项目管理的实施过程

施工项目管理的对象是一项技术复杂的一次性任务或工程的全过程，施工项目周期各阶段的工作内容构成了施工项目管理的全过程。对其管理的思想、组织、方法和手段都有一定的要求。

（1）投标签约阶段：施工单位通过投标竞争到中标签承包合同，实际上就是进行施工项目工作，这是施工项目寿命周期的第一个阶段，称为立项阶段。

（2）施工准备阶段：施工单位与建设单位正式签订工程承包合同，便着手组建项目经理部，建立以项目经理为主的工作机构，配备人员和做好各项准备工作。

（3）施工生产阶段：这个阶段是生产实施过程，目标是完成合同规定的全部施工任务。这一过程中，项目经理起着决策指挥和管理功能，而经营管理层、建设单位、监理单位的作用是支持、协调和监督。

（4）竣工验收与工程结算阶段：该阶段也是结束阶段，是对建设项目进行全面竣工验收，工程价款结算和办理移交。

（5）用后服务保修阶段：从项目管理角度看，在工程竣工验收后，按合同规定的责任期内进行用后服务，进行必要的维护和保修，以保证正常使用，仍要进行项目管理。

三、施工项目组织管理体系

（一）施工项目组织管理体系

安装工程施工项目组织管理体系如图 3-1 所示。

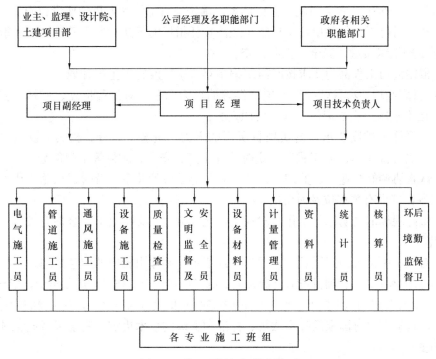

图 3-1 施工项目组织管理体系

（二）施工项目经理部主要管理人员职责

施工项目管理的主体是以项目经理为首的项目经理部，即作业管理层，是一个工作班子，是实现施工项目目标的保证。主要应做好如下工作：

第一，选聘称职的施工项目经理。一个施工项目是一项一次性的整体任务，在完成这个任务的过程中，必须有一个最高的责任者和领导者，这就是施工项目经理。施工项目经理是对施工项目全面负责的管理者，是建筑施工企业的法人代表，是在项目上的全权委托代理人。因此，要求项目经理应具备较高的政治素质，有较强的组织领导能力，具有中专以上相应学历，懂得施工技术和经营管理知识、法律知识，并且有一定的施工经验，同时具备项目经理资质证书。

第二，根据施工项目组织原则，选用适当组织形式，组建施工项目管理机构，明确责任权利和义务。

第三，根据施工项目管理需要，制订施工项目管理制度。

1. 项目经理：项目经理是企业法定代表人在工程项目上的代理人，受法定代表人的委托，对项目和施工负有全过程、全方位的职责，其主要职责有：

（1）认真贯彻国家和上级有关方针、政策、法规及公司颁发的各项规章制度，按设计要求负责工程总体组织和领导，保证项目正常运转，对安装工程的安全、质量、进度与经济负全责。

（2）为本单位在施工项目现场的全权负责人，负责指挥本工程项目的施工，行使其管理职能，协调好与建设单位、设计单位、监理单位、土建单位、政府有关职能部门等各方面的关系，确保工程的顺利进行。

（3）负责组建项目部，配备项目部的人、财、物资源，组织建立、健全本项目的工程质量、进度、安全生产和文明施工保证体系，确定项目部管理人员的职责权限。

（4）对项目范围内的各单位工程组织经济责任指标的下达和监督管理、考核验收。并定期或不定期组织质量、安全、文明检查。

（5）根据公司工程部的要求按时组织编制年（季）度施工生产计划。

2. 项目副经理：项目副经理是项目经理的得力助手，对工程进度、质量、安全和文明施工、成本控制负主要责任，其主要职责为：

（1）根据施工进度要求，落实项目所需的人力、资金、物资、机具、设备等生产要素，协调好各专业工程的施工程序，定时召开生产、安全、质量等工程例会。

（2）认真协调好与业主、监理、设计、总包等单位的关系，及时提出施工中的各工程碰头的问题，督促有关单位及时解决。

（3）做好现场的文明标化工作，对现场标化、卫生、文明负责，督促有关人员履行岗位工作职责。

（4）对施工中出现的问题及时向项目经理汇报，并作出相应的应急处理。

3. 项目技术负责人：项目技术负责人主要对工程建设中的技术和质量负责，指导并督促各专业工种运用先进的施工技术，是工程保质按期完成的关键人员之一，其主要职能有：

（1）负责贯彻执行国家的技术法规、标准和上级的技术决定、制度以及施工项目的技术管理制度。

（2）组织有关人员熟悉图纸及招标文件等技术文件，组织图纸会审，对图纸及施工中出现的问题及时与设计、建设、监理部门协商解决，并及时办理文字洽商手续。

（3）组织施工方案的编制，待上级审批后组织实施，并定期检查施工方案的实施情况。配合和督促各专业施工员做好技术交底工作。工程竣工后，组织项目技术人员对竣工图的绘制和竣工资料的汇编。

（4）监督预检、隐蔽工作的实施和执行；配合公司对项目的质量检查，定期组织各专业施工员进行质量检查，并监督质量整改工作。

（5）处理项目工程质量缺陷，发生质量事故应以书面形式及时向公司总工程师报告并在总工程师的领导下具体处理本工程的质量问题。

（6）开展新技术、新工艺的推广工作，针对施工项目中所涉及的新工艺、新技术、新材料，根据设计要求和使用功能，认真研究，反复推敲，确定具体实施措施，解决施工难题。

（7）组织开展技术培训，不断提高职工的技术素质。

4. 专业施工员：各专业施工员在项目经理部的直接领导下，负责各自专业的施工进度、施工质量、施工安全与文明，是专业施工的直接指挥者，其主要职责有：

（1）在项目经理和技术负责人的领导和帮助下编制生产计划和施工方案，组织落实施工工艺、质量及安全技术措施。

（2）参加图纸会审、隐蔽工程验收、技术复核、设计变更签证、中间验收、整理交工资料、绘制竣工图及竣工结算等。

（3）做好施工班组任务及技术交底，把好材料、设备、成品、半成品质量关，并力求降低消耗。

（4）定期召开班组质量、安全动态分析会，贯彻落实三级安全教育和季节性的施工措施和"谁施工谁负责安全"的原则。

（5）不得安排无证人员进行特种作业，参加项目组织的质量、安全、防火等检查，并负责督促本专业问题的整改。

5. 质量检查员：质量检查员在技术负责人的领导下，由各专业施工员的配合对工程质量进行监督，是工程优质完成的关键因素之一。

（1）配合技术负责人和专业施工员进行图纸会审、施工方案的编制、技术交底、员工培训工作。

（2）负责组织工程质量检查，开展全面质量管理活动，对质量问题进行原因分析，并督促施工班组进行质量整改。

（3）对施工中的关键质量控制点，进行现场把关，确保每道工序均符合质量要求。

（4）配合材料员做好材料质量工作，配合专业施工员做好设备开箱检查。

6. 安全管理、文明监督员：安全是项目能否顺利进行的保障，文明施工是项目管理水平的体现，所以安全管理、文明监督员在项目中也有非常重要地地位。其主要职责有：

（1）根据公司相关制度及现场施工情况，编制有针对性的安全管理制度，贯彻安全生产的各项规定。负责对职工进行安全生产的项目部级教育，做好施工中的安全交底和平时的宣传工作。会同有关部门搞好特殊工种工人的技术培训和考核工作。

（2）参与施工组织设计中安全技术措施的制订及审查。深入施工现场检查、监督、指导各项安全规定的落实，消除事故隐患，分析安全动态，不断改进安全管理和安全技术措施。定期向项目经理汇报安全生产具体情况。

（3）配合公司安全检查，组织项目安全检查，查找消防安全隐患，并做好安全检查台账。

（4）组织项目安全活动，定期对员工进行有针对性的安全教育与培训。

（5）负责对现场安全设施的检查与验收，指导维护工作。督促有关部门按规定及时发放职工劳动防护用品，并指导合理使用。

（6）参与企业工伤事故的调查和处理，及时总结经验教训，防止类似事故重复发生。

（7）配合项目经理和专业施工员编制相关项目文明施工管理措施。

（8）配合各专业施工员对现场文明施工的管理，严禁施工中的不文明行为，如：随地便溺、乱倒建筑垃圾、不注意成品保护、影响现场的正常工作秩序等不良行为。

（9）做好环境保护工作，确保工程施工期间对工地周围的古木、居民、道路及其他公共设施的保护。材料和设备进出场既要注意不得影响周围环境，又要注意不得影响道路的交通。

7. 设备材料员：设备材料员是否称职直接影响到项目能否顺利且按期保质地进行，同时也直接影响项目的成本控制，其主要职责有：

（1）根据工程进度、材料计划及时进行材料的采购。

（2）负责对进场材料进行检查验收（包括取样复试），杜绝以次充好的劣质建材进场用于工程，并向专业施工员提交有关的材料质量证明书，以便向监理进行材料报验。

（3）如实、详尽地建立设备材料台账，并及时上报项目部，以便成本核算。

（4）负责对设备和材料的保管，并注意在保管中不得使设备和材料发生变质和损坏。

8. 专业施工班组长：各专业班组长是施工任务的执行者和基层的直接领导者，他直接影响各作业点的进度、质量、安全及成本控制，所以项目部应积极发挥各施工班长的主动性，确保各施工作业点的顺利进行。

（1）带领班组成员接受各专业施工员的指挥，负责分配作业任务，并带领他们进行正常的施工作业，力争迅速、准确。

（2）认真遵守安全规程和有关安全生产制度，每天上班前对作业人员根据当天的作业内容进行安全交底，及时检查发现并消除安全隐患，并有权拒绝违章指令，确保班组生产安全。

（3）要确保本班组的作业内容质量优良，根据施工员的技术交底内容对班组成员进行技术交底，并在班组组织进行自检、互检和交接检工作，发现不合格项及时组织工人进行整改，确保本班组工作面的质量符合要求。对关键环节申请施工员和质量检查员进行质量复查，并积极配合项目部的质量检查。同时在施工中如发现不合格的设备和材料应及时向施工员汇报，并不得擅自将不合格的设备和材料使用在工程中。

（4）同时各专业班长督促班组成员要文明施工，不得出现有违背项目相关规章制度行为。

（5）积极配合项目部进行安全和技术教育。

四、施工项目管理规划

施工项目管理规划是对施工项目管理组织、内容、方法、步骤重点进行预测和决策，做出具体安排的纲领性文件。施工项目管理规划包括两种文件：一种是投标之前编制的施工项目管理规划，作为编制投标书依据，也称"施工项目管理规划大纲"。另一种是签订合同以后编制施工项目管理规划，用以指导自施工准备、开工、施工，直至交工验收的工作过程，也称为"施工项目管理计划"。"施工项目管理规划大纲"和"施工项目管理计划"实际上就是通常所说的施工组织设计。为满足投标竞争需要，在投标前编制的施工组织设计（施工项目管理计划大纲）称为"标前施工组织设计"（简称标前设计），它的作用是为编制投标书和进行签约谈判提供依据。合同签定后编制的施工组织设计（施工项目管理计划），称为"标后施工组织设计"（简称标后设计），是为满足施工项目管理和组织指导现场施工。具体内容见第六章施工组织设计内容。

五、施工项目管理的目标控制

施工项目的目标是预期达到的成果或结果。施工项目的目标，有阶段性目标和最终目标两种。实现各阶段目标是管理的目的所在。目标管理是 20 世纪 50 年代由美国的德鲁克提出的，其基本点是以管理活动为中心，把经济活动和管理活动转换为具体的目标加以实施和控制。通过目标的实现，完成经济活动任务。

施工过程中，行为主体按预定的计划实施，在实施的过程中会遇到许多干扰，行为主体通过检查，收集到实施状态的信息。将它与原计划作比较，发现偏差，采取措施纠正这些偏差，从而保证计划正常实施，达到预期目标的全部活动过程。

施工项目控制的任务是进行进度控制、质量控制、成本控制和安全控制，这就是四大目标控制。从建设监理代表业主的控制角度来讲，是指建设项目的投资、进度、质量三大目标控制。但从施工项目经理部来讲，是施工项目的约束条件，也是施工效益的象征。

施工项目控制的目的是排除干扰实现合同目标。施工中干扰因素来自多方面，如人为干扰因素、机械设备干扰因素、工艺及技术干扰因素、环境方面（包括技术环境、工程管理环境、劳动环境、社会环境、政治环境）等方面的干扰因素。施工项目控制的意义在于它对排除干扰的能动作用和保证目标实现的促进作用。

1. 进度目标控制

施工项目实施阶段的进度控制的"标准"是施工进度计划，是表示施工项目中各个单位工程或各分项工程的施工顺序、开竣工时间以及相互衔接关系的计划。依据项目的工期指标和各类施工计划，合理地安排施工顺序，对生产因素优化组合和动态配置，并辅以其他服务性工作，使项目连续、均衡、有节奏地施工，保证工程进度计划按期或提前完成。其形式主要有横道图计划和网络图计划。做好编制月（旬）作业计划和施工任务书，记录掌握现场施工实际情况，进行施工进度检查的调度工作。

2. 质量目标控制

施工质量控制，是对施工全过程的质量控制，是工程建设质量管理的重要一环，对提高工程建设质量及经济建设具有重要意义。它包括投入生产要素的质量控制、施工及安装工艺过程的质量控制和最终产品的质量控制。施工阶段的质量控制范围包括影响工程质量的人、材料、机械、施工方法和环境五个方面。要及时处理质量问题。施工质量控制，可分为施工质量的事前控制、事中控制和事后控制。

施工项目质量控制的要点：

（1）施工质量控制要以系统过程对待。施工全过程的质量控制是一个系统，包括投入生产要素的质量控制、施工及安装工艺过程质量控制和最终产品的质量控制。施工阶段的质量控制范围包括影响工程质量 5 个方面的要素，即：人、材料、机械、方法、环境，它们形成一个系统，要进行全面的质量控制。根据质量形成时间，可以分为事前控制、事中控制、事后控制。

（2）施工质量控制程序和主体。施工质量控制程序：事前控制（施工准备质量控制、开工报告质量控制）——事中控制（工序质量控制、分项工程质量控制、分部工程质量控制）——事后控制（竣工验收质量控制、档案资料质量控制）。控制主体有两种情况，一种是施工活动本身，控制的主体是施工者本身；另一种是检查活动，控制的主体首先也是施工者自身，但在监理和质量监督的情况下侧重点则有所不同。

（3）施工质量控制方法。施工质量的控制方法有很多，主要有一般技术方法、试验方法、检查验收方法、管理技术方法和多单位控制法。

（4）质量体系为质量控制提供组织保证。进行质量控制，必须按 GB/T 19000—92 或 ISO 9000—87 系列标准建立质量体系，为质量控制提供组织保证。质量体系是指"为实施质量管理的组织结构、职责、程序、过程和资源"。质量体系的功能，就是通过质量策划、质量控制、质量保证和质量改进等活动，实施质量管理职能，实现质量方针和目标。一个组织有一个质量体系，在组织内外发挥着不同的作用。对内实施质量管理，对外实施外部质量保证。

3. 成本目标控制

施工项目成本是安装施工企业为完成施工项目的建筑安装工程任务所耗费的各项生产费用的总和，施工项目成本控制就是在其施工过程中，运用必要的技术管理手段，对物化劳动和活劳动消耗，进行严格组织和监督的一个系统过程，以实现低成本的目标。它包括施工过程中所消耗的生产资料转移价值及以工资补偿费形式分配给劳动者个人消费的那部分活劳动消耗所创造的价值。施工项目成本按经济用途分析其构成，包括直接成本和间接成本。其中直接成本是构成施工项目实体的费用，包括材料费用、人工费、机械费、其他直接费；间接成本是企业为组织管理施工项目而分摊到该项目上的经营管理费用。按成本与施工所完成的工程量的关系分析其构成，它由固定成本与变动成本组成，其中固定成本与完成的工程量多少无关，而变动成本则随工程量的增加而增加。

施工项目成本控制的全过程包括施工项目成本预测、成本计划的编制与实施、成本核算和成本分析等主要环节，而以成本计划的实施为关键环节。因此，进行施工项目成本控制，必须具体研究每个环节的有效工作方式和关键控制措施，从而取得施工项目整体的成本控制效果。要将质量、工期和成本三大相关目标结合起来进行综合控制，这样既实现了成本控制，又促进了施工项目的全面管理。

4. 安全目标控制

包括对人身安全和财产安全控制。目的是保证项目施工中避免危险、杜绝事故发生、不造成人身伤亡和财产损失。安全法规、安全技术和工业卫生是安全控制的三大主要措施。由于施工受自然条件影响大，高空作业，劳动密集，机械、用电、易燃、交叉作业多，安全控制难度大，所以要进行安全立法、执法和守法。建立安全组织系统和相应责任系统，加强安全组织工作。经常进行安全教育，科学合理制定和采用安全技术组织措施。开展安全防护和安全施工的研究，加强安全检查和考核，不断改进和提高安全施工水平。

5. 施工现场目标控制

施工项目现场是指从事施工活动经批准占用的施工场地。该场地既包括红线以内占用的建筑用地和施工用地，也包括红线以外现场附近经批准占用的临时施工用地。它的管理是指对这些场地如何科学安排、合理使用，并与各种环境保持协调关系。做好施工项目现场管理工作，具有重要意义：

（1）施工项目现场管理的好坏涉及施工活动能否正常进行。施工现场是施工的"枢纽站"，活动在现场的大量劳动力、机械设备和管理人员，通过施工活动将这些物资一步步地转变成建筑物和构筑物。这个"枢纽站"管理的好坏，涉及人流、物流和财流是否畅通，涉及施工生产活动能否顺利进行。

（2）施工项目现场是一个"绳结"，把各专业管理联系到一起。在施工现场，各项专业管理工作按合理分工分头进行，同时又密切合作，相互影响，相互制约。施工现场管理的好坏，直接关系到各项专业管理的技术经济效果。

（3）工程施工现场管理是一面"镜子"，能够反映出施工单位的面貌，通过观察工程施工现场，施工单位的精神面貌、管理面貌、施工面貌赫然显现。一个文明的施工现场有着重要的社会效益，会赢得很好的社会声誉。反之，也会损害施工企业的社会声誉。

（4）工程施工现场管理是贯彻执行有关法规的"焦点"。施工现场与许多城市管理法规有关，诸如：地产开发、城市规划、市政管理、环境保护、市容美化、环境卫生、城市绿化、交通运输、消防安全、文物保护、居民安全、人防建设、居民生活保障、工业生产保障、文明建设等。每一个在施工现场从事施工和管理的工作人员，都应当有法制观念，执法、守法、护法。每一个与施工现场管理发生联系的单位都应注目于工程施工现场管理。所以，施工现场管理是一个严肃的社会问题和政治问题，不能有半点疏忽。

工程施工现场管理的内容主要包括合理规划使用施工用地、科学设计施工总平面图、建立文明的施工现场、加强施工现场的检查以及根据施工进展的需要，按阶段合理、及时地调整施工现场的平面布置。

六、对施工项目的生产要素进行优化配置和动态管理

施工项目生产的要素，是指生产力作用于施工项目的有关要素，主要包括劳动力、设备、资金和技术。加强施工项目管理，必须对施工项目生产要素认真研究，强化其管理。施工项目生产要素管理的主要环节有：

（1）编制生产要素计划。计划是优化配置和组合的手段，对资源投入作出合理安排，以满足施工项目实施需要；

（2）生产要素供应。按编制的计划，从资源的来源到投入使用，保证施工项目需要；

（3）节约使用资源。根据资源特性，采取科学措施，进行动态配置和组合；

（4）生产要素投入、使用与产出实行核算与分析，达到合理使用与节约的目的；

（5）进行生产要素使用效果分析、总结管理的经验和效果，正确评价管理活动。目的是为管理提供信息反馈，以指导今后的管理工作。

第二节 施工项目进度管理

施工项目进度管理是指为了实现确定的进度目标而进行的计划、组织、控制等活动。即在合同规定的工期内，编制出最优的施工进度计划，在实施施工进度计划的过程中，经常检查施工的实际进度情况，并将其与计划进度相比较，若出现偏差，则分析其产生原因和对工期的影响，提出必要的调整措施，及时修改原计划。调整后工程实际进度与计划进度在新的起点上重合，使实际施工活动按新的计划进行。但在新计划实施过程中，有可能产生新的偏差，则又需要重新分析、调整。安装工程进行进度管理的目的是确保实现工程合同规定工期，或在保证施工质量、安全和不增加成本的前提下，按期或提前完成建筑施工任务，防止因工期延误而造成损失。

一、施工项目进度管理

（一）施工项目进度管理的基本方法

施工项目进度管理的基本方法包括计划、实施、检查、调整等环节。

1. 计划是指根据施工合同确定的开工日期、总工期和竣工日期确定建工程项目总进度目标和分进度目标，并编制施工进度计划。

2. 实施是指按进度计划进行施工。

3. 检查是指进行施工实际进度与施工计划进度的比较。

4. 调整是指出现进度偏差时，应及时进行调整，并不断预测进度状况，使总进度得以保证。

（二）施工项目进度管理措施

1. 施工项目进度不利因素分析

施工项目进度不利因素如表 3-1 所示。

不利因素与措施　　　　　　　　　　　　　　　　　　　　　　表 3-1

序号	不 利 因 素	采 取 措 施
1	设计不合理	图纸会审时，必须考虑到施工的可行性，提出合理化建议，便于设计优化，在施工中如有设计问题应及时向业主和设计院提出。
2	设计更改	应积极配合，进行劳动力、材料的调配。
3	甲供设备、材料不及时或质量不合格	按照进度要求编制到货计划，并积极配合业主进行设备和材料的采购及质量验收，如有拖延或质量不合格则及时调整施工计划，待设备和材料到位后再作为重点施工。
4	土建工期延误	加强施工协调，调整施工计划，并在具备条件后，重点施工。
5	质量或安全事故	加强管理、力争避免质量或安全事故
6	停电、水或其他临时因素	作好充分的施工准备，如有此类现象发生则临时调整施工内容。
7	与监理及其他政府质检部门的配合不当	提前与相关部门联系，并做好相应的准备工作。

2. 施工进度保证措施

（1）工程开工前，作出详细的工程施工总进度计划；每段落施工前，作出各段的施工计划，并严格执行，以确保总工期。

（2）每天应根据工期要求填写施工日报表，经安装负责人审核后据以执行。

（3）参加每周召开的例会，做好各施工单位的协调工作，及时处理施工中遇到的技术问题，合理安排与土建、装饰各分部分项工程的穿插施工，使工程按计划进度运作，处于受控状态。

（4）组织强有力的项目管理班子，强化内部管理，落实管理岗位的职责。建立各工种专业人负责、既分工又协作的有机管理网络，对工程进度、质量、安全进行全过程控制，并与经济挂钩进行考核，调动生产班组的工作积极性。

（5）精心编写施工组织设计，并加以细化、具体化，对重要部分项目工程由项目部制定切实可行、有针对性的单项施工方案。做到月、周有作业计划，每周召开一次生产会议，分析施工进度情况，根据计划落实劳动力、材料、设备的进场，做到规范和有序的施工。

（6）劳动力优化组合，从实际出发，随时调整现场的劳动力配置，杜绝窝工现象的发生，保证做到人尽其用。

（7）根据工程实际情况积极引进、采用有利于保证质量、加快进度的新技术、新工艺、新材料。并引进先进的现代化管理体系和计算机管理技术。

（8）严格按照施工进度计划网络图控制施工进度，把握关键线路上各分项工作的施工工期，决不允许关键线路上的工作事件被延误，如果由于某种原因造成进度滞后的，必须加班加人，及时赶上。

（9）位于非关键线路上的工作，都有若干机动时间及时差。在工作完成日期适当挪用不影响计划工期的前提下，合理利用这些时差，可以更有利地安排施工机械和劳动力的流水施工，减少窝工，提高工效。

（10）在施工准备和施工过程中，提前作好劳动力与材料计划，确保工程按计划进行。

（11）竣工前组织一次初验，发现不足之处及时更改，确保竣工验收一次通过。各类技术资料与工程同步编制、整理、汇总，并尽早提交质检站审核。

（三）施工项目进度管理的任务

施工项目进度管理的任务是编制施工准备工作计划；编制施工总进度计划，以按期完成整个施工项目的任务；编制单位工程施工进度计划，以按期完成单位工程的施工任务；编制年、季、月旬作业计划并控制执行。

（四）施工项目进度管理的程序

施工项目进度管理程序如图 3-2 所示。

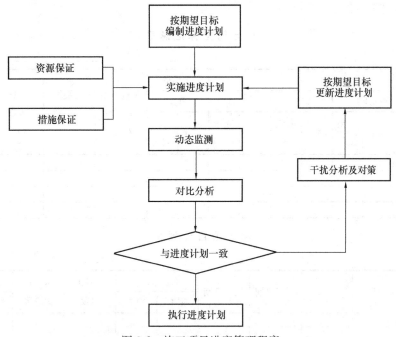

图 3-2 施工项目进度管理程序

二、施工项目进度计划的实施

施工项目进度计划的实施的过程就是建筑安装产品逐步完成的过程，为保证进度计划目标的实现，应做好以下工作：

（一）施工作业计划

年度（或季度）施工计划是一种概括性很强的控制性计划，它可以向全企业职工展开全年（或本季度）的目标，但不能为基层施工单位安排更为具体的任务。年度（或季度）施工计划的最终实现，还要通过一种具体的计划——施工作业计划来完成。

1. 施工作业计划的任务

（1）将施工任务层层落实；

（2）指导及时地、有计划地进行劳动力、材料和机具的准备与供应；

（3）是开展劳动竞赛和实行物质奖励的依据；

（4）各级领导和调度部门可以监督、检查和调度。

2. 施工作业计划的内容

施工作业计划由月计划和旬计划组成。

（1）月计划

月计划是基层施工单位计划管理的中心环节，现场的一切施工活动都是围绕着保证月计划的完成进行的。编制时包括下列内容：

1）各项技术经济指标总汇；

2）施工项目的开竣工日期，工程形象进度，主要实物量，建安工作量等；

3）劳动力、机具、材料、零配件等需要的数量；

4）技术组织措施，包括提高劳动生产率、降低劳动成本等内容。

月计划表格的多少，内容繁简程度应视不同情况以满足工地需要为原则，如表 3-2～表 3-7 所示，供参考。

月 计 划 指 标 汇 总 表　　　　　　　　　　　　　表 3-2

_____年_____月

指标 单位	开工		施工		竣工		工作量 万元		全员劳动 生产率 （元/人）	质量优 良率 （%）	工作 天数 （天）	出勤率 （%）
	项目	面积 （m²）	项目	面积 （m²）	项目	面积 （m²）	总计	自行 完成				
合　计												

施 工 项 目 计 划 表　　　　　　　　　　　　　表 3-3

_____年_____月

建设单位 及单位工程	结构形式	层　数	开工日期	竣工日期	面积（m²）		上月末 进度	本月形 象进度	工作量（万元）	
					施工	竣工			总计	自行完成

实物工程量汇总表 表3-4

_____年_____月

名称 项目 单位				

材料需要量计划表 表3-5

_____年_____月

建设单位及单位工程名称	材料名称	型号规格	数量	单位	计划需要日期	平衡供应日期	备注

劳动力需用计划表 表3-6

_____年_____月

工种	计划工日数	计划工作天	出勤率	计划人数	现有人数	余差人数（＋）（一）	备注

提高劳动生产率降低成本计划表 表3-7

_____年_____月

措施项目名称	措施涉及的工程项目名称及工作量	措施执行单位及负责人	措施的经济效果									
			降低材料费					降低基本工资		降低其他直接费	降低管理费	降低成本合计
			钢材	木材	水泥	其他材料	小计	减少工日	定额			

（2）旬计划

旬计划是月计划的具体化。由于旬计划的时间较短，因此必须简化编制手续，一般可只编制施工进度计划，其余计划如无特殊要求，均可省略。旬进度计划如表3-8所示。

旬进度计划表 表3-8

_____年_____月_____旬

建设单位及单位工程	分部分项名称	单位	工程量			时间定额	合计工日	旬前两天	本旬分日进度	旬后两天
			月计划量	至上旬完成量	本旬计划					

（3）施工作业计划的编制方法和程序

编制施工作业计划的目的是要组织连续均衡生产，以取得较好的经济效果。编制施工作业计划，必须从实际出发，充分考虑施工的特点和各种因素的影响。编制的方法简介如下：

1）在摸底排队的基础上，根据季度计划的分月指标，结合上月实际进度，制定月度施工项目计划初步指标；

2）根据施工组织设计单位工程施工进度计划，建筑安装工程预算及月计划初步指标，计算施工项目相应部分的实物工程量、建安工作量和劳动力、材料、设备等计划数量；

3）在"六查"，即查图纸、查劳动力、查材料、查预制配构件、查施工准备和技术文件、查机械的基础上，对初步指标进行反复平衡，确定月进度计划的正式指标；

4）根据确定的月计划指标及施工组织设计，单位工程施工进度计划中的相应部位，编制月度总施工进度计划，把月内全部施工项目作为一个系统工程，注意工种间的配合，特别是土建和安装的配合，组织工地工程大流水；

5）根据月度总施工进度计划，在土建进度计划的基础上，安排安装工程施工进度，按班组编制旬施工进度计划，具体分配班组施工任务；

6）编制技术组织措施计划，向班组签发任务书。

（二）施工任务书

1. 施工任务书的性质和作用

施工任务书是向班组贯彻作业计划的有效形式，也是企业实行定额管理，贯彻按劳分配，开展劳动竞赛和班组经济核算的主要依据。通过施工任务书可以把生产计划、技术、质量、安全、降低成本等各种技术经济指标分解为班组指标，并将其落实到班组和个人，使企业各项指标的完成同班组和个人的日常工作和物质利益紧密地连在一起，达到高速度、高工效、低成本和按劳分配的要求。

2. 施工任务书的内容

施工任务书的形式很多，总的要求是简明扼要，填写方便，通俗易懂，一般包括下列内容：

（1）任务书——班组进行施工的主要依据。内容有：工程项目；工程数量；劳动定额；计划工日数；开、竣工日期；质量及安全要求等。

（2）小组记工单——是班组的考核记录，也是班组分配计件工资或奖励工资最基本的依据。

（3）限额领料卡——是班组完成任务所必需的材料限额，是班组领料的凭证。

施工任务书如表 3-9 所示、限额领料卡如表 3-10 所示、小组记工单如表 3-11 所示。

施 工 任 务 书 表 3-9

_____施工队_____组　　　　　　　　　_____年_____月_____日

定额编号	分项工程	单　位	计划用工数			实 际 完 成			附　注
			工程量	时间定额	定额工日	工程量	时间定额	定额完成	
合　计									
各项指标 完成情况	实际用工			完成定额（%）		出勤率（%）			
	质量评定：			安全评定：		限额用料：			

签发_____组长_____审核_____验收_____

限　额　领　料　卡　　　　　　　　　　　　表 3-10

材料名称	规格	计量单位	单位用量	限额用量		领　料　记　录						定额数量	执行情况		
				按计划工程量	按实际工程量	第一次		第二次		第三次			实际消耗量	节约或浪费（＋）（－）	其中返工损失
						日/月	数量	日/月	数量	日/月	数量				

小　组　记　工　单　　　　　　　　　　　　表 3-11

验收日期＿＿＿＿＿年＿＿＿＿＿月＿＿＿＿＿日

工程部位及项目	合计用工	实　际　用　工									
		工种	1日	2日	3日	4日					31日
	技工										
	合同工										
	技工										
	合同工										
	技工										
	合同工										
班组记录						班（组长）： 考勤员：					

3. 施工任务书的签发和验收

施工任务书一般由工长（施工员）会同有关业务人员，根据月、旬计划、定额进行签发和验收，在签发流通过程中，签发必须遵循下列要求：

（1）施工任务书，必须具备正常的施工条件。

（2）施工任务书必须以月、旬作业计划为依据，按分部分项工程进行签发；任务书签发后，不宜中途变更，并要在开工前签发，以便班组进行施工准备工作。

（3）向班组下达任务时，要做好交底工作。通常进行"五交"、"五定"，即交任务、交操作规程、交施工方法、交质量安全、交定额，实行定人、定时、定质、定量、定责任，目的是做到任务明确，责任到人。

（4）任务书在执行过程中，各业务部门必须为班组创造正常的施工条件使工人达到和超额完成定额。

（5）班组完成任务后，应进行自检。工长（施工员）、定额员、质量检查员等在班组自检的基础上，及时验收工程质量、数量和实际工日数，计算定额完成数量。

（6）施工队、劳资部门将经过验收的任务书收回登记，汇总核实完成任务的工时，同时记载有关质量、安全、材料节约等情况，作为核发工资和奖金的依据。

任务书及时准确地反映了班组工时利用和定额完成情况，以及质量安全等原始资料，是企业分析劳动生产率、质量、安全等的重要依据，也是统计部门进行工程统计的原始凭证。

施工任务书的签发和验收程序是：

（1）工长（施工员）于月末或开工前 2～3 天，根据月、旬作业计划的要求，参照有关施工技术措施方案及技术资料签发任务书。主要填写的内容有：建设单位，单位工程，接受的班组，开、竣工日期，工程项目，工程量等栏，同时填写相应的材料限额领用卡；

（2）施工队负责生产的副队长，审批工长（施工员）签发的任务书；

（3）施工队定额员将批准的任务书进行登记，并按照工程项目查定额，按工程量计算出计划工日数后，将任务书返回工长（施工员）；

（4）工长（施工员）将任务书连同作业计划向施工班组下达施工任务书，并进行任务、技术、质量、安全等全面交底，施工班组对如何执行任务书进行研究讨论；

（5）在施工过程中，班组应严格考勤，如有停工、请假、公出、加班等涉及工资增减的应如实记录，工长（施工员）、定额员、质量安全员应经常检查执行情况；

（6）班组完成任务后，由工长（施工员）、定额员、质量安全员、材料员等及时地进行验收签证；如签发任务书需要跨月时，月末可实行中间验收，工长（施工员）及时准确地验收工程量，并填入实际完成量栏内；质量检查员应进行质量检查签证；材料员检查班组领料退料手续并签证；最后交定额员进行工资预、结算，作为劳动者个人和班组发放工资和领取超额奖的依据。

4. 班组经济核算

班组经济核算既能把国家、集体与个人利益有效地结合起来，调动工人生产的积极性，又能促进基层单位和工人关心经济效益，带动基层各项管理工作（计划、调度、技术、劳资、定额、统计等）的改进和加强，提高劳动生产率，降低工程成本，推动班组全面完成国家计划。班组核算的主要内容和方法是：

（1）工程质量。完成施工任务后，班组按质量评定标准对工程进行实测实量，评定出质量等级。

（2）工程进度。工程进度是以形象进度来表示，由工长（施工员）会同班组长对已完工程量进行验收盘点。

（3）安全。必须杜绝重大伤亡事故，负伤事故也应减少到最低限度，一般要求控制在千分之三以内，同时反映连续保持安全无事故的天数。

（4）工效。工效是以完成实物工程量的实耗工日数同定额工日数比较，反映人工节约数，劳动定额完成程度和定额执行的全面情况、出勤率、工日利用率等。

（5）材料节约。以完成实物工程量所消耗的材料量（领料数减退料数）同定额用料之差，反映材料的节约数量。

（6）机械。反映机械的维修和使用情况，以机械完好率和利用率来表示，同时计算机械台班使用量和定额机械台班比较，反映机械台班节约量。

（7）主要工具用具消耗。以班组领用工具用具消耗量，同计划比较，反映工具用具节约和超支。

第三节　施工项目质量管理

一、施工项目质量保证体系

（一）施工项目质量保证体系建立

施工项目质量保证体系是指施工单位为实施承建工程的施工质量管理和目标控制，以现在施工管理组织架构为基础，通过质量管理目标的确定和分解、所需人员和资源配置，以及施工质量管理相关制度的建立和运行，形成具有质量控制和质量保证能力的工作系统，如图 3-3 所示。

（二）施工项目质量保证体系的
运行

施工项目推行全面质量管理模式，
主要有四个基本观点：为用户服务；实
行"三全"管理，即：全过程、全企
业、全人员；预防为主的观点；用数据
说话的观点。

全面质量管理是通过计划（Plan）、
实施（Do）、检查（Check）、处理
（Action）的循环过程，将管理分为计
划、实施、检查、处理四个阶段。施工
质量保证体系的运行，应按事前、事中
和事后控制相结合的模式依次展开，逐
步提高企业的质量管理工作。

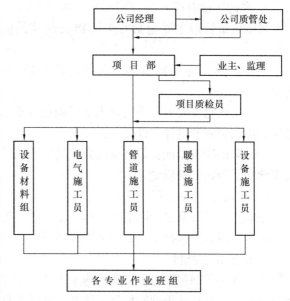

图 3-3　施工项目质量保证体系

全面质量管理（PDCA）的基本内
容如下：

1. 计划阶段（即 P 阶段）。制订计划、方针、目标、拟定政策、措施、管理要点等。

2. 实施阶段（即 D 阶段）。计划方案的交底，按计划规定的方法与要求展开施工作业
技术活动。

3. 检查阶段（即 C 阶段）。对计划实施过程进行必要的检查和测试。

4. 处理阶段（即 A 阶段）。对质量检查发现的质量问题或质量不合格，及时分析原
因，采取必要的措施纠正，保持施工质量处于受控状态。并肯定成功的经验，把暂时不能
解决的问题移到下一个循环中去解决。

二、施工项目质量管理方法

（一）施工准备阶段

施工准备是指项目正式施工活动开始前，为保证施工生产正常进行而必须事先做好的
工作，即对影响工程质量的各种因素和准备工作进行的质量管理。

1. 文件、技术资料的准备质量管理

（1）工程项目所在地的自然条件及技术经济条件调查资料；

（2）施工组织设计；

（3）工程测量控制资料。

2. 设计交底和图纸会审的质量管理

设计图纸是进行质量管理的重要依据，做好设计交底和图纸会审工作可以使施工单位
充分了解工程项目的设计意图、工艺和工程质量要求，同时也可以减少图纸差错。

3. 资源的合理配置

通过策划，合理确定交及时安排工程施工项目所需的人力和物力。

4. 质量教育与培训

通过教育培训和其他措施提高员工适应本施工项目具体工作的能力。

5. 采购质量管理

采购质量管理主要包括对采购物资及其供应商的管理，制定采购要求和检验采购产品。

（1）物资供应商的管理：对可选用的供应商进行逐个评价，并确定合格供应商名单。

（2）采购物资要求：采购要求是采购物资质量管理的重要内容，采购物资应符合相关法规、承包合同和设计文件要求。

（3）采购物资验证：通过对供方现场检验、进货检验或查验供方提供的合格证明等方式来确认采购物资的质量。

（二）施工阶段的质量管理

影响施工项目质量的因素主要有施工方法、施工人员、施工材料、施工机具环境等因素，对这些因素进行控制，是保证工程质量的关键。

1. 施工方法控制

施工方法控制包括施工方案、施工工艺、施工组织设计、组织措施等的控制。施工方案合理与否，是直接影响质量目标顺利实现的关键。在制定和审核施工方案时，必须结合工程实际，从技术、组织、管理、工艺、操作、经济等方面进行全面分析，力求实现技术可行、经济合理、工艺先进、措施得力、操作方便。

2. 施工人员控制

（1）增强质量意识教育；

（2）严格执行持证上岗制度；

（3）建立质量责任制，做到职责分明、责任到人。

3. 材料、半成品、构配件控制

（1）对供应商质量保证能力进行评定；

（2）建立材料管理制度，减少材料损失、变质；

（3）对原材料、半成品、构配件进行标识；

（4）加强材料检查验收；

（5）检验发包人提供的原材料、半成品、构配件和设备；

（6）材料质量抽样和检验方法。

4. 机械设备控制

（1）机械设备使用的决策；

（2）确保配套；

（3）机械设备的合理使用；

（4）机械设备的保养与维修。

5. 环境控制

影响施工项目质量的环境因素很多，有工程技术环境、管理环境、作业劳动环境等，具有复杂多变的特点。

（1）环境因素

1）技术环境：如气候条件变化（温度、风速等）都将直接或间接影响工程质量；施工过程中前一道工序也是后一道工序的环境；

2）管理环境：在组织立体交叉作业时，上层施工会污染或损坏下层已施工实体，且构成下层施工人员安全隐患；在组织平行施工作业时，空间和作业的限制会产生相互干扰等；

3）作业劳动环境：机械或电动工具产生的噪声或粉尘、电焊或气焊产生的弧光和烟尘等环境因素都有不同程度影响工程质量和施工人员的身心健康。

（2）主要内容

1）环境因素控制：根据工程特点和具体条件，制定合理的施工方案和技术措施，做好施工组织管理与协调工作，建立文明施工和文明生产的环境，保持材料工件堆放有序，道路畅通，工作场所清洁整齐，施工程序井然有序。

2）拟定控制方案及措施：针对工程的特点和环境条件情况，拟定控制方案及措施，如制定季节性保证施工质量和安全的有效措施。

6. 其他控制措施

（1）计量控制

施工中的计量工作，包括对施工材料、半成品、成品以及施工过程的监测计量和相应的测试、检验、分析计量等。做好计量工作，目的在于提供准确、可靠的数据，为实现质量管理的定量奠定基础。没有计量，就没有质量管理。计量不准确会危及质量；出现虚假现象或虚假的情况和信息，导致指挥上的失误。

计量工作的要点是：

1）保证计量器具及仪表设备的正确和合理使用。

2）确保量具及仪器按国家检定规程进行检定。

3）采用新的测量技术和方法，实现检测手段的现代化。

（2）工序控制

工序也称"作业"，是施工过程的基本环节，也是组织施工过程中的基本单位。工序质量管理首先要确保工序质量的波动须控制在允许的范围内，使得合格产品能够稳定施工。如果工序质量波动超出允许范围，就要立即对影响的因素进行分析，找出解决方法，采取必要的措施，对工序进行有效控制。

（3）质量控制点的控制

1）质量控制点：是施工质量控制的重点，关键技术重要部位、控制难度大、影响大、经验欠缺的施工内容以及新材料、新技术、新工艺、新设备等，均可设置质量控制点。

2）质量控制点的管理：做好交底及记录、使操作人员在明确工艺要求、质量要求、操作要求后才能上岗。为了保证质量控制点的目标实现，要建立检查制度，即自检、互检、交接检、专职检查。

（4）工程变更控制

1）工程变更范围：设计变更、工程量的变动、施工进度的变更、施工合同的变更等。

2）工程变更可能导致工程项目施工工期、成本或质量的改变，因此对工程变更应进行严格的管理和控制。

（5）成品保护

成品保护要从两个方面着手，首先应加强教育，提高全体员工的成品保护意识；其次要合理安排施工顺序，同时采取有效的保护措施。成品保护的措施包括：

1）护：即提前保护，防止成品被污染受损伤；

2）包：即对成品进行包裹，避免成品被污染受损伤。如喷浆前对电气开关、灯具等进行保护。

3）盖：即表面覆盖，防止堵塞、损伤；

4）封：局部封闭。

（三）竣工阶段的质量管理

1. 单位工程质量验收

单位工程质量验收是对已完工工程最后一次验收，要求所含分部分项工程全部合格，有关资料文件完整。此外，还要进行三方面的检查：

（1）涉及安全和使用功能的分部工程进行检验资料的复查；

（2）对主要使用功能进行抽查；

（3）参加验收的各方人员共同进行观感质量检查。

2. 技术资料的整理

技术资料，特别是永久性技术资料，是工程项目施工情况的重要资料，也是施工项目进行竣工验收的主要依据。

（1）工程项目开工报告；

（2）工程项目竣工报告；

（3）图纸会审和设计交底记录；

（4）设计变更通知单；

（5）技术变更核定单；

（6）工程质量事故的调查和处理资料；

（7）材料、设备、构配件的质量合格证明；

（8）材料、设备、构配件等的试验、检验报告；

（9）隐蔽工程验收记录及施工日志；

（10）竣工图；

（11）质量验收评定资料；

（12）工程竣工验收资料。

施工单位应及时、全面地收集和整理上述资料，监理工程师应对上述技术资料进行审查。

3. 施工质量缺陷的处理

施工缺陷处理方法有返修、返工、限制使用和不做处理。

4. 工程竣工文件的编制和移交准备

5. 产品防护

6. 撤场

（四）施工项目质量管理控制程序

施工项目质量管理控制程序如图 3-4 所示。

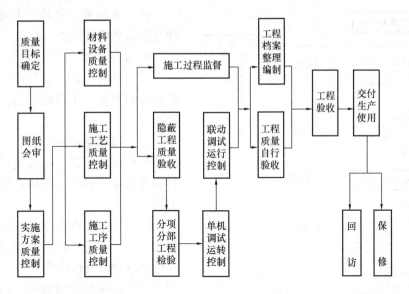

图 3-4　施工项目质量管理控制程序

三、施工项目质量检验

（一）工程质量检验

工程质量检验是按国家标准、规程，采用一定测试手段，对工程质量进行全面检查、验收的工作。质量检验，可避免不合格的原材料、构配件进入工程中，中间工序检验可及时发现质量情况，采取补救或返工措施。质量检验实行层层把关，通过监督、控制，来保证整个工程质量。

1. 质量检验方式

质量检验是一项专业性、技术性、群众性的工作，通常采用以专业检查为主与群众性自检、互检、交接检相结合的检查方式。

（1）自检：是指操作者或班组的自我把关，通常采用挂牌施工，分清工作范围，以便检查，确保交付产品符合质量标准；

（2）互检：是指操作者之间或班组之间的相互检查、督促，通过交流经验、找差距，共同保证工程质量；

（3）交接检：是由施工员或工地负责人组织前后工序的交接班检查，以确保前道工序质量，为下道工序施工创造条件；

（4）专职质量检查：由公司（工程处）质检处专职人员对分部、分项工程的测量、定位、放线、翻新和施工质量以及所用的材料、半成品等进行逐项检验，并做好原始记录。

质量检验程序如图 3-5 所示。

2. 质量检验的依据

（1）设计图纸、施工说明书及有关的设计文件；

（2）建筑安装工程施工验收规范；

（3）建筑安装分项工程工艺标准和施工操作规程；

（4）工程质量检验评定标准；

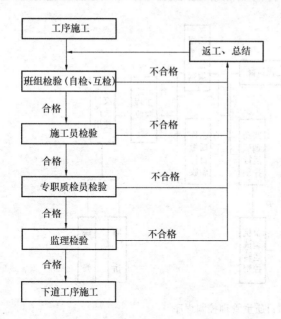

图 3-5　质量检验程序

（5）原材料、成品、半成品、构配件及设备的质量检验标准。

3. 质量检验的内容

（1）外形检查：对分部分项工程外形检查和成品、半成品、构配件及规格检查；

（2）物理性能检查：对原材料、成品、半成品、管道、电线电缆、设备及容器等承压、耐温、绝缘、防腐等性能的检查；

（3）化学性能检查：对钢材、水泥、焊药、沥青及各种防腐与保温等原材料的化学成分的分析检查；

（4）使用功能的检查：满足用户使用要求的检查，如使用方便、功能齐全等；

（5）施工准备中的检验：主要是基础标高、轴线的复核校验，机械设备开箱检验及预组装，原材料、构配件的理化性能的检验等；

（6）施工过程的检验：主要是隐蔽工程检验，分部分项工程的检验；

（7）交工验收的检验：主要是建筑工程（包括电气照明、消防、水暖、通风等），设备安装工程（包括工艺流程、工艺设备的单体无负荷试运转、联动无负荷运转、联动负荷运转等）。工程验收先是施工单位自检，然后是施工、监理、建设单位竣工验收；最后是质监站、设计、施工、监理、建设单位交工验收。验收中要有记录、验收单、质量评定等级的技术资料，这些资料都应列入工程技术资料存入档案。

4. 工程质量检验方法

目前，建筑安装工程可根据质量评定方法和实际经验方法进行检查，常用的是直观检查方法。建筑安装工程因项目复杂，专业性强，应采用仪器测试的检查方法。

（1）直观检查法：是指凭检查人员的感官，借助简单工具（直尺、卡尺、水平尺、线锤等），通过看、摸、照、靠、吊、量、套 7 种方法检查；

（2）仪器测试法：是指用一定的测试设备及仪器进行的检查，如原材料的机械强度试验，焊接件的透视拍照，电器的耐压试验等方法检查。

产品检查可采用两种方法，一种是全数检查：即对产品进行逐项、逐件检验，多用于工程量少，而质量要求特别高及严格的项目上。另一种是抽样检查：即在工程中，按一定比例从分部分项中抽取一部分进行检查，要求抽样检查采用随机抽样的方法，避免抽样检查的片面性和倾向性。

（二）施工质量验收

根据建筑工程施工质量统一标准，建筑工程质量验收的划分为：检验批、分项工程、分部工程（子分部）、单位工程（子单位）。检验批和分项工程是质量验收的基本单元；分部工程是在所含全部分项工程验收的基础上进行验收，是在施工过程中随时完工随时验收；单位工程是具有独立使用功能的建筑产品，进行最终的竣工验收。

施工过程的质量验收包括检验批质量验收、分项工程质量验收、分部工程质量验收。

1. 分部、分项工程划分

（1）建筑电气工程的分部、分项工程划分如表 3-12 所示。

建筑电气工程的分部、分项工程划分 表 3-12

分部（子分部）工程	分 项 工 程
室外电气	架空线路及杆上电气设备安装，变压器、箱式变电所安装，成套配电柜、控制柜（屏、台）和动力、照明配电箱（盘）及控制柜安装，电线、电缆导管和线槽敷设，电线、电缆穿插管和线槽敷设，电缆头制作、导线连接和线路电气试验，建筑物外部装饰灯具、航空障碍标志灯和庭院路灯安装，建筑照明通电试运行，接地装置安装
变配电室	变压器、箱式变电所安装、成套配电柜、控制柜（屏、台）和动力、照明配电箱安装，裸母线、封闭母线、插接式母线安装，电缆沟内和电缆竖井内电缆敷设，电缆头制作、导线连接和线路电气试验，接地装置安装，避雷引下线和变配电室接地干线敷设
供电干线	裸母线、封闭母线、插接式母线安装，桥架安装和桥架内电缆敷设，电缆沟内和电缆竖井内电缆敷设，电线、电缆导管和线槽敷设，电线、电缆穿管和线槽敷设，电缆头制作，导线连接和线路电气试验
电气动力	成套配电柜、控制柜（屏、台）和动力、照明配电箱（盘）及控制柜安装，低压电动机、电加热器及点动执行机构检查、接线，低压电动机设备检测、试验和空载试运行，桥架安装和桥架内电缆敷设，电线、电缆导管和线槽敷设，电缆、电缆穿管和线槽敷设，电缆头制作、导线连接和线路电气试验，插座、开关和风扇安装
电气照明安装	成套配电柜、控制柜（屏、台）和动力、照明配电箱（盘）及控制柜安装，电线、电缆导管和线槽敷设，电缆、电缆穿管和线槽敷设，槽板配线，钢索配线，电缆头制作、导线连接和线路电气试验，插座、开关和风扇安装，建筑照明通电试运行
备用和不间断电源安装	成套配电柜、控制柜（屏、台）和动力、照明配电箱（盘）及控制柜安装，柴油发电机组安装，不间断电源的其他功能单元安装，裸母线、封闭母线、插接式母线安装，电线、电缆导管和线槽敷设，电缆、电缆穿管和线槽敷设，电缆头制作、导线连接和线路电气试验，接地装置安装
防雷接地安装	接地装置安装，避雷引下线和变配电室接地干线敷设，建筑物等电位连接，接闪器安装

（2）智能建筑、电梯分部分项工程划分如表 3-13 所示。

智能建筑、电梯分部分项工程划分　　　　　　　　　　表 3-13

分部（子分部）工程		分　项　工　程
智能建筑	通信网络系统	通信系统，卫星及有线电视系统，公共广播系统
	办公自动化系统	计算机网络系统，信息平台及办公自动化应用软件，网络安全系统
	火灾报警及消防联动系统	火灾和可燃气体探测系统，火灾报警控制系统，消防联动系统工程
	安全防范系统	电视监控系统，入侵报警系统，巡更系统，出入口控制系统（门禁）系统，停车场管理系统
	综合布线系统	缆线敷设和终接，机柜、机架、配线架的安装，信息插座和光缆芯线终端安装
	智能化集成系统	集成系统网络，实时数据库，信息安全，功能接口
	电源与接地	智能建筑电源，防雷及接地
	环境	空间环境，室内空调环境，视觉照明环境，电磁环境
	住宅（小区）智能化系统	火灾自动报警及消防联动系统，安全防范系统（含电视监控系统、入侵报警系统、巡更系统、门禁系统、楼宇对讲系统，住户对讲呼救系统、停车管理系统），物业管理系统（多表现场计量与远程传输系统，建筑设备监控系统，公共广播系统，小区网络及信息服务系统、物业办公自动化系统），智能家庭信息平台
电梯	电力驱动的曳引式或强制式电梯安装	设备进场验收、土建交接检验、驱动主机、导轨、门系统、轿厢、对重（平衡重），安全部件、悬挂装置、随行电缆、补偿装置、电气装置、整机安装验收
	液压电梯安装	设备进场验收、土建交接检验、液压系统、导轨、门系统、轿厢、对重（平衡重），安全部件、悬挂装置、随行电缆、电气装置、整机安装验收
	自动扶梯、自动人行道安装	设备进场验收、土建交接检验，整机安装验收

2. 工程质量验收规范支持体系

工程质量验收规范支持体系如图 3-6 所示。

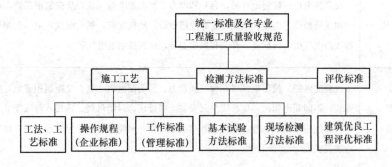

图 3-6　工程质量验收规范支持体系

3. 建筑电气安装工程施工质量验收规范

建筑电气安装工程常用施工及验收规范如表 3-14 所示。

建筑电气安装工程常用施工及验收规范 表 3-14

《公共建筑节能设计标准》	GB 50189—2005
《办公建筑设计规范》	GB 50189—2005
《建筑电气工程施工质量验收规范》	GB50303—2002
《建筑设备施工安装通用图集》	91SB1—9
《建筑设备施工安装通用图集》综合版	91SB—X1
《建筑电气通用图集》	92DQ1—13
《等电位联结安装》	03D501—2
《电气装置安装工程盘、柜及二次回路结线施工及验收规范》	GB 50171—92
《电气装置安装工程接地装置施工及验收规范》	GB 50169—92
《电气装置安装工程母线装置施工及验收规范》	GBJ 149—90
《电气装置安装工程电缆线路施工及验收规范》	GB 50168—92
《电气装置安装工程低压电气施工及验收规范》	GB 50254—96
《电气装置安装工程盘、柜及二次回路结线施工及验收规范》	GB 50171—92
《套接紧定式钢导管线路施工及验收规程》	CECS 120：2000
《建筑安装工程资料管理规程》	DBJ 01—51—2003
《建筑机械使用安全技术规程》	JGJ 33—2001
《建筑工程施工质量验收统一标准》	GB 50300—2001
《施工现场临时用电安全技术规范》	JGJ 46—2005
《民用建筑电气设计规范》	JGJ/T 16—92
《国际电器技术委员会标准》	IEC

4. 工程质量验收的程序

质量验收的程序均应在施工单位自行检查的基础上，按施工顺序进行：检验批→分项工程→分部工程→单位工程，要求循序进行，不能漏项。

单位工程完工后，施工单位应自行组织有关人员进行检查评定，并向建设单位提交工程验收报告，建设单位应及时组织有关各方面进行验收。单位工程质量验收合格后，建设单位应在规定时间内将工程竣工验收报告和有关文件，报建设行政主管部门备案。

(1) 检验批是构成建筑工程质量验收的最小单位，是判定单位工程质量合格的基础。检验批质量合格应符合下列规定：

1) 主控项目和一般项目的质量经抽样检验合格：

主控项目是指对检验批质量有致命影响的检验项目。它反映了该检验批所属分项工程的重要技术性能要求。主控项目中所有子项必须全部符合专业验收规范规定的质量指标，才能判定该主控项目质量合格。

2) 具有完整的施工操作规程和质量验收记录。

检验批质量验收记录如表 3-15～表 3-17。

71

检验批质量验收记录　　　　　　　　　　　　表 3-15

工程名称		分项工程名称			验收部位	
施工单位			专业工长		项目经理	
施工执行标准 名称及编号						
分包单位		分包项目经理		施工班组长		

		质量验收规范的规定	施工单位检查评定记录	监理（建设）单位验收记录
主 控 项 目	1			
	2			
	3			
	4			
	5			
	6			
	7			
	8			
	9			
一 般 项 目	1			
	2			
	3			
	4			

施工单位 检查结果评 定	项目专业质量检查员： 　　　　　　　　　　　　　　　　　　　　　　年　月　日
监理（建 设)单位验收 结论	监理工程师（建设单位项目专业技术负责人） 　　　　　　　　　　　　　　　　　　　　　　年　月　日

接地装置安装检验批质量验收记录表（GB 50303—2002）　　　　　表 3-16

060109□□
060206□□
060608□□
060701□□

工程名称	北京××大厦	分项工程名称	接地装置安装		验收部位	基础底板
施工单位	北京××建设集团工程总承包部	专业工长	赵××		项目经理	李××
施工执行标准名称及编号	《建筑电气安装工程施工质量验收规范》（GB 50303—2002）					
分包单位	北京××机电安装工程公司	分包项目经理	王××		施工班组长	曹××

		施工质量验收规范规定		施工单位检查评定记录	监理（建设）单位验收记录
主控项目	1	接地装置测试点的设置	第24.1.1条	利用建筑物基础底板钢筋做接地装置，接地装置测试点按设计要求设置	验收合格
	2	接地电阻值测试	第24.1.2条	接地电阻值测试为 0.5Ω	
	3	防雷接地的人工接地装置的接地干线埋设	第24.1.3条	—	
	4	接地模块的埋设深度、间距和基坑尺寸	第24.1.4条	接地模块埋深基坑，埋入深度为模块周长的 1.2 倍。接地模块间距为模块长度的 4 倍	
	5	接地模块设置应垂直或水平就位	第24.1.5条	接地模块垂直、水平方向就位，不倾斜，与基坑土壤良好接触	
一般项目	1	接地装置埋设深度、间距和搭接长度	第24.2.1条	利用建筑物基础底板钢筋做接地装置	验收合格
	2	接地装置的材质和最小允许规格、尺寸	第24.2.2条	利用建筑物基础底板钢筋做接地装置	
	3	接地模块与干线的连接和干线材质选用	第24.2.3条	接地模模块与接地干线做可靠连接，接地干线为 40mm×4mm 热浸镀锌扁钢	
施工单位检查评定结果	经检查，主控项目、一般项目均符合施工图设计要求及《建筑电气安装工程施工质量验收规范》（GB 50303—2002）的规定，该检验批评定结果为合格。 项目专业质量检查员：陈×× 20××年××月××日				
监理（建设）单位验收结论	经检查，主控项目、一般项目均符合施工图设计及国家规范标准的要求，该检验批验收结果为合格。 监理工程师：宋××（建设单位项目专业技术负责人） 20××年××月××日				

普通灯具安装检验批质量验收记录表（GB 50303—2002） 表 3-17

060507□□

工程名称	北京××大厦	分项工程名称	普通灯具安装	验收部位	十三层
施工单位	北京××建设集团工程总承包部	专业工长	赵××	项目经理	李××
施工执行标准名称及编号	《建筑电气安装工程施工质量验收规范》（GB 50303—2002）				
分包单位	北京××机电安装工程公司	分包项目经理	王××	施工班组长	曹××

		施工质量验收规范规定		施工单位检查评定记录	监理（建设）单位验收记录
主控项目	1	灯具的固定	第19.1.1条	灯具的固定方式可靠	验收合格
	2	花灯吊钩选用、固定及悬吊装置的过载试验	第19.1.2条	—	
	3	钢管吊灯灯杆检查	第19.1.3条	钢管内径为12mm，管壁厚度为2mm	
	4	灯具的绝缘材料耐火检查	第19.1.4条	灯具的绝缘材料耐燃烧	
	5	灯具的安装高度和使用电压等级要求	第19.1.5条	—	
	6	灯具金属外壳的接地或接零	第19.1.6条	低于2.4m的灯具，其金属外壳均做可靠接地	
一般项目	1	电线线芯最小截面积	第19.2.1条	导线线芯的最小截面积均大于0.5mm²	验收合格
	2	灯具的外形，灯头及其接线检查	第19.2.2条	灯具外形无损伤，相线接在螺口灯芯上，灯具的软线接头均涮锡、压接	
	3	变电所内灯具的安装位置要求	第19.2.3条	—	
	4	装有白炽灯泡的吸顶灯具隔热检查	第19.2.4条	—	
	5	大型灯具的玻璃罩安全措施	第19.2.5条	—	
	6	投光灯的固定检查	第19.2.6条	—	
	7	室外壁灯的防水检查	第19.2.7条	—	

施工单位检查评定结果	经检查，主控项目、一般项目均符合施工图设计要求及《建筑电气安装工程施工质量验收规范》（GB 50303—2002）的规定，该检验批评定结果为合格。 项目专业质量检查员：陈×× 20××年××月××日
监理（建设）单位验收结论	经检查，主控项目、一般项目均符合施工图设计及国家规范标准的要求，该检验批验收结果为合格。 监理工程师：宋××（建设单位项目专业技术负责人） 20××年××月××日

（2）分项工程质量验收

分项工程质量合格应符合下列规定：

1）分项工程所含的检验批均应符合合格质量的规定；

2）分项工程所含的检验批质量验收记录完整；

分项工程质量验收记录如表 3-18 所示。

_____分项工程质量验收记录 表 3-18

工程名称		结构类型		检验批数	
施工单位		项目经理		项目技术负责人	
分包单位		分包单位负责人		分包项目经理	

序号	检验批部位、区段	施工单位检查评定结果	监理（建设）单位验收结论
1			
2			
3			
4			
5			
6			
7			
8			
9			
10			
11			
12			
13			
14			
15			
16			
17			

检查结论	项目专业技术负责人： 年 月 日	验收结论	监理工程师 （建设单位项目专业技术负责人） 年 月 日

（3）分部工程质量验收

1）所含分项工程的质量验收全部合格。

2）各分项验收记录内容完整，填写正确，收集齐全；

3）质量控制资料完整；

4）有关安全及功能的检验和抽样检测应符合有关规定；

5）观感质量验收应符合规定。

分部工程质量验收记录如表 3-19 所示。

分部（子分部）工程质量验收记录　　　　　　　　　　表 3-19

工程名称			结构类型		层数	
施工单位			技术部门负责人		质量部门负责人	
分包单位			分包单位负责人		分包技术负责人	
序号	分项工程名称		检验批数	施工单位检查评定	验　收　意　见	
1						
2						
3						
4						
5						
6						
质量控制资料						
安全和功能检验（检测）报告						
观感质量验收						
验收单位	分包单位				项目经理　　年　月　日	
	施工单位				项目经理　　年　月　日	
	勘察单位				项目负责人　年　月　日	
	设计单位				项目负责人　年　月　日	
	监理（建设）单位		总监理工程师 （建设单位项目专业负责人）　　　年　月　日			

（4）单位（子单位）工程质量验收

单位（子单位）工程质量验收合格应符合下列规定：

1）单位工程所含分部工程质量均应验收合格，记录内容完整、填写正确、收集齐全；

2）质量控制资料应完整；

3）单位工程所含分部工程有关安全和功能检测资料应完整；

4）主要功能项目的抽查结果应符合相关专业质量验收规范的规定；

5）观感质量验收应符合要求。

单位（子单位）工程质量验收记录如表 3-20～表 3-24 所示。

单位（子单位）工程质量竣工验收记录　　　表 3-20

工程名称		结构类型			检验批数	
施工单位		项目经理			项目技术负责人	
分包单位		分包单位负责人			分包项目经理	
序号	项　目		验收记录		验收结论	
1	分部工程		共　分部，经查　分部，符合标准及设计要求　分部			
2	质量控制资料核查		共　项，经审查符合要求　项，经核定符合规范要求　项			
3	安全和主要使用功能核查及抽查结果		共核查　项，符合要求　项，共抽查　项，符合要求　项，经返工处理符合要求　项			
4	观感质量验收		共抽查　项，符合要求　项，不符合要求　项			
5	综合验收结论					
参加验收单位	建设单位	监理单位		施工单位	设计单位	
	（公章） 单位（项目）负责人 　年　月　日	（公章） 总监理工程师 　年　月　日		（公章） 单位负责人 　年　月　日	（公章） 单位（项目）负责人 　年　月　日	

单位（子单位）工程质量控制资料核查记录　　　表 3-21

工程名称			施工单位		
序号	项目	资　料　名　称	份数	核查意见	检查人
1		图纸会审、设计变更、洽商记录			
2		材料、设备出厂合格证书及进场检（试）验报告			
3		设备调试记录			
4	建筑 电气	接地、绝缘电阻测试记录			
5		隐蔽工程验收记录			
6		施工记录			
7		分项、分部工程质量验收记录			
8					

结论：

施工单位项目经理　　　　　　　　　　　总监理工程师
　　　　　年　月　日　　　　　　　　（建设单位项目负责人）　年　月　日

单位（子单位）工程安全和功能检验资料核查及主要功能抽查记录 表 3-22

工程名称			施工单位			
1		安全和功能检查项目	份数	核查意见	抽查结果	核查（抽查）人
2	建筑电气	照明全负荷试验记录				
3		大型灯具牢固性试验记录				
4		防雷接地电阻测试记录				
5		线路、插座、开关接地检验记录				

结论：

施工单位项目经理　　　　　　　总监理工程师
　　　　　　　　　　　　　　　（建设单位项目负责人）

　　　　　　年　月　日　　　　　　　　　　　年　月　日

注：抽查项目由验收组协商确定。

单位（子单位）工程观感质量检查记录 表 3-23

工程名称			施工单位									质量评价		
序号		项　目	抽查质量状况										好	一般	差
1		配电箱、盘、板、接线盒													
2		设备器具、开关、插座													
3		防雷、接地													
观感综合评价														
检查结论	施工单位项目经理				总监理工程师（建设单位项目负责人）										
			年　月　日					年　月　日							

注：质量评价为差的项目，应进行返修。

根据国家颁发《建筑工程质量监督条例》规定，未经质量监督站检验合格的工程不能申报竣工。因此，在验收过程中，质监部门应到现场参加验收，合格后应在检验合格单上签字盖章，做为存档技术资料。

（三）竣工验收

1. 工程竣工验收的概念

竣工验收是施工管理的最后一个阶段，是投资转为固定资产的标志，是施工单位向建设单位交付建设项目时的法定手续，是对设计、施工、生产准备进行全面检验评定的重要环节。

竣工验收可分国家对建设单位的验收；建设单位（发包单位）对总包施工单位的验收；总包施工单位对分包施工单位的验收。验收通常是在施工单位进行自检、互检、预检、初步鉴定工程质量、评定工程质量等级的基础上，提出竣工报告。由建设单位、设计单位、施工单位与上级有关部门进行正式竣工验收。

2. 竣工验收的依据

（1）上级部门批准的计划任务书，建设许可证及有关文件；

（2）建设单位和施工单位签订的工程合同；

（3）设计文件、施工图纸及设备技术说明书；

（4）国家现行的施工技术验收标准及规范；

（5）对国外引进的新技术或成套设备的项目，按签订合同和提供的设计文件资料验收。

3. 竣工验收前的准备

竣工验收前的最后准备，主要是做好工程收尾和整理工程技术档案工作。

（1）工程收尾与预检工作

建设项目进入竣工验收阶段时，重点放在工程收尾工作上。收尾工作的特点是零星、分散、工程量小但分布面广。因此，在抓好工程预检的同时，要有计划、有重点、有步骤地搞好收尾项目，避免收尾工作过长，影响建设项目按期、正式投产使用。

（2）整理工程技术档案与竣工资料

竣工验收前施工单位要整理工程技术档案和竣工资料，为正式竣工验收与工程竣工作准备。

1）工程技术档案

① 施工依据性资料。开工申请报告；工程合同；施工执照或施工批件；

② 施工指导性文件。施工组织设计；复杂的分部、分项工程施工方案；应用新技术方案；技术交底资料；

③ 施工过程形成各种文件与资料。主要有治商记录（图纸会审记录，设计变更通知单，个性设计图、材料代用通知单，技术核定单等）；材料试验与施工试验记录；半成品件出厂证明；隐蔽工程检查验收记录；施工记录（焊接、吊装记录，质量事故及处理记录，冬雨季施工记录等）；施工日志；工程预检评定资料（工程质量、检查评定结果）；施工总结和技术总结；

④ 竣工验收资料。是指经交工验收后形成的资料。主要有单位工程质量评定单、优质工程检查评定资料及交工验收证明与验收报告等。交工验收后，应纳入工程

档案。

2）竣工资料

交工资料是指交工验收结束后，施工单位向建设单位提交存档的技术资料。其主要内容如下：

①竣工工程项目一览表。包括工程项目名称、工程量及面积、开竣工日期及工程质量评定等级；

②工程文件资料。包括图纸会审记录、设计变更和材料代用通知单、竣工图等；

③隐蔽工程验收单，工程质量事故的发生和处理记录，半成品出厂证明，材料试验记录；

④材料、设备及预制构件的质量合格证；

⑤土建施工记录，采用新工艺、新技术施工记录，施工技术人员的施工日志；

⑥设备安装。主要是机械设备、电气、管道的安装施工和验收记录；

⑦工程结算文件和签证的交接验收证书等。

工程技术档案和竣工资料整理过程是：施工基层单位的工程负责人，按规范和有关文件规定，将施工过程收集、积累及形成的资料上交施工项目档案员，档案员将施工、生产技术部门提供资料一起汇总整理，复制成技术档案和交工资料，由项目负责人向建设单位移交，并办理移交手续。

4. 竣工验收的内容

竣工验收的内容有：隐蔽工程、分部、分项工程验收，设备试验、调试和试运转验收及竣工验收等。

（1）隐蔽工程验收及验收签证

隐蔽工程是指在施工过程中，前一道工序被后一道工序所掩盖的工程。由于该工程的质量好坏直接影响下一道工序施工，因此隐蔽工程完成后，应及时检查验收。

隐蔽工程一般由施工单位基层负责人、建设单位检查员、质监部门检查员进行验收。如土建装修施工前，需暗装或埋设的各种管道，属于隐蔽工程。其检查内容有管道的位置、标高、坡度、水压试验及气密实验，管道防腐保温及预埋件检验等项目。隐蔽工程检查记录单应由工程技术负责人填写，检查合格后，三方签字盖章，做为验收文件存档，如表 3-24 所示。

（2）分部分项工程验收

分部分项工程完成后，由施工单位、建设单位、设计及质监部门进行检查验收。验收内容分土建工程、安装工程的分部分项工程和机械设备试车、调试等项目，检验合格后，各方应签证并存档。

（3）设备的试验、调试和试运转验收

为保证工程项目达到投产使用能力，应按规定对各种设备进行必要的调试及试运转。

根据国家颁发《建筑工程质量监督条例》规定，未经质量监督站检验合格的工程不能申报竣工。因此，在验收过程中，质监部门应到现场参加验收，合格后应在检验合格单签字盖章，做为存档技术资料。

（4）竣工验收

_____隐蔽工程验收记录 **表 3-24**

单位（子单位） 工程名称				
子分部（系统）工程名称		分项工程名称		
安装单位		项目经理（负责人）		
施工执行标准名称 及编号				
施工图名称及图号				
隐蔽内容、部位及施工方法简介：				
图示或说明：				
安装单位检查评定结果	专业工长（施工员）		测试人员	
	项目专业质量检查员：		（公章） 年 月 日	
监理（建设） 单位验收结论	专业监理工程师 （建设单位项目专业技术负责人）：		（公章） 年 月 日	

建设单位接到施工单位移交的交工资料后，派人对竣工项目进行必要的检查鉴定，已分期分批验收的项目不再办理验收手续。经最后核定，具备交工条件，双方在交接验收书上签证，并可办理工程交接手续。

5. 竣工验收程序和工程交接手续

（1）工程完工后，施工单位先自进行竣工验收，然后向建设单位发出交工验收通知单；

（2）建设单位组织施工单位、设计单位，当地质量监督员对交工项目进行验收。验收项目主要有两个方面，一方面是全部交工实体的检查验收，另一方面是交工资料验收。验收合格后，可办理工程交接手续；

（3）工程交接手续的主要内容有：建设单位、施工单位、设计单位在《竣工验收书》上签字盖章，质监部门在竣工核验单上签字盖章；

（4）施工单位以签定的交接验收单和交工资料为依据，与建设单位办理固定资产移交手续和文件规定的保修事项及进行工程结算；

（5）按规定的保修制度，交工后一个月进行一次回访，做一次检修，保修期为一年。

四、工程回访及工程保修

（一）工程回访

1. 工程回访的内容

（1）了解工程使用情况、使用或生产后工程质量的变异；

（2）听取各方面对工程质量和服务的意见；

（3）了解所采用的新技术、新材料、新工艺或新设备的使用效果；

（4）向建设单位提出保修期后的维护和使用等方面的建议和注意事项；

（5）处理遗留问题、巩固良好的协作关系。

2. 工程回访时间及人员

工程回访一般在保修期内进行，也可根据需要随时进行，由项目负责人、技术、质量、工程经营等有关方面人员组成。

3. 工程回访方式

回访方式有季节性回访、技术性回访、保修期满前回访，采用邮件、电话、传真、电子邮件等信息传递；或由建设单位组织座谈会或意见听取会，了解安装工程使用或生产后的运行情况。

4. 工程回访要求及用户投诉处理

回访过程必须认真实施，做好回访记录。回访中发现施工质量缺陷，如在保修期内要迅速处理；如已过保修期则需协商处理。对用户投诉反应迅速、给予友好解释和答复。

（二）工程保修

1. 责任范围

（1）质量问题确实由施工单位的施工责任或施工质量不良造成，施工单位负责质量维修，并承担修理费用。

（2）质量问题由建设单位和施工单位双方的责任造成，应协商解决，由施工单位负责维修。

（3）质量问题由建设单位提供的设备、材料等质量不良造成，应由建设单位承担维修费用，施工单位协助。

（4）质量问题由建设单位（业主）的责任造成，维修费用由建设单位承担。

（5）涉外工程的维修按合同规定执行，经济责任按以上原则处理。

2. 保修时间

自竣工验收完毕之日的第二天开始计算，电气管线、设备安装工程保修期为2年。

五、质量通病及防治措施

质量通病是建筑安装工程施工中经常发生、重复发生的施工缺陷，由于施工时不重视或忽视而影响整个工程的质量。

（一）质量通病原因分析

建筑安装工程施工中质量通病原因如图3-7所示。

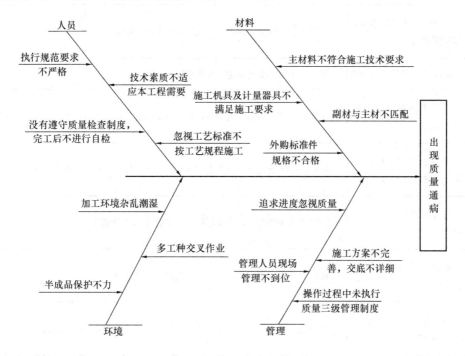

图3-7 质量通病因果分析

（二）质量通病控制程序

质量通病控制程序如图3-8所示。

（三）常见质量通病及防治措施

电气系统质量通病及防治措施 　　　　　　表 3-25

序号	内　容	采　取　措　施
1	普通电线与阻燃电线不能搞混	应严格根据设计要求施工，不可搞混，穿线时注意检查
2	桥架内电缆敷设	由于桥架内许多电缆型号相同，极易混淆，敷设时应注意编号，且经复查无误后方可送电

序号	内 容	采 取 措 施
3	桥架和线槽的防火封堵	桥架和线槽穿楼板和密封墙根据消防要求必须做好防火封堵
4	双电源进线	注意主回路和备用回路的顺序
5	接地引下线出错	在配合土建施工时，作为接地引下线的主筋应作好标记，不可出错而引起接地引下线的不连续
6	混凝土墙上的预埋盒的高度不一	由于毛地面的高度很难精确控制，为确保混凝土墙上预埋盒的高度一致，位置准确，需事先预埋一个稍大一点的木盒，待安装时再二次定位
7	配管时弯头半径太小，弯扁度太大等	配管时通病很多，在施工时应特别注意质量检查
8	穿线线色混乱	施工前交底应交底清楚，并注意检查
9	绞线未搪锡、压接不合要求等	穿线过程中的小毛病也很多，我们也应引起重视，并制定相应措施力图避免
10	桥架安装用电焊、气割方式升降和拐弯	镀锌成品严禁电焊，施工前应作充分考虑，施工作重点强调
11	电管与线槽连接用焊接方式	镀锌成品严禁电焊，必须用开孔器开孔并用紧锁螺母连接
12	各类支吊架用气焊割孔或断料	在施工中应特别注意避免。应该用台钻和切割机
13	电气器具安装完毕后的成品保护	由于施工单位较多，作业面广，电气器具极易丢失，必须加强保护
14	感烟、感温探测器与风口、灯具的位置不符合规范	施工前应与各相关工种负责人作好图纸会审，并进行综合排布，施工时注意检查
15	各类插座的间距及高度	强弱电插座间距不小于150mm，而且根据功能不同，安装高度也不同，施工时应特别注意
16	插座、开关等接线盒内未清理干净，以及内有锈蚀	穿线之前应作全面清理，对有锈蚀的接线盒应作防腐处理

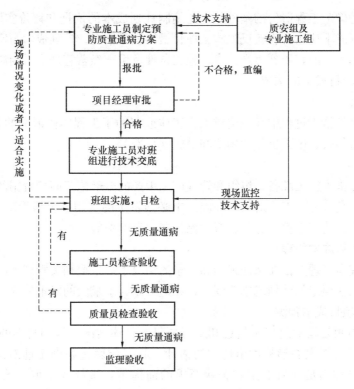

图 3-8 质量通病控制程序

第四节 施工项目成本管理

一、施工项目成本构成

施工项目成本是指施工过程中所发生的全部生产费用的总和，包括所消耗的原材料、辅助材料、构配件等的费用；周转材料的摊销费或租赁费；施工机械的使用费或租赁费等；支付给生产工人的工资、资金、工资性质的津贴等；以及进行施工组织管理所发生的全部费用支出。

（一）施工项目成本的主要形式

1. 预算成本

预算成本反映各地区安装施工企业的平均成本水平，是根据施工图、定额、费用标准等计算出来的，是确定工程造价的基础，是编制计划成本的依据和评价实际成本的依据。

2. 计划成本

计划成本是指施工项目经理部根据计划期的有关资料和实施该项目的各项技术组织措施，在实际成本发生前预先计算的成本。计划成本是项目经理部控制成本支出、安排施工计划、供应工料和指导施工的依据，综合反映了施工项目在计划期内达到的成本水平。

3. 实际成本

实际成本是指在报告期内实际发生的各项生产费用总和。实际成本与预算成本相比较，直接反映出成本的节约与超支。考核施工项目施工技术水平及施工组织贯彻执行情况和施工项目的经营效果。

预算成本是确定工程造价的基础，也是编制计划成本的依据和评价实际成本的依据；实际成本与预算成本比较，直接反映施工项目最终盈亏情况。计划成本与实际成本都是反映施工项目成本水平的，受到生产技术、施工条件及生产经营管理水平的制约。

（二）施工项目成本的构成

1. 直接成本

直接成本是指施工过程中耗费构成工程实体或有助于工程实体形成的各项费用支出，包括人工费、材料费、施工机械使用费和措施项目费等。

2. 间接成本

间接成本是指为施工准备、组织和管理施工生产的全部施工间接费用的支出，是非直接用于也是无法直接计入工程对象，在施工中必须发生的费用，包括管理人员的人工费、固定资产使用维护费、工程保养费、劳动保护费、保险费等。

二、施工项目成本管理

施工项目成本管理是指在保证工期和质量的情况下，采取相关管理措施，使施工项目的实际成本控制在预定的计划成本范围内，并进一步寻求最大的成本节约。

（一）施工项目成本预测

施工成本预测是指通过成本信息和施工项目的具体情况，运用科学的方法，对未来的成本水平及其可能发展趋势做出科学的估计，其实质就是在施工前对成本进行核算。通过成本预测，在满足项目业主和企业要求的前提下，选择成本低、效益好的最佳成本方案，并能在施工项目成本形成过程中，针对薄弱环节，加强成本控制，提高预见性。施工成本预测是施工项目成本决策与编制成本计划的依据，是实行施工项目科学管理的重要工具。

1. 施工项目成本预测的作用

（1）是投标决策的依据；

（2）是编制成本计划的依据；

（3）为企业降低成本指出明确方向。

2. 施工项目成本预测的过程

（1）通过环境调查，收集相关成本资料和预测资料；

（2）选择预测方法，建立预测模型；

（3）根据选定的预测方法，依据有关历史数据和资料，推测施工项目的成本情况；

（4）预测结果分析；

（5）确定预测结果。

总之，成本预测是施工项目实施前成本预计和推断，往往与实施过程中的实际成本有出入，产生预测误差。预测误差大小，反映预测的准确程度，通过分析产生误差的原因，不断积累经验。

（二）施工项目成本计划

施工项目成本计划是以货币形式编制施工项目在计划期内生产费用、成本水平、成本降低率以及降低成本所在地采取的主要措施和规划的书面方案，是建立施工项目成本管理责任制、开展成本控制和核算的基础。一个施工项目成本计划应包括从开工到竣工所必需的施工成本，是降低成本的指导文件，是确立目标成本的依据。

1. 施工项目成本计划编制步骤

（1）确定施工项目成本管理目标和降低成本管理目标；

（2）分解成本管理目标和降低成本管理目标，确定各分部分项工程目标成本；

（3）按分部分项工程目标成本实行内部成本承包，确定各承包队的承包责任；

（4）确定降低成本技术组织措施，计算其降低成本效果；

（5）编制降低成本技术组织措施计划表，降低成本计划表和施工项目成本计划表。

2. 降低施工项目成本技术组织措施

（1）降低成本的措施应从技术和组织方面进行全面设计；

（2）考虑费用构成要素，降低材料费用；

（3）降低机械使用费，充分发挥机械生产力；

（4）降低人工费；

（5）降低间接成本；

（6）降低质量成本措施。

在施工项目规划中，施工方案中必须有降低成本措施，其施工进度计划所安排的工期，必须与成本优化相结合，只有在施工组织设计基础上编制的成本计划，才具有可操作性。

（三）施工项目成本管理

施工项目成本管理是指在施工过程中，对影响项目施工成本的各种因素加强管理，并采取相应有效措施，将施工中实际发生的各种消耗和支出严格控制在成本计划范围内，随时揭示并及时反馈，严格审查各项费用是否符合标准，计算实际成本和计划成本之间的偏差并进行分析，消除施工中的损失浪费现象。施工项目成本管理从招投标阶段开始直至项目竣工验收的全过程，是施工企业实行全面管理的重要环节。

1. 工程投标阶段

（1）根据工程概况和招标文件，分析建筑市场和竞争对手的情况，进行成本预测，提出投标决策意见；

（2）中标以后，应根据项目的建设规模，组建项目经理部，确定项目的成本目标，下达给项目经理部；

2. 施工准备阶段

（1）依据设计图纸和相关技术资料，对施工方法、施工顺序、作业组织形式、机械设备选型、技术组织措施等进行认真的研究分析，制定出科学先进、技术合理的施工方案；

（2）根据成本目标，以分部分项工程实物工程量为基础，结合定额和技术组织措施的节约计划，在优化施工方案的指导下，编制明细且具体的成本计划。将成本目标按部门、施工队、班组的分工进行分解，落实作业部门、施工队和班组的责任制，为后序的成本管理作好准备；

（3）间接费用预算的编制与落实

根据项目工期长短和施工参与人数的多少，编制间接费用预算并进行明细分解，以项目经理部有关部门责任成本进行落实，为以后的成本管理和绩效考核提供依据。

3. 施工阶段

（1）人工费

1）管理人员和非管理人员的控制。

2）施工班组工人工资控制。

（2）材料费

1）做好工程材料计划，合理确定进场时间。

2）控制材料采购。

3）严格执行材料消耗定额，控制材料消耗量，实行限额领料制度。

4）剩余材料应分类收集整理，统一调拨处理。

（3）机械费

编制机具统计表，加强机具的管理，做好施工机具的使用计划，减少现场闲置，提高机具使用率，减少使用成本。

（4）现场管理费

1）协调各专业之间的交叉施工，施工前规划好施工顺序和各自的空间。

2）加强施工任务书和限额领料卡的管理，特别是做好每一个分部分项工程后的验收以及实耗人工、材料的数量核对。

3）将施工任务书和限额领料卡的结算资料与施工预算进行核对，计算分部分项工程的成本差异，分析差异产生的原因，并采取有效的纠偏措施。

4）做好月底成本原始资料的收集和整理，正确计算月度成本，分析月度预算成本与实际成本的差异，并采取措施，进行纠正。

5）在月度成本核算的基础上，实行责任成本核算。

6）经常检查合同的履约情况，为顺利施工提供物质保证。

7）定期检查各责任部门和责任者的成本控制情况，检查成本控制责、权、利落实情况。

4. 竣工验收阶段

（1）精心安排，顺利完成工程竣工收尾工作。

很多工程一到竣工收尾阶段，把主要施工力量抽调到基本在建工程，以致收尾工作拖拉严重，机械、设备无法转移，成本费用照常发生，使在建设阶段取得的经济效益逐步流失。因此，一定要做好竣工收尾工作。

（2）重视竣工收尾工作，使之顺利交付使用。在验收前，要准备好验收所需的各种资料，对验收中提出的意见，应根据设计规范要求和合同内容认真处理。

（3）及时办理工程结算。

（4）在工程保修期间，应由项目经理指定保修工作的责任者，责成保修责任者根据实际情况提出保修计划，以此作为控制保修费用的依据。

（四）施工项目成本核算

1. 按照规定的成本开支范围对施工费用进行归集和分配，计算出施工费用的实际发生额。

2. 根据成本核算对象，计算出施工项目的总成本和单位成本。

施工项目成本管理需要正确及时地核算施工过程中发生的各项费用，计算施工项目的实际成本。施工项目成本核算所提供的各种成本信息，是成本预测、成本计划、成本管理、成本分析和成本考核等各个环节的依据。

（五）施工项目成本分析

施工项目成本分析是在施工成本核算的基础上，对成本的形成过程和影响成本升降的因素进行分析，以寻求进一步降低成本的途径。

（六）施工项目成本考核

施工项目成本考核是指在施工项目完成时，对施工项目成本形成中的各责任者，按施工项目成本目标责任制的有关规定，将成本的实际指标与计划、定额、预算进行对比和考核，评定施工项目成本计划的完成情况和各责任者的业绩，并以此给予相应的奖励和处罚。

三、施工项目成本管理措施

（一）组织措施

组织措施是从施工成本管理的组织方面采取的措施，主要包括以下三个方面：

1. 建立成本管理组织机构，明确各级施工成本控制人员的任务、职能分工、权利和责任，如图 3-9 所示。

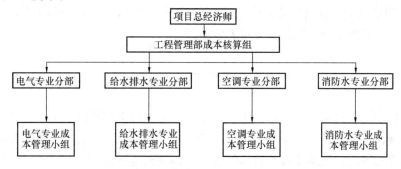

图 3-9　某施工成本管理机构

2. 编制成本管理工作计划，确定合理详细的工作流程。要做施工采购计划，通过生产要素的优化配置、合理使用，有效控制实际成本。

3. 加强施工定额管理和施工任务单管理，控制活动和物化劳动的消耗。加强施工调度，避免因施工计划不周和盲目调度造成窝工损失、机械利用率降低、物料积压等而使施工成本增加。合理的管理体制，完善的规章制度，稳定的作业秩序，是成本管理取得成效的保证。

（二）技术措施

技术措施对于解决施工成本管理中的技术问题及纠正施工成本管理目标偏差具有非常重要的作用。施工过程中降低成本的技术措施，主要包括以下五个方面：

1. 进行技术经济分析，确定最佳施工方案。

2. 结合施工方法，进行材料使用的选取，在满足功能要求的前提下，降低材料消耗的费用。

3. 选用合适的施工机械，提高机械设备的利用率。

4. 依据项目施工组织设计和自然条件，降低材料的库存成本和运输成本。

5. 积极运用先进的施工技术，推广使用新材料、新工艺，提高工效。

（三）经济措施

经济措施是最易于接受和操作的措施，主要包括以下内容：

1. 管理人员应编制资金使用计划，确定、分解施工项目成本管理目标，对施工项目成本目标进行风险分析，并制定防范性对策。

2. 对于各种支出，应认真做好资金的使用计划，并在施工中严格控制各项开支。

3. 及时准确地记录、收集、整理、核算实际发生的成本。对各种变更，及时做好记录，及时落实业主签证、结算工程款。

4. 通过偏差分析及预测，发现引起施工项目成本增加的潜在问题，及时采取预防措施。

（四）合同施工

合同措施应贯穿从合同谈判开始到合同终结的全过程，其措施主要包括以下几个方面：

1. 选用合适的合同结构，对各种合同结构模式进行分析、比较，在合同谈判时，争取选用适合于工程规模、性质和特点的合同结构模式。

2. 在合同条款中，应考虑影响成本和效益的因素，特别是风险因素。

3. 在合同执行中，要密切关注合同执行的情况，以寻求合同索赔的机会，同时密切关注自己履行合同的情况，以防止被对方索赔。

第五节 施工项目安全管理

施工项目安全管理是在施工过程中，组织安全生产的全部管理活动。通过对生产因素具体状态控制，使生产因素不安全的行为和状态减少到消除，不引发事故，尤其是不引发使人受到伤害的事故。使施工效益目标的实现，得到充分保证。

安全生产是施工项目重要的控制目标之一，也是衡量施工项目管理水平的重要标志。因此，施工项目必须把实现安全生产当做组织施工活动的重要任务。

一、安全生产与安全管理

安全生产是指生产过程处于避免人身伤害、设备损坏及其他不可接受的损害风险的状态。我国安全生产的方针是"安全第一、预防为主"。"安全第一"是把人身的安全放在首位，安全为了生产，生产必须保证人身安全；"预防为主"是采取正确的预防措施和方法进行安全控制，减少和消防事故，把事故消灭在萌芽状态。

安全管理是施工过程中保护生产活动中人的安全与健康，保证生产顺利进行。宏观的安全管理主要包括安全法规、安全技术、工业卫生。三个方面既相互联系又相互独立。

1. 安全法规也称劳动法规，以政策、规程、条例、制度等形式，规范操作或管理行为，从而使劳动者的劳动安全、身体健康、劳动环境的改善得到应有的法律保护。

2. 安全技术，它是指在生产活动中，为防止伤亡事故，减弱劳动强度，所采取的必要措施。它侧重于对"劳动手段和劳动对象"的管理，包括预防伤亡事故的工程技术和安全技术规范、技术规定、标准、条例等，以规范物的状态来减轻或消除对人的危害。

3. 工业卫生，也称生产卫生，它是指在生产过程中为防止高温、严寒、粉尘、噪声、毒气污染等对劳动者的安全与健康产生伤害而采取一系列防护与医疗措施。

以上三项工作是落实安全生产的主要条件。其中，安全法规是约束、控制职工不安全的行为，强调对"职工"的管理；安全技术是消除避免不安全因素，强调"劳动手段、劳动对象"的管理；工业卫生是改善劳动条件，强调对"生产环境"的管理，三者有机地联系起来，形成安全生产管理体系。

二、施工项目安全管理程序

施工项目安全管理程序如图 3-10 所示。

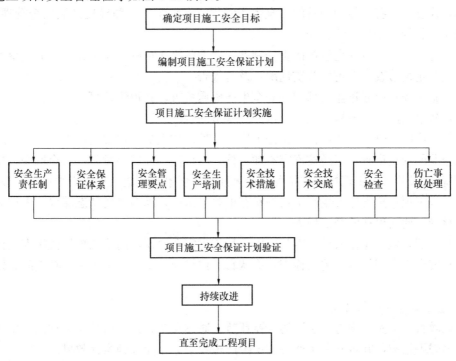

图 3-10　施工项目安全管理程序

（一）确定项目施工安全目标

企业根据自身生产经营活动的特点，依据国家法律法规和企业对社会的承诺制定安全总目标，并将总目标分解为各部门和各项目部、班组及各员工的不同层次分目标（如在企业总目标下制定各部门和各项目部的安全分目标、各班组的次级分目标和各员工的再次级分目标），形成完整的安全管理目标体系。

（二）编制施工安全技术措施计划

安全技术措施计划是一项重要的安全管理制度。在建设工程项目施工中，安全技术措施是施工组织设计的重要内容之一，是改善劳动条件和安全卫生设施、防止工伤事故和职业病、搞好安全生产工作的一项重要措施，是进行工程项目施工安全控制的指导性文件。

安全技术措施计划的主要内容包括：工程概况、控制目标、控制程序、组织机构、职责权限、规章制度、资源配置、安全技术措施、检查评价、奖惩制度等。

对于高处作业、电器、压力容器等特殊工种作业，应制定单项安全技术规程，并应对管理人员和操作人员的安全作业资格和身体状况进行合格检查。

（三）施工安全技术措施计划的实施

施工安全技术措施计划的实施包括建立健全安全生产责任制、进行安全教育和培训、安全技术交底和安全检查等内容，通过安全控制使生产作业的安全状况处于可控状态。

1. 建立安全生产责任制

安装工程施工项目承担控制、管理施工生产进度、成本、质量、安全等目标的责任。因此，必须同时承担进行安全管理、实现安全生产的责任。

（1）建立、完善以经理为首的安全生产领导，有组织、有领导地开展安全管理活动，承担组织、领导安全生产的责任。

（2）建立各级人员安全生产的责任制度，明确各级人员的安全责任。抓制度落实，抓责任落实，定期检查安全责任落实情况，及时报告。

（3）施工项目应通过监察部门的安全生产资质检查，并得到认可。

一切从事生产管理与操作人员，依照其从事的生产内容，分别通过企业、施工项目的安全审查，取得安全操作认可证，持证上岗。特种操作人员，像安装电工、焊工和起重工等除经企业的安全审查，还需按规定参加考核，取得监察部门核发的《安全操作合格证》，坚持"持证上岗"。施工现场出现特种作业无证操作现象时，施工项目必须承担管理责任。

（4）施工项目负责施工生产中物的状态审验与认可，承担物的状态漏验、失控的管理责任。承受由此而出现的经济损失。

（5）一切管理、操作人员均需与施工项目签定安全协议，向施工项目做出安全保证。

（6）安全生产责任落实情况检查，应认真、详细地记录，作为分配、补偿的原始资料之一。

2. 进行安全教育和培训

安全教育是落实"预防为主"的重要环节。通过安全教育，增长安全意识，使职工安全生产思想不松懈，并将安全生产贯彻于生产过程中，才能收到实际效果。

安全教育的内容有：

（1）安全思想教育。主要是尊重人、爱护人的思想教育；国家对安全生产的方针、政策教育，遵守厂规、厂纪教育；使职工懂得遵守劳动纪律与安全生产的重要性，工作中执行安全操作规程，保证安全生产。

（2）安全知识教育。施工生产一般流程，安全生产一般注意事项，工作岗位安全生产知识；使职工了解建筑施工特点，注意事项，高空作业防护和各种防护设备品的使用。

（3）安全技术教育。安全生产技术与安全技术操作规程的教育，应结合工种岗位进行安全操作、安全防护、安全技能培训，使上岗职工能胜任本职工作。

（4）安全法制教育。安全生产法规、法律条文，安全生产规章制度的教育，使职工遵法、守法、懂法，一般是结合事故案例，针对性教育，避免再发生类似事故。

安全教育的方式有三种：

第一：坚持三级教育。对新工人入队（厂）时，应由公司进行安全基本知识、法规、法制教育；工程处或施工队进行现场规章制度、遵章守纪教育；施工班组的工种岗位安全操作、安全制度、纪律教育。

第二：对特殊工种培训。对电工、锅炉、压力容器、机械操作、爆破等特别作业和机动车辆驾驶作业的培训及应知应会考核，未经教育、没有合格证和岗位证，不能上岗。

第三：经常性教育。通过开展安全月、安全日、班组的班前安全会、安全教育报告会、电影等多种形式，将劳动保护、安全生产规程及上级有关文件进行宣传，使职工重视安全、预防各种事故发生。

3. 安全技术交底

安全技术交底的基本要求有以下几点：

（1）项目经理部必须执行逐级安全技术交底制度，纵向延伸到班组全体作业人员。

（2）技术交底必须具体、明确、针对性强。

（3）技术交底的内容应针对分部分项工程施工中给作业人员带来的潜在危害和存在问题。

（4）定期向由两个以上作业队和多工种进行交叉施工的作业队伍进行书面交底。

（5）保持书面安全技术交底签字记录。

安全技术交底的主要内容包括工程项目作业特点和危险点；针对危险点的具体预防措施；应注意的安全事项；相应的安全操作规程和标准；发生事故后采取的避难和急救措施。

4. 安全检查

在施工过程中，为了及时发现事故隐患，堵塞事故漏洞，预防事故发生，应进行各种形式的安全检查。安全生产检查多采用专业人员检查与群众性检查相结合的方法，但以专职性检查为主。项目部安全检查及隐患整改记录如表3-26所示。

项目部安全检查及隐患整改记录　　　　　　　　　　表 3-26

工程名称：　　　　　　　　　施工单位：　　　　　　　　　　　编号：

检查人员签名	姓名				
	部门				
	职务（职称）				
检查情况及存在的隐患：					
整改要求：					
检查日期：					
整改期限				整改班组（部门）	
整改责任人				项目安全员	
复查意见	复查人签名：			复查日期：20　年　　月　　日	

安全检查的形式：

（1）经常性安全检查。安全技术操作，安全防护装置，安全防护用品、安全纪律与安全隐患检查；一般由工长、安全员、班组长在日常生产中的检查。

（2）季节性安全检查。春季防传染病检查，夏季防暑降温、防风、防汛检查，秋季防火检查，冬季防冻检查，通常由主管领导及有关职能部门进行检查。

（3）专业性安全检查。压力容器、焊接工具、起重设备、车辆与高空、爆破作业等的检查，主要由安全部门与各职能部门进行检查。

（4）定期性检查。公司每半年一次（普通检查），工程处或施工队每季一次，节假日的必要检查，由各级主管施工负责人及有关职能部门进行检查。

（5）安全管理检查。安全生产规划与措施，制度与责任制，施工原始记录、报表、总结、分析与档案等检查，由安全技术部门及有关职能部门进行检查。

安全检查的目的是发现、处理、消除危险因素，避免事故伤害，实现安全生产。消除危险因素的关键环节，在于认真的整改，真正地确确实实地把危险因素消除。对于一些由于种种原因而一时不能消除的危险因素，应逐项分析，寻求解决办法，安排整改计划，尽快予以消除。安全检查后的整改必须坚持不推不拖，不使危险因素长期存在而危及人的安全。

安全检查的主要内容：

（1）查思想：主要检查企业的领导和职工对安全生产的认识。

（2）查管理：主要检查工程的安全生产管理措施是否落实。内容有：安全生产责任制、安全技术措施计划、安全组织机构、安全保证措施、安全技术交底、安全教育、持证上岗、安全设施、安全标识、操作行为、违规管理、安全记录等。

（3）查隐患：主要检查作业现场是否符合安全生产、文明生产的要求。

（4）查整改：主要检查对过去提出问题的整改情况。

（5）查事故处理：对安全事故的处理应达到查明事故原因，明确责任并对责任者作出处理，明确和落实整改措施，对伤亡事故及时报告等。

5. 施工安全技术措施计划的验证

施工安全技术措施计划的验证包括安全检查、纠正不符合情况，做好检查记录，根据实际情况补充和修改安全技术措施。

6. 持续改进

施工项目实施中，各种条件经常有所变化，应持续改进和更改安全措施计划，以保证新的环境下生产处于可控状态。

三、施工项目安全管理规定

（一）临时用电

近年来随着建筑规模逐渐扩大，施工现场用电安全总是越来越突出，触电事故时常发生，严重威胁施工人员的安全，由于用电不当而发生火灾隐患也比较突出，以下就施工临时用电经常遇到的问题进行简要介绍。

1. 在建工程不得在高、低压线路下方施工，高、低压线路下方，不得搭设作业棚、建造生活设施，或堆放构件、架具、材料及其他杂物等。

2. 在建工程（含脚手架具）的外侧边缘与外电架空线路的边线之间必须保持一定的

安全操作距离。

在施工现场专用的中性点直接的电力线路中必须采用 TN—S 接零保护系统。专用保护零线应由工作接地线、配电室的零线或第一级漏电保护器电源侧的零线引出。

3. 变压器设在施工现场边角处，并设围栏；根据用电位置，在主干线电杆上装设分线箱。施工用电采用"三相五线制"，按"一机、一闸、一漏、一保"设置防护。

4. 施工用电必须符合用电安全操作规程。各种电动机械设备必须有可靠有效的安全接地和防雷装置，严禁非专业人员操作机电设备。工地内架设的电力及照明线路，其悬吊高度及距工作地点的水平距离应按当地电力部门的规定执行。

5. 工地内的电线按标准架设。不得将电线捆在无瓷瓶的钢筋、树木、脚手架上；露天设置的刀开关装在专用配电箱里，不得用铁丝或其他金属丝替代熔丝。生活区室内照明线路用瓷夹固定，电线接头牢固，并用绝缘胶布包扎；熔丝按实际用电负荷量装设。在不便使用电器照明的工作面采用特殊照明设施；在潮湿和易触及带电场所的照明供电电压不大于 36V。

6. 对从事电焊工作的人员加强安全教育，使其懂得电焊机二次电压不是安全电压等基本知识。各类电焊机机壳设有良好的接地保护。电焊钳设有可靠的绝缘，不准使用无绝缘的简易焊钳和绝缘把损坏的焊钳。施工中若有人触电，不得用手接触电人，应立即切断电源，采取救护措施。

7. 电工在接近高压线操作时，必须符合安全距离。

8. 使用高温灯具时，与易燃物的距离不得小于 1m，一般电灯泡距易燃物品的距离不得小于 50 厘米。

9. 移动式电动机具设备用橡胶电缆供电，注意经常理顺，跨越道路时，埋入地下或穿管保护。

10. 电器设备的传动轮、转轮、飞轮等外露部位必须安设防护罩。

（二）临时通信

1. 减少与既有通信、电力等线路的交叉和干扰。

2. 临时通信线路走向避开沟渠、陡坎、滑坡、河流及易受洪水冲刷等危险地区。通信线路与地面等建筑物的最小距离，应符合有关规定。

（三）信号标志

在施工区内设置一切必要的信号装置，这些信号主要包括标准道路信号、报警信号、危险信号、控制信号、安全信号、指示信号等。

（四）消防主要措施

1. 施工现场、生活区，用明火必须上报保卫部。生火时不准用汽油、煤油等液体引火。在火炉附近不准堆放可燃物品，取暖火炉必须上报保卫部批准。

2. 施工中电气设施的安装、维修，均由正式电工负责，照明线路必须按规定正式架设，不准乱拉、乱接，库房照明灯不准超过 100W，居住照明应用低压 36V。

3. 电气焊作业，必须"三证"（操作证、上岗证、动火证）齐全，方可作业。用火证只在指定地点和时间内使用，严格落实北京市消防局文件精神。

4. 冬期施工使用电热器具，须有工程技术部门提供的安全技术资料，并经现场防火负责人同意，报公司保卫部审批。

5. 应根据工程情况现场配备消防器材，消防设施和器材必须每年维修、保养，不能使用过期的灭火器材，确保消防设施、器材灵敏、有效。

6. 现场消防栓、灭火器材四周 3 米之内不准堆放物品，不得埋压、圈占或挪作他用。

7. 仓库、现场执行 24 小时消防值班制度，配备足够消防器材。不准设置炉灶，不准吸烟，不准点油灯和蜡烛，不准任意拉电线，不准无关人员入库。施工组织设计中必须明确安全技术措施，否则不得施工。

（五）高处作业及登高架设作业安全措施

1. 作业前必须由施工班组长按照项目部的高处作业审批手续规定，向施工员办理高处作业申请，经施工员同意、现场安全确认、项目经理审批后才能施工，并要求指定监护人监督高处作业过程的安全。

2. 高处作业人员及架设人员，必须经过专业技术培训，专业考试合格后，持证上岗，并定期检查身体。

3. 患有下列疾病不能从事高处作业及架设作，如心脏病、高血压、贫血等。

4. 悬空作业处应有牢固的立足处，并必须视具体作业情况，配置防护栏、栏杆或其他安全设施。

5. 悬空作业所用索具、脚手板、吊笼、平台等设备均需经过技术鉴定或检测后才能使用。

6. 高处作业前，应进行安全防护设施的逐项检查和验收，验收合格后，方可进行作业。

7. 高处作业必须戴好安全帽、系安全带、穿防滑鞋，衣着方便。

8. 严禁酒后作业。

9. 在作业中如发现安全隐患时，必须及时解决，危及人身安全时，必须停止作业。

10. 高处作业中所有的物料，均应平稳堆放，工具应随手放入工具袋，作业中的走道、通道板应随时清扫干净，不得向下抛掷物件。

11. 遇有六级以上的大风、浓雾等恶劣气候，不得进行露天施工和悬空作业。

四、伤亡事故的调查与处理制度

根据国务院颁发《工人职工伤亡事故报告程序》的规定，对发生职工伤亡事故，应进行调查与处理工作。

（一）伤亡事故的调查

1. 伤亡事故的调查目的。掌握事故发生情况、查明发生原因、拟定改进措施，防止同类事故再次发生。

2. 伤亡事故调查的分工。轻伤事故，由工地负责；重伤事故，由工程处负责；重大伤亡事故，由公司负责。

3. 伤亡事故调查的内容。主要有伤亡事故发生的时间、具体地点、受伤人数、伤害程度及事故类别，导致伤亡事故发生的原因，受伤人员与事故人员的姓名、性别、年龄、工种、工龄与级别，现场实测图纸、图片及经济损失情况等。

4. 伤亡事故调查的注意事项。认真保护和勘察现场；对事故现场人员询问、调查了解真实情况；索取必要的人证和技术鉴定和印证，为事故处理做好准备。

（二）伤亡事故的处理

1.写出调查报告。把事故发生的经过、原因、责任及处理意见写成书面报告，经调查签证后方能报批。

2.事故的审理和结案。按国家规定，由企业主管部门提出处理报告，以各级劳动部门审批和审理方能结案；对事故的责任者，按情节的损失大小给予相应处分，如触犯刑法应提交司法部门依法惩处。

3.建立事故档案。把事故调查处理文件、图纸图片、资料和上级对事故所作的结案证明存档，并可做为教育材料宣传。

4.提出防范措施。利用事故教训，提出改进对策，提出预测、预防措施，减少或杜绝事故发生。

（三）正确对待事故的调查与处理

事故是违背人们意愿的，一旦发生，关键在于对事故的发生要有正确认识，并用严肃认真、科学积极的态度，处理好已发生的事故，尽量减少损失。采取有效措施，避免同类事故的再次发生。

1.发生事故后，以严肃、科学的态度去认识事故，实事求是按照规定、要求报告，不隐瞒、不虚报、不避重就轻。

2.积极抢救负伤人员的同时，保护好事故现场，以利于调查清楚事故原因，从事故中找到生产因素控制的差距。

3.分析事故，弄清发生过程，找出造成事故的人、物、环境状态方面的原因，分清造成事故的安全责任，总结生产因素管理方面的教训。

4.以事故为例，召开事故分析会进行安全教育。使所有生产部位、过程中的操作人员，从事故中看到危害，使他们认清坚持安全生产的重要性，从而在操作中自觉地实行安全行为，主动地消除物的不安全状态。

5.采取预防类似事故重复发生的措施，并组织彻底的整改；使采取的预防措施，完全落实。经过验收，证明危险因素已完全消失时，再恢复施工作业。

6.未造成伤害的事故，习惯的称为未遂事故。未遂事故就是已发生的，违背人们意愿的事件，只是未造成人员伤害或经济损失。然而其危险后果是隐藏在人们心理上的严重创伤，其影响作用时间更长久。未遂事故同样暴露安全管理的缺陷、生产因素状态控制的薄弱。因此，对未遂事故要如同已发生的事故一样对待，调查、分析、处理妥当。

五、建筑电气工程文明及环境保护措施

"文明施工、安全有序、整洁卫生、不扰民、不损害公众利益"是进行施工项目现场管理的主要目的。施工项目的现场管理是项目管理的重要部分。良好的现场管理使场容整洁、道路畅通，材料堆放有序，施工有条不紊，安全、卫生、环境、消防、保安均能得到有效的保障。

1.认真执行《文明安全施工管理暂行规定》和《施工现场文明安全施工补充标准》，结合工程实际，制定环境保护、生活卫生管理技术措施，在施工全过程中严格控制、强化管理、确保实施。

2.各种材料码放位置符合要求，码放高度应符合相关安全规定。施工现场责任区要分片包干，健全岗位责任制。

3. 尽可能降低施工噪声，加强施工现场管理，合理组织施工，防止扰民。

4. 对施工现场产生的污物、污水采取妥善处理措施。对施工产生的垃圾及时清扫、处理、搬运。施工人员在施工完毕后，须达到"工完场清"，保持现场清洁整齐。

加强施工人员文明施工宣传，培养良好的文明施工习惯，树立当代建筑工人的文明形象。

第六节 施工项目技术管理

一、施工项目技术管理

施工项目技术管理是对现场施工中一切技术活动进行一系列组织管理工作的总称。采用科学有效的方法和反映客观规律的制度，对施工中各种复杂的因素，如设计图纸、技术力量、技术方案、技术操作、技术检验和生产环境及技术革新等进行合理安排；按预定目标，确保安装施工过程中的正常秩序，不断提高企业和施工现场的科学技术水平。

（一）施工项目技术管理内容

1. 技术管理的基础工作：包括实行技术责任制，贯彻执行技术规范、标准与规程，建立、执行技术管理制度、开展科学试验、信息交流等。

2. 施工过程中的技术管理工作：施工工艺管理、技术试验、技术核定、技术检查等。

3. 技术开发管理工作：技术培训、技术革新、技术改造、合理化建议、技术开发创新等。

（二）施工项目技术管理组织体系

在安装企业施工技术管理中，很多工作是与企业有关职能部门协同完成的。因此，安装施工现场技术管理应纳入企业的技术管理系统。我国建筑安装企业大多数仍实行三级管理，形成以总工程师为首的三级技术管理组织体系，亦即企业的技术业务为统一领导和分级管理，如图 3-11 所示。

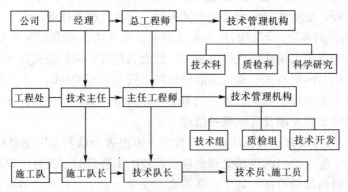

图 3-11　技术管理组织体系

（三）技术责任制

责任制，是适应现代化生产需要所建立起来的一种严格的科学管理制度。建筑企业的技术责任制，就是对企业的技术工作系统和各级技术人员规定明确的职责范围，以充分调动各级技术人员的积极性，使他们有职、有权、有责。技术责任制是建筑企业技术管理的核心，实行各级技术责任制，必须正确划分各级技术管理的权限，明确各级技术领导的职责。

我国建筑施工企业，根据企业的具体情况，实行三级或四级技术责任制，实行技术工作的业务领导责任，对其职责范围内的技术问题，如施工方案、技术措施、质量事故处理等重大问题有最后的决定权。

1. 总工程师的主要职责

（1）组织贯彻执行国家有关的技术政策和上级颁发的技术标准、规范、规程及各项技术管理度；

（2）领导编制施工企业中、长期技术发展规划和技术组织措施，并组织贯彻和实施；

（3）领导编制大型建设项目和结构复杂、施工难度大的施工组织设计，审批工程处（工区、施工队）上报的单位工程施工组织设计及有关技术文件、报告；

（4）领导和组织技术情况的研究与交流，参与引进项目的考查、谈判、处理重大技术核定工作；

（5）组织领导新技术、新工艺、新材料、新设备的试验，鉴定和技术开发与推广工作。

2. 主任工程师的主要职责

（1）组织技术人员学习和贯彻上级颁发的各项技术标准、施工验收规范、操作规程、安全技术规程和技术管理制度。

（2）编制中小型工程的施工组织设计，审批施工方案。

（3）主持图纸会审和重点工程技术交底，处理审批技术核定文件。

（4）组织制定保证工程质量、安全生产、降低成本各项技术组织措施。

（5）参加技术会议，组织技术人员学习业务，开展技术安全教育，不断提高施工生产的技术水平。

（6）领导编制本单位技术改进项目，负责本单位科技情况、技术交流、技术革新、技术改造及合理化建议工作。

（7）主持主要工程的质量、安全检查，处理施工质量事故和施工中的技术问题。

（8）深入现场，指导施工，督促技术人员遵守规范、规程和按图施工原则，发现问题及时解决。

3. 专项工程师（或技术队长）的主要职责

（1）组织编制单位工程施工方案，制订各项工程施工技术措施。

（2）参与编制单位工程施工进度计划，做好施工前的各项准备工作。

（3）负责单位工程图纸审查，并向工程技术负责人及有关人员进行技术交底。

（4）负责贯彻执行各项专业技术标准、规程、严格执行工程验收规范和质量评定标准。

（5）负责指导按设计图纸、施工规范、规程、施工组织设计、技术安全措施等，进行施工。

（6）组织有关技术人员开展技术革新活动，改进施工程序、操作方法。

（7）负责组织单位工程的测量、定位、抄平、放线等技术复核，参与隐蔽工程验收，参与单位工程质量评定，处理质量事故。

（8）组织工程档案中各项技术资料的签订、收集、整理及汇编上报资料。

4. 单位工程技术负责人的主要职责

单位工程技术负责人（施工员、工长）是在技术队长的领导下，负责单位工程或分部工程施工组织与管理，工程核算的最基层的技术人员。

（1）编制单位工程施工组织设计、施工方案、制定单位工程或分部分项工程实现全优工程的具体措施。

（2）编制或审核施工图预算，编制施工预算和劳动力、材料与机具需用量计划。

（3）参加编制月、旬施工计划，签发工程任务书，安排、指导班组日常施工工作。

（4）组织学习施工图纸，负责图纸审核，向施工班组进行详细的技术交底。

（5）负责材料、设备进场后的检查、试验与技术鉴定。

（6）负责班组施工人员的技术指导与安全教育，制定各种施工技术安全措施，处理施工中的各种技术问题。

（7）负责贯彻各种技术标准、设计文件、技术规定，严格执行操作规程、验收规范和质量评定标准。

（8）组织隐蔽工程验收和分部分项工程质量评定，处理质量事故。

（9）积极开展技术革新研究，提出合理化建议，不断地改进施工方法。

（10）负责施工日记记录，整理技术档案的全部原始资料，做好工程技术档案上报工作。

二、建筑安装工程技术标准和技术规程

建筑安装工程技术标准和技术规程是企业进行技术管理、安全管理、质量管理的依据和基础，是标准化的重要内容。

1. 建筑安装工程技术标准

建筑安装工程的技术标准是对建筑安装工程质量、规格及其检验方法等所作的技术规定，可据此来进行施工组织、施工检验和评定工程质量等级。

安装工程施工技术标准：

（1）《建筑安装工程施工质量及验收规范》。它规定了分部、分项工程的技术要求、质量标准和检验方法。

（2）《建筑安装工程质量检验评定标准》。它是根据验收规范的要求进行检验所得的结果，评定分部工程、分项工程以及单位工程的等级标准。

（3）建筑安装材料、半成品的技术标准及相应的检验标准。

2. 技术规程

建筑安装工程的技术规程是施工及验收规范的具体化，对建筑安装工程的施工过程、操作方法、设备和工具的使用、施工安全技术的要求等做出的具体技术规定，用以指导建筑安装工人进行技术操作。常用的技术规程有以下几类：

（1）《建筑安装工程施工操作规程》。它规定了工人在施工中的操作方法和注意事项。

（2）《建筑安装规程安全操作规程》。它是为了保证在施工过程中人身安全和设备运行安全所做出的一些规定。

（3）《施工工艺规程》、《设备维护和检修规程》。它规定了施工的工艺要求、施工顺序、质量要求等；并按设备磨损的规律，对设备的日常维护和检修作出了具体规定，以使设备的零部件完整齐全、清洁、润滑、紧固、调整、防腐等技术性能良好，操作安全、原始记录齐全。

（4）《电气安全规程》。电气设备的安装、使用和维修的程序、操作方法，为保证设备和人身安全所做出的规定。

技术标准可分为国家标准、部颁标准和企业标准。技术规程在保证达到国家技术标准的前提下，可由地区或企业根据自己的操作方法和操作习惯的不同而自行制定执行。制定技术标准和技术规程，必须实事求是，认真总结现有的生产经验，根据国家的技术经济政策，在合理利用现在生产条件的同时，充分考虑国内外科学技术的成就和先进经验，以促进企业施工生产技术的不断提高和发展。

技术标准和技术规程不是一成不变的，而是随着技术和经济的发展，要适时地对它们进行修正。

三、施工项目技术管理基本制度

为了有效地开展安装施工现场技术管理工作，必须贯彻企业制定的有关技术管理制度。建立和健全技术管理制度，对保证完成技术管理任务具有重要意义。

（一）图纸会审制度

施工图纸是进行施工的依据。图纸会审制度是一项极其严肃和重要的技术工作，认真做好图纸的会审，对减少施工图中的差错，提高工程质量，创全优工程，保证施工顺利进行有重要作用。

在图纸会审前，建筑施工企业必须组织有关人员学习图纸，熟悉图纸的内容、要求和特点，以便掌握工程情况，考虑有效的施工方法和技术措施，提出图纸本身存在的问题，在图纸会审时提出改进意见。

图纸会审一般由建设单位组织，设计单位交底，施工单位参加，进行集体会审。

1. 公司进行图纸会审要点

全部设计图纸及说明是否齐全、清楚、明确、有无矛盾；施工的新技术及特殊工程和复杂设备的技术可行性和必要性；重点工程和具有普遍性工程的推行方法是否妥当；设计文件中提出的概算是否合理。

2. 施工队图纸会审要点

细致审核细部尺寸及研究操作上的问题；对技术复杂、要求严格、施工操作困难的分部分项工程采取放大样、作模型或另绘大样图的方法进行核对；对缺乏经验的新技术、新结构，可先做实物试验，取得经验后进行施工。

图纸会审后，有关人员应在图纸上盖章。由组织会审的单位，将审查中提出的问题以及解决的办法详细记录，形成正式文件或会议纪要，由设计单位解决，并列入工程技术档案。

在施工过程中，发现图纸仍有差错或与实际不符或因施工条件、材料规格、品种、质量不能完全符合设计要求，以及职工提出合理化建议等原因，需要进行施工图修改时，必须严格执行技术核定和设计变更签证制度。如果设计变更的内容对建设规模、投资等方面影响较大，必须报请批准单位同意。

所有的技术核定和设计变更资料，包括设计变更通知、修改图纸等，都要有文字记录，归入工程技术档案，并作为施工和竣工结算的依据。

（二）技术交底制度

技术交底是指在开工前，由各级负责人将有关工程施工的各项技术要求逐级向下传达贯彻，直到班组第一线。其目的在于使参与工程项目施工的技术人员和工人熟悉工程特点、设计意图、施工措施等，做到心中有数，保证施工顺利进行。因此，技术交底是施工技术准备工作的必要环节，在安装施工现场必须认真执行。

施工单位的技术交底一般可以分为三级制：

1. 公司向工程处（工区、施工队）交底

凡是技术复杂的重点工程、重点部位和公司负责编制的施工组织设计，都应由公司总工程师向工程处（工区、施工队）的主任工程师或技术队长及有关职能部门负责人进行技术交底。

技术交底的主要内容：明确施工技术关键问题，总包单位与分包单位的配合，土建与安装交叉作业要求；主要项目施工方法，设计文件要点及设计变更情况；特殊项目的处理方案，对该工程的工期、质量、成本、安全要求，采取的技术组织措施等。

2. 工程处（工区、施工队）向技术人员交底

凡是复杂工程或工程处级编制的施工组织设计（施工方案），应由工程处主任工程师或施工技术队长向单位工程负责人及有关职能负责人进行技术交底。

技术交底的主要内容：关键性的技术问题，新操作方法和有关技术规定，主要施工方法，施工顺序安装，材料结构的试验项目，保证工程进度、质量及节约材料等技术组织措施。

3. 单位工程负责人（施工员、工长）向工人班组进行交底

工程负责人向参与施工的班组长及工人技术骨干交底，是最基层的技术交底工作，是关系技术工作具体实施的重要环节。

技术交底的主要内容：施工图中应注意的问题，各项技术指标要求和具体实施的各项技术措施，有关项目的详细施工方法、程序、工种之间配合、工序间搭接和安全操作要求，设计修改、变更的具体内容、注意事项，施工有关的规范、规程、质量要求等。

技术交底的内容应根据工程项目的繁简程度来定，一般是围绕施工工艺、施工方案，技术安全措施、操作规程、质量标准、采用新工艺、新材料、新技术要求等进行详细、有重点的交待。技术交底可采用多种形式，一般多采用文字、图表形式交底，也可采用示范操作或样板形式交底。

（三）技术复核制度

技术复核制度是指在施工中，为避免发生重大差错，保证工程质量，对重要的和涉及工程全局的技术工作，依据设计文件和有关技术标准进行的复核和检查。其目的是为了及时发现问题和及时纠正。因此，技术复核也称为预检。

（四）材料试验、检验制度

1. 材料检验和试验的目的

做好建筑安装工程材料和构件的试验、检验工作，是合理使用资源、确保工程质量的重要措施。

材料检验和试验是指对施工用的材料、构件、零配件进行抽检或进行试验的工作。其

目的是保证施工项目所用的材料、构件、零配件和设备的质量，把质量隐患消灭在施工之前，以确保工序质量和工程质量。如钢材、变压器、电机、避雷针、高压绝缘材料、电气材料等都应按规定抽样检查，预制加工厂必须对成品和半成品进行严格检查，签发出厂合格证明，新材料、新构件，要经技术鉴定合格才能在工程上使用。因此，施工现场必须健全试验、检验机构，配备检测和试验设备和人员，并予以制度化。

2. 材料检验、试验制度的要求

(1) 钢材的验收和试验。安装工程用的各种钢管和型钢进场后，要检查质量合格证。检查内容有：炉种、钢号、规格、机械性能、化学成分的数据及结论，出厂日期、厂部门检验印章等，对质量有疑义时，应进行抽样试验，试验报告单由试验部门填写并盖章，施工技术人员进行收集，作为工程验收、存档的依据；

(2) 成品、半成品件验收。工程用的成品、半成品件，必须由质量部门提出合格证明文件。对有证明文件但质量有疑问时，应进行复验，证明合格后才可以使用；

(3) 构件的验收。对加工生产的各种钢质构件、钢木构件、混凝土构件运到现场后，应逐件检查外观，并按规定进行结构性能抽验。如有问题及时处理，必要时应邀请设计单位共同研究；

(4) 电焊条的验收。焊接所用焊条，要有焊条材质的合格证明，对质量有疑义时，应进行复验，证明合格后才可以使用；

(5) 保温材料验收。保温材料进场后，应按设计规定要求进行验收。如需试验检查时，应检验其密度、含水率、导热系数等，使其满足设计要求；

(6) 新材料、新产品的验收。工程推荐采用的新材料、新产品、新工艺，施工前应进行技术鉴定，并制定出质量标准及操作规程后才能使用；

(7) 机电设备试验要求。对变压器、电机、避雷针、高压绝缘材料、加热器、暖卫、电气材料等，无论有无合格证明，在使用前均应进行检查和试验，否则不得敷设和安装；

(8) 其他材料的验收。凡是设计对质量有要求的其他材料，都应有符合设计及有关规定的出厂质量证明。

(五) 工程质量检验制度

为了保证工程的施工质量，在施工过程中根据国家规定的《建筑安装工程质量检验评定标准》、《建筑电气工程施工质量验收规范》GB 5030—2002 逐项检查施工质量。在所有建设项目和单位工程按照设计文件规定的内容全部建完后，根据国家规定，进行一次综合性检查验收，评定质量等级。目的是为了保证工程项目的施工质量，符合设计要求。工程质量检查验收的具体内容如下：

1. 必须建立健全工程质量检查验收机构并配备专职人员，制止违章作业，对已完工但不合格的分部分项工程，有权拒绝签证；

2. 专职检查与群众性检验相结合，广泛开展自检、互检和交接检；

3. 质量检验制度与技术复核制度、材料检验制度等相结合；

4. 分部分项工程验收是评定工程质量的基础，是工程价款结算的依据。

(六) 施工日志制度

施工日志是指单位工程在施工中按日填写的有关施工活动的综合原始记录。其目的是为了积累施工中有关施工活动情况，以便形成工程档案或工程索赔的依据，因此，施工日志要全面如实记载，如表 3-27 所示。其主要内容如下：

施 工 日 志

表 3-27

_____年_____月_____日

温度：2 时　　℃，8 时　　℃，20 时　　℃，日平均　　℃。天气：上午　　下午

	分项工程	层段位置	工作班组	工作人数	进度情况
施工内容					
主要记事	1. 预检情况（包括质量自检、互检和交接检验存在问题及改进措施等）				
	2. 验收情况（参加单位、人员、部位、存在问题）				
	3. 设计变更、洽商情况				
	4. 原材料进场记录（数量、产地、标号、合格证份数和是否已质量复试等）				
	5. 技术交底、技术复核记录（对象及内容摘要）				
	6. 归档资料交接（对象及主要内容）				
	7. 原材料、试件、试块编号及见证取样送检等记录				
	8. 外部会议或内部会议记录				
	9. 上级单位领导或部门到工地现场检查指导情况（对工程所做的决定或建议）				
	10. 质量、安全、设备事故（或未遂事故）发生的原因、处理意见和处理方法				
	11. 其他特殊情况（停水、停电、停工、窝工等）				

1. 工程项目开、竣工日期及有关分部分项工程部位的起止施工日期；

2. 全部施工图及有关技术文件收发日期和技术变更修改记录；

3. 质量、安全、机械事故情况的记载、分析和处理记录；

4. 现场有关施工过程的重要决议记录；

5. 气温、气候、停水、停电、安全事故停工待料情况记录。

（七）工程技术档案制度

为了给建筑安装工程交工后的合理使用、维护、改建、扩建提供依据，施工企业必须按建设项目及单位工程，建立工程技术档案。它是记载和反映本单位施工、技术、科研等活动的真实历史记录，具有保存价值。包括有：建筑设计图纸；说明书；计算书；施工组织设计；照片；图表；竣工图以及总结和交工验收等材料。

工程技术档案工作的目的是：它是该建设工程活动的产物，又是对该项建设工程进行管理、维修、鉴定、改建、扩建、恢复等工作不可缺少的依据；同时也是分析和考核建筑物价值的依据以及为施工企业现在和未来的施工提供经验。因此，工程技术档案必须和它所反映的建设对象的实物保持一致。

工程技术档案工作的任务是：按照一定的原则和要求，系统地收集汇总工作建设全过程中具有保存价值的技术文件资料，并按归档制度加以整理，以便完工验收后完整地移交给有关技术档案管理部门。

建筑企业工程技术档案的内容有四部分：

第一部分　工程交工验收后交给建设单位保管的工程技术档案，其内容有：

(1) 竣工图和竣工工程项目一览表；

(2) 图纸会审记录、设计变更和技术核定单；

(3) 材料、构件和设备的质量合格证和试验报告单；

(4) 隐蔽工程验收记录；

(5) 工程质量检查评定和质量事故处理记录；

(6) 设备和管线调试、试运转等记录；

(7) 主体结构和重要部位的试件、试块、焊接、材料试验、检查记录；

(8) 施工单位和设计单位提出的建筑物、构筑物、设备使用注意事项方面的文件；

(9) 其他有关该工程的技术决定。

第二部分　由建筑安装施工企业保存，供本单位今后施工参考，内容有：

(1) 施工组织设计及经验总结；

(2) 技术革新建议的试验、采用和改进的记录；

(3) 重大质量、安全事故情况，原因分析及补救措施记录；

(4) 有关重大技术决定；

(5) 施工日记；

(6) 其他施工技术管理的经验总结。

第三部分　大型临时技术档案的保管：

(1) 施工现场总平面布置图、施工图；

(2) 大型临时设施图纸和计算资料。

第四部分　为工程交工验收准备的材料：

如施工执照、测量记录、设计变更洽商记录、材料试验记录（包括出厂证明）、成品和半成品出厂证明检验记录、设备安装及暖卫、电气、通风与空调的试验记录，以及工程检查及验收记录。

工程技术档案是永久性保存文件，应严加管理，不能遗失和损坏。人员调动，必须办理交接手续。由施工单位保存的资料，根据工程性质，确保使用年限。

技术组织措施是指为了完成施工任务，加快施工进度、提高工程质量、降低工程成本，在技术和组织管理上所采取的比较具体、可行的各种手段和方法。它和技术革新不同，技术组织措施是综合已有的技术和组织管理经验与措施，并针对具体工程特点提出推广应用的施工技术措施；而技术革新则强调一个"新"字，其目的在于攻克技术薄弱环节，采用和创新的技术来代替原来陈旧或落后的技术。

第七节 建设工程监理制度

一、建设监理概述

（一）建设监理概念

监理，可以解释为：一个机构和执行者，依据一项准则，对某一行为的有关主体进行监督、检查和评价，并采取组织协调、疏导等方式，促使人们相互密切合作，按行为准则办事，顺利实现群众和个体的价值，更好地达到预期的目的。

建设监理就是对建设活动进行监理，即监理的执行者依据有关法规和技术标准，综合运用法律、经济、行政、技术手段，对工程建设参与者的行为和他们的责、权、利，进行必要的协调和约束，制止盲目性和随意性，确保建设行为的合法性、科学性和经济性，使工程建设投资活动能更好地进行，取得最大的经济效益。

（二）建设监理要点

1. 建设监理的行为主体

《建筑法》规定，实行监理的建设工程，由建设单位委托具有相应资质条件的工程监理单位实施监理，其行为主体是工程监理单位。

2. 建设工程监理实施的前提

《建筑法》规定，建设单位与其委托的工程监理单位应订立建设工程委托监理合同。工程监理单位应根据监理合同和有关建设工程合同的规定实施监理。工程监理单位在委托监理的工程中拥有一定的管理权限，能够开展管理活动，是建设单位授权的结果。

依据法律、法规以及有关建设工程合同，承建单位必须接受工程监理单位对其建设行为进行的监督管理。承建单位接受并配合监理是履行合同的一种行为。

3. 建设工程监理的依据

建设工程监理的依据包括工程建设文件、有关工程建设的法律法规、部门规章和标准、规范，以及建设工程委托监理合同和有关的建设工程合同。

4. 建设工程监理的范围

建设工程监理范围可以分为监理的工程范围和建设阶段范围。

（1）工程范围

《建设工程质量管理条例》对实行强制性监理的工程范围做出了原则性的规定，《建设工程监理范围和规模标准规定》则对实行强制性监理的工程范围做了具体规定。

《建设工程质量管理条例》明确规定了必须实行监理建设的工程有：国家重点建设工程、大中型公用事业工程、成片开发建设的住宅小区工程、利用外国政府或国际组织贷款、援助资金的工程、国家规定必须实行监理的其他工程。

（2）阶段范围

建设工程监理可以适用于工程建设投资决策阶段和实施阶段，但目前主要是建设工程施工阶段。

在施工阶段委托监理，其目的是更有效地发挥监理的规划、控制和协调作用，为在计划目标内完成工程建设提供最好的管理。

（三）建设工程监理的性质

1. 服务性

建设工程监理通过规划、控制与协调，对建设工程的进度、质量、投资、安全等方面进行管理；协助建设单位在计划的目标内将建设工程完成并投入使用。可见，监理人员是用专业知识、技能和经验、信息以及试验、检测手段，为建设单位提供管理服务，因此具有服务性。

建设监理单位只能在授权范围内代表建设单位从事管理工作，它不具有工程建设重大问题的决策权。所以，建设监理不能完全取代建设单位的管理活动。

2. 科学性

工程监理单位应当由组织管理能力强、工程建设经验丰富的人员担任领导，应当有足够数量的监理工程师组成的骨干队伍，应当有健全的管理制度和现代化的管理手段，应当积累足够的技术、经济资料和数据。监理工程师应具备丰富的管理经验和应变能力，掌握先进的管理理论、方法和手段；监理人员有要科学的工作态度和严谨的工作作风，实事求是、创造性的开展工作，因此具有科学性。

3. 独立性

《工程建设监理规定》和《建设工程监理规范》中明确规定，工程监理单位按照"公正、独立、自主"原则开展监理工作。

工程监理单位应当依据有关法律法规、工程建设文件、工程建设技术标准、建设工程委托监理合同、有关的建设工程合同等实施监理；在实施监理的工程中，与承建单位不得有隶属关系和其他利害关系；实施监理时，必须建立独立组织机构，独立地开展工作。

4. 公正性

公正性是监理行业能够长期生存和发展的基本职业道德准则。实施监理时，工程监理单位应当排除各种干扰，客观公正地对待建设单位和承建单位，以事实为依据，以法律和有关合同为准绳，在维护建设单位的权益时，不损害承建单位的合法权益。

（四）建设工程监理的任务

从建设工程监理的概念和工作性质中，建设工程监理单位在委托授权的范围内，代表建设单位对建设工程进行管理和监督，为建设单位提供管理服务。建设工程监理的基本目的是协助建设单位在计划的目标内完成建设工程并投入使用。

建设工程监理的主要任务是：对建设工程实施进度管理、质量管理、成本管理、安全管理、环境管理、有关合同管理、信息管理、沟通管理、采购管理、资源管理、风险管理和项目结束阶段管理，并对建设工程承建单位的建设行为实施有效的控制，确保建设工程的进度、质量、成本、安全等处于受控状态，以实现建设工程监理的目的。

（五）施工项目管理与建设监理的关系

1. 建设监理单位和承建单位之间是监理与被监理的关系。在有总承包单位的情况下，项目经理部是作为分包单位与总承包单位签订合同关系，接受监理单位的监督。在施工现场，施工项目经理部与监理组织没有直接的组织关系，只有围绕工程项目进行接触并共同对施工项目负责。监理工程师按施工单位与业主签订承包合同进行监督，以保证合同履行。

2. 施工项目与监理工程师在工作业务上有密切的关系。在商签合同中，一般是监理单位协助建设单位与承建单位签订承包合同。

在施工准备中，监理工程师的责任是代表业主单位督促承包商完成应负责的准备工作，以便早日开工。当准备工作完成后，协助建设单位与承建单位编写开工报告书，并下达开工令。

在施工期间，业主与施工单位之间不直接打交道，而监理单位根据业主授予的权利开展工作。

3. 监理单位与施工单位双方是平等的法人组织，在工程项目管理中相互协作。监理单位在业务上既严格监督施工单位，又积极维护其合法权益。

二、建设工程监理机构及人员的有关规定

（一）项目监理机构有关规定

1. 监理单位履行施工阶段的委托监理合同时，必须在施工现场建立项目监理机构。项目监理机构在完成委托监理合同约定的监理工作后可撤离施工现场。

2. 项目监理机构和组织形式和规模，应根据委托监理合同规定的服务内容、服务期限、工程类别、工程规模、技术复杂程序、工程环境等因素确定。

3. 监理人员应包括总监理工程师、专业工程师和监理员，必要时可配备总监理工程师代表。

总监理工程师应由具有三年以上同类工程监理工作经验的人员担任；总监理工程师代表应由具有二年以上同类工程监理工作经验的人员担任；专业监理工程师应由具有一年以上同类工程监理工作经验的人员担任。

4. 监理单位应在委托监理合同签订十天内将项目监理机构的组织形式、人员构成及对总监理工程师的任命书通知建设单位。当总监理工程师需要调整时，监理单位应征得建设单位同意并书面通知建设单位；当专业监理工程师需要调整时，总监理工程师应书面通知建设单位和承包单位。

（二）项目监理人员工作职责

1. 总工程师主要职责

（1）确定项目监理机构人员的分工和岗位职责；

（2）主持编写项目监理规划、审批项目监理实施细则，并负责管理项目监理机构的日常工作；

（3）审查分包单位的资质，并提出审查意见；

（4）检查和监督监理人员的工作，根据工程项目的进展情况进行监理人员调配，对不称职的监理人员应调换其工作；

（5）主持监理工作会议，签发项目监理机构的文件和命令；

（6）审定承包单位提交的开工报告、施工组织设计、技术方案、进度计划；审查和处理工程变更；审核签署承包单位的申请、支付证书和竣工结算；

（7）主持或参与工程质量事故的调查；

（8）调解建设单位和承包单位的合同争议、处理索赔、审批工程延期；

（9）审核签认分部分项工程和单位工程的质量检验评定资料，审查承包单位的竣工申请，组织监理人员对验收的工程项目进行质量检查，参与工程项目的竣工验收；

（10）组织编写并签发监理月报、监理工作阶段报告、专题报告和项目监理工作总结；

主持整理工程项目的监理资料。

2. 总监理工程师代表主要职责

（1）负责总监理工程师指定或交办的监理工作；

（2）按总监理工程师的授权，行使总监理工程师的部分职责和权力。

总监理工程师不得将下列工作委托总监理工程师代表：

（1）主持编写项目监理规划、审批项目监理实施细则；

（2）签发工程开工/复工报审表、工程暂停令、工程款支付证书、工程竣工报告单；

（3）审核签订竣工结算；

（4）调解建设单位和承包单位的合同争议、处理索赔、审批工程延期；

（5）根据工程项目的进展情况进行监理人员的调配，调换不称职的监理人员。

3. 专业监理工程师主要职责

（1）负责编制本专业的监理实施细则；

（2）负责本专业监理工作的具体实施；

（3）组织、指导、检查和监督本专业监理员的工作，当人员需要调整时，向总监理工程师提出建议；

（4）审查承包单位提交的涉及本专业的计划、方案、申请、变更，向总监理工程师提出报告；

（5）负责本专业分项工程验收及隐蔽工程验收；

（6）定期向总监理工程师提交本专业监理工作实施情况报告，对重大问题及时向总监理工程师汇报和请示；

（7）根据本专业监理工作实施情况做好监理日记；

（8）负责本专业监理资料的收集、汇总及整理，参与编写监理月报；

（9）核查进场材料、设备、构配件原始凭证、检测报告等质量证明文件及其质量情况，根据实际情况认为有必要时对进场材料、设备、构配件进行平行检验，合格时予以签认；

（10）负责本专业的工程计量工作，审核工程计量的数据和原始凭证。

4. 监理员主要职责

（1）在专业监理工程师的指导下开展现场监理工作；

（2）检查承包单位投入工程项目的人力、材料、主要设备及其使用、运行状况，并做好检查记录；

（3）复核或从施工现场直接获取工程计量的有关数据并签署原始凭证；

（4）按设计图及有关标准，对承包单位的工艺过程或施工工序进行检查和记录，对加工制作及工序施工质量检查结果进行记录；

（5）担任旁站工作，发现问题及时指出并向专业监理工程师报告；

（6）做好监理日记和有关监理记录。

（三）施工阶段监理工作

1. 监理工作程序的有关规定

（1）制定监理工作总程序应根据专业工程特点，并按工作内容分别制定具体的监理工作程序。

（2）制定监理工作程序应体现事前控制和主动控制的要求；

（3）制定监理工作程序应结合工程项目的特点，注重监理工作的效果。监理工作程序中应明确工作内容、行为主体、考核标准及工作时限。

（4）当涉及建设单位和承包单位的工作时，监理工作程序应符合委托监理合同和施工合同的规定。

（5）在监理工作实施过程中，应根据实际情况的变化对监理工作程序进行行调整和完善。

2. 施工准备阶段的监理工作

（1）在设计交底前，总监理工程师应组织监理人员熟悉设计文件，对图纸中存在的问题通过建设单位向设计单位提出书面意见和建议。

（2）项目监理人员应参加由建设单位组织的设计技术交底会，总监理工程师应对设计技术交底会议纪要进行签认。

（3）工程项目开工前，总监理工程师应组织专业监理工程师审查承包单位报送的施工组织设计（方案）报审表，提出审查意见，并经总监理工程师审核、签认后报建设单位。

（4）工程项目开工前，总监理工程师应审查承包单位现场项目管理机构的质量管理体系、技术管理体系、质量保证体系，确保工程项目施工质量。

（5）分包工程开工前，专业监理工程师应审查承包单位报送的分包单位资格报审表和分包单位有关资质资料，符合有关规定后，由总监理工程师予以签认。

（6）专业监理工程师应按以下要求对承包单位报送的施工测量结果及保护措施进行检查，符合要求时，专业监理工程师对承包单位报送的施工测量成果报验申请表予以签认。

（7）专业监理工程师应审查承包单位报送的工程开工报审表及相关资料，具备开工条件时，由总监理工程师签发，并报建设单位。

（8）工程项目开工前，监理人员应参加由建设单位主持召开的第一次工地会议。

3. 工地例会

（1）在施工过程中，总监理工程师应定期召开工地例会。会议纪要应由项目监理机构负责起草，并经与会各方代表会签。

（2）总监理工程师或专业监理工程师应根据需要及时组织专题会议，解决施工过程中的各种专项问题。

4. 工程质量控制工作

（1）在施工过程中，当承包单位对已批准的施工组织设计进行调整、补充或变动时，应经专业监理工程师审查，并应总监理工程师签认。

（2）专业监理工程师应要求承包单位报送重点部位、关键工序的施工工艺和确保工程质量的措施，审核同意予以签认；当承包单位采用新材料、新工艺、新设备时，专业监理工程师应要求承包单位报送相应的施工工艺措施和证明材料，组织专题论证，经审定后予以签认。

（3）专业监理工程师应从以下几方面对承包单位的试验室进行考核：试验室的资质等级及其试验范围；法定计量部门对试验设备出具的计量检定证明；试验室的管理制度；试验人员的资格证书；本工程的试验项目及其要求。

（4）专业监理工程师应对承包单位报送的拟进场材料、构配件和设备的工程材料/构配件/设备报审表及其质量证明资料进行审核，并对进场的实物按照委托监理合同约定或有关工程质量管理文件规定的比例采用平行检验或见证取样方式进行抽检。

对未经监理人员验收或验收不合格的工程材料、构配件、设备，监理人员应拒绝签认。并应签发监理工程师通知单，书面通知承包单位限期将不合格的工程材料、构配件、设备撤场。

（5）项目监理机构应对承包单位在施工过程中报送的施工测量放线成果进行复验和确认，定期检查承包单位的直接影响工程质量的计量设备的技术状况。

（6）总监理工程师应安排监理人员对施工过程进行巡视和检查，对隐蔽工程的隐蔽过程、下道工序施工完成后难以检查的重点部位，专业监理工程师应安排监员进行旁站。

（7）专业监理工程师应根据承包单位报送的隐蔽工程报验申请表和自检结果进行现场检查，符合要求予以签认。

对未经监理人员验收或验收不合格的工序，监理人员应拒绝签认，并要求承包单位严禁进行下一道工序的施工。

（8）专业监理工程师应对承包单位报送的分项工程质量评验资料进行审核，符合要求后予以签认；总监理工程师应组织监理人员对承包单位报送的分部工程和单位工程质量验评资料进行审核和现场检查，符合要求后予以签认。

（9）对施工过程中出现的质量缺陷，专业监理工程师应及时下达监理工程师通知，要求承包单位整改，并检查整改结果；监理人员发现重大质量隐患，可能造成质量事故或已造成质量事故，应通过总监理工程师及时下达工程暂停令，要求承包单位停工整改。整改后经监理人员复查，符合规定要求后，总监理工程师及时签署工程复工报审表。

（10）对需要返工处理或加固补强的质量事故，总监理工程师应责令承包单位报送质量事故调查报告和经设计单位等有关单位认可的处理方案，项目监理机构应对质量事故的处理过程和处理结果进行跟踪检查和验收。

总监理工程师应及时向建设单位及本监理单位提交有关质量事故的书面报告，并应将完整的质量事故处理记录整理归档。

5. 工程造价控制工作

（1）项目监理机构应按下列程序进行工程计量和工程款支付工作；承包单位统计经专业监理工程师质量验收合格的工程量，按施工合同的约定填报工程量清单和工程款支付申请表；专业监理工程师进行现场计量，按施工合同审核工程量清单和工程款支付申请表，并报总监理工程师审定；总监理工程师签署工程款支付证书，并报建设单位。

（2）项目监理机构应按下列程序进行竣工结算

承包单位按施工合同规定填报竣工结算报表；专业监理工程师审核承包单位报送的竣工结算报表；总监理工程师审定竣工结算报表，与建设单位、承包单位协商一致后，签发竣工结算文件和最终的工程款支付证书报建设单位。

（3）项目监理机构应依据施工合同有关条款、施工图，对工程项目造价目标进行风险分析，并应制定防范性对策。

（4）总监理工程师应从造价、项目的功能要求、质量和工期等方面审查工程变更的方案，并宜在工程变更实施前与建设单位、承包单位协商确定工程变更的价款。

（5）项目监理机构应按施工合同约定的工程量计算规则和支付条款进行工程量计量和

工程款支付。

（6）专业监理工程师应及时建立月完成工程量和工程量统计表，对实际完成量与计划完成量进行比较、分析，制定调整措施，并应在监理月报中向建设单位报告。

（7）专业监理工程师应及时收集、整理有关的施工和监理资料，为处理费用索赔提供证据。

（8）项目监理机构应及时按施工合同有关规定进行竣工结算，并应对竣工结算的价款总额与建设单位和承包单位进行协商。当无法协商一致时，应按"建设工程监理规范"中"合同争议的调解"的规定进行处理。

（9）未经监理人员质量验收合格的工程量，或不符合施工合同规定的工程量，监理人员应拒绝计量该部分工程款支付申请。

6. 工程进度控制工作

（1）项目监理机构应按下列程序进行工程进度控制：

总监理工程师审批承包单位报送的施工总进度计划；总监理工程师审批承包单位编制的年、季、月度施工进度计划；专业监理工程师对进度计划实施情况进行检查、分析；当实际进度与计划进度相符时，编制下一期进度计划，如滞后，就书面通知承包单位采取纠偏措施并监督实施。

（2）专业监理工程师依据施工合同条款、施工图及经过批准的施工组织设计制定进度控制方案，对进度目标进行风险分析，制定防范性对策，经总监理工程师审定后报送建设单位。

（3）专业监理工程师应检查进度计划的实施，并记录实际进度及相关情况，当发现实际进度滞后计划进度时，应签发通知单指令承包单位采取措施。

（4）总监理工程师应在监理月中向建设单位报告工程进度和所采取的进度控制措施的执行情况，并提出合理预防由建设单位原因导致的工程延期及其相关费用索赔的建议。

7. 竣工验收

（1）总监理工程师应组织专业监理工程师，依据有关法律法规、工程建设强制性标准、设计文件及施工合同，对承包单位报送的竣工资料进行审查，并对工程质量进行竣工预验收。对存在的问题，应及时要求承包单位整改。整改后由总监理工程师签署工程竣工报验单，并在此基础上提出工程质量评估报告。

（2）项目监理机构应参加由建设单位组织的竣工验收，并提供相关监理资料。对验收中提出的整改问题，项目监理机构应要求承包单位进行整改。工程质量符合要求，由总监理工程师会同参加验收和各方签署竣工验收报告。

8. 工程质量保修期的监理工作

（1）监理单位应依据委托监理合同约定的工程质量保修期监理工作的时间、范围和内容开展工作。

（2）承担质量保修期监理工作时，监理单位应安排监理人员对建设单位提出的工程质量缺陷进行检查和记录，对承包单位进行修复的工程质量进行验收，合格后予以签认。

（3）监理人员应对工程质量缺陷原因进行调查分析，并确定责任归属。对非承包单位原因造成的工程质量缺陷，监理人员应核实修复工程的费用和签署工程款支付证书，并报建设单位。

本 章 小 结

本章主要介绍了施工企业的各项管理工作，包括施工进度管理、施工成本管理、质量管理、技术管理、安全管理以及建设监理等内容，通过对本章内容的学习，了解和掌握各种管理的概念、性质、内容、依据；充分认识到做好施工过程中的各项管理工作的重要性，它是提高施工企业的社会信誉及生产经营水平、实现施工过程顺利进行的根本保证；同时，了解实行建设监理制度的重要意义，了解施工项目管理同建设监理的关系，掌握我国建设监理制度。

复 习 思 考 题

1. 施工管理的主要内容有哪些？应做好哪些准备工作？
2. 简述施工准备工作的意义及主要内容？
3. 施工现场准备包括哪些内容？什么叫做"三通一平"？
4. 在市场经济条件下，建筑安装企业计划管理的意义是什么？任务是什么？
5. 考核建筑安装企业的主要经济技术指标有哪几项？各项指标的具体内容是什么？
6. 如何编制好施工作业计划？编制施工作业计划有哪些原则和依据？
7. 施工任务书有哪些内容？其作用是什么？
8. 施工任务书必须具备哪些条件方能签发？如何做好施工任务书的管理工作？
9. 班组进行经济核算的内容和方法？
10. 建筑安装企业技术管理的主要任务是什么？有哪些主要内容？
11. 我国现行的建筑安装技术规范和标准主要有哪些？它们各起什么作用？
12. 为什么要进行技术交底？怎样做好技术交底工作？
13. 什么是质量管理？为什么要进行全面质量管理？它的目的和任务是什么？
14. 全面质量管理的主要工作内容有哪些？
15. 质量管理的 PDCA 四个阶段中各自任务是什么？PDCA 循环有何特点？
16. 工程质量的检查内容主要包括哪些？
17. 试述质量评定的程序和评级方法？
18. 交工验收应具备哪些条件？应有哪些主要依据和标准？
19. 安全管理的范围包括哪三个方面？各自侧重的内容有哪些？
20. 安全管理中，要坚持哪六项基本原则？
21. 如何落实安全责任、实施责任管理？
22. 什么是项目管理和建设项目管理？二者有何区别？
23. 施工项目管理包括哪些内容？
24. 施工现场管理的主要内容有哪些？
25. 什么是监理和建设监理？
26. 什么是政府监理？政府监理有哪些性质？政府监理机构及职责是什么？
27. 什么是社会监理？社会监理有哪些性质？
28. 社会监理的主要业务内容有哪些？
29. 施工项目管理与建设监理的关系是什么？

第四章 流水施工组织

第一节 流水施工基本原理

任何一个建筑安装工程都是由许多施工过程组成的，而每一个施工过程都可以组织一个或多个施工班组来进行施工。如何组织各施工班组的先后顺序或平行搭接施工，是组织施工的关键。

生产实践证明，在所有的生产领域中，流水作业法是组织生产的一种理想方法，它是建立在分工协作的基础之上。但是，由于建筑产品及其生产的特点不同，流水施工的概念、特点、效果与其他产品的流水作业也不尽相同。

一、建筑安装工程施工组织方式

在组织多幢房屋或将一幢房屋分成若干个施工区段以及多台设备同时安装进行施工的时候，可采用依次施工、平行施工和流水施工三种组织方式。这三种施工组织方式的概念、特点分述如下：

（一）依次施工

依次施工也称顺序施工，就是按照施工组织先后顺序或施工对象工艺先后以及一台设备施工过程的先后顺序，由施工班组一个施工过程接一个施工过程连续进行施工的一种方式。它是一种最原始、最古老的作业方式，也是最基本的作业方式，它是由生产的客观情况决定的。任何施工生产都必须按照客观要求的顺序，有步骤地进行。没有前一施工过程创造的条件，后面的施工过程就无法继续进行。依次施工通常有两种安排方式：

1. 按设备（或施工段）依次施工

这种方式是在一台设备各施工过程完成后，再依次完成其他设备各施工过程的组织方式。例如：4台型号、规格完全相同的设备需要安装。每台设备可划分为二次搬运、现场组对、安装就位和调试运行4个施工过程。每个施工过程所需班组人数和工作持续时间为：二次搬运10人4天；现场组对8人4天；安装就位10人4天；调试运行5人4天。其施工进度安排如图4-1所示。图4-1中进度表下面的曲线称为劳动力消耗曲线，其纵坐标为每天施工人数，横坐标为施工进度（天）。

若用 t_i 表示完成一台设备某施工过程所需工作持续时间，则完成该台设备各施工过程所需时间为 $\sum t_i$，则完成 M 台设备所需时间为：

$$T = M \cdot \sum t_i \tag{4-1}$$

2. 按施工过程依次施工

这种方式是在完成每台设备的第一个施工过程后，再开始第二个施工过程的施工，直至完成最后一个施工过程的组织方式。仍按前例，其施工进度安装如图4-2所示。这种方式完成 M 台设备所需时间与前一种相同，但每天所需的劳动力消耗不同。

从图 4-1 和图 4-2 中可以看出：依次施工的最大优点是每天投入劳动力较少，机具、设备和材料供应单一，施工现场管理简单，便于组织和安排。当工程规模较小时，施工工作面又有限时，依次施工是适用的，也是常见的。

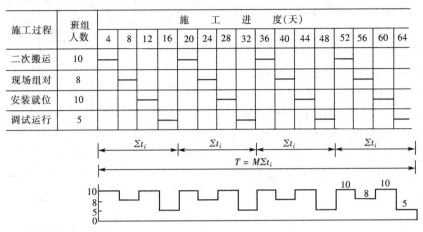

图 4-1 按设备（或施工段）依次施工

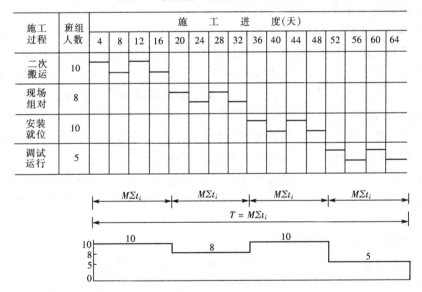

图 4-2 按施工过程依次施工

依次施工的缺点也很明显：按设备依次施工虽然能较早地完成一台设备的安装任务，但各班组施工及材料供应无法保持连续和均衡，工人有窝工现象。按施工过程依次施工时，各班组虽然能连续施工，但不能充分利用工作面，完成每台设备的时间较长。由此可见，采用依次施工工期较长，不能充分利用时间和空间，在组织安排上不尽合理，效率较低，不利于提高工程质量和提高劳动生产率。

（二）平行施工

平行施工是指所有工程对象同时开工，同时竣工。在施工中，同工种的 M 班组同时在各个施工段上进行着相同的施工过程。按前例的条件，其施工进度安排和劳动力消耗曲线如图 4-3 所示。

从图 4-3 可知，完成 4 台设备所需时间等于完成一台设备的时间，即：

$$T = \sum t_i \qquad (4-2)$$

平行施工的优点是能充分利用工作面，施工工期最短。但由于施工班组数成倍增加，机具设备、材料供应集中，临时设施相应增加，施工现场的组织管理比较复杂，各施工班组完成施工任务后，可能出现窝工现象，不能连续施工。平行施工一般适用于工期较紧、大规模建筑群及分期分批组织施工的工程任务。这种施工只有在各方面的资源供应有保障的前提下，才是合理的。

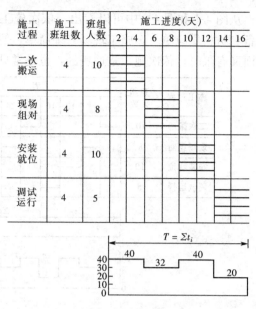

图 4-3　平行施工

（三）流水施工

流水施工是将安装工程划分为工程量相等或大致相等的若干个施工段，然后根据施工工艺的要求将各施工段上的工作划分成若干个施工过程，组建相应专业的施工队组（班组），相邻两个施工队组按施工顺序相继投入施工，在开工时间上最大限度地、合理地搭接起来的施工组织方式。每个专业队组完成一个施工段上的施工任务后，依次地连续地进入下一个施工段，完成相同的施工任务，保证施工在时间上和空间上有节奏地、均衡地、连续地进行下去。

图 4-4 为前例采用流水施工的进度安排和劳动力消耗曲线。从图 4-4 中可以看出流水施工所需总时间比依次施工短，各施工过程投入的劳动力比平行施工少，各施工班组能连续地、均衡地施工，前后施工过程尽可能平行搭接施工，比较充分地利用了工作面。它吸收了依次施工和平行施工的优点，克服了两者的缺点。它是在依次施工和平行施工的基础上产生的，是一种以分工为基础的协作。

二、流水施工的技术经济效果

流水施工是在依次施工和平行施工的基础上产生的，它既克服了依次施工、平行施工的缺点，又具有它们两者的优点，流水施工是一种先进的、科学的施工组织方式，其显著的技术、经济效果，可以归纳为以下几点：

1. 施工工期短，能早日发挥基本建设投资效益

流水施工能够合理地、充分地利用施工工作面，加快工程进度，从而有利于缩短工期，可使拟建工程项目尽早竣工，交付使用或投产，发挥工程效益和社会效益。

2. 提高工人的技术水平，提高劳动生产率

流水施工使施工队组实现了专业化生产。工人连续作业，操作熟练，有利于不断改进操作方法和机具，有利于技术革新和技术革命，从而使工人的技术水平和生产率不断提高。

3. 提高工程质量，延长建筑安装产品的使用寿命

由于实现了专业化生产，工人技术水平高，各专业队之间搭接作业，互相监督，可提

高工程质量，延长使用寿命，减少使用过程中的维修费用。

4. 有利于机械设备的充分利用和提高劳动力的生产效率

各专业队组按预定时间完成各个施工段上的任务。施工组织合理，没有频繁调动的窝工现象。在有节奏的、连续的流水施工中，施工机械和劳动力的生产效率都得以充分发挥。

5. 降低工程成本，提高经济效益

流水施工资源消耗均衡，便于组织供应，储存合理、利用充分，减少不必要的损耗，减少高峰期的人数，减少临时设施费和施工管理费。降低工程成本，提高施工企业的经济效益。

三、组织流水施工的条件与步骤

（一）组织流水施工的条件

1. 划分分部分项工程

首先将拟建工程，根据工程特点及施工要求，划分为若干个分部工程；其次按照工艺要求、工程量大小和施工队组的情况，将各分部工程划分为若干个施工过程（即分项工程）。

2. 划分工程量（或劳动量）相等或大致相等的若干个施工空间（区段）

根据组织流水施工的需要，将拟建工程在平面上或空间上，划分为工程量大致相等的若干个施工段。

3. 各个施工过程组织独立的施工队组进行施工

在一个流水施工中，每个施工过程尽可能组织独立的施工队组，其形式可以是专业队组，也可以是混合队组。这样可使每个施工队组按施工顺序，依次地、连续地、均衡地从一个施工段转移到另一个施工段进行相同的操作。

4. 安排主要施工过程进行连续、均衡地施工

对工程量较大、施工时间较长的施工过程，必须组织连续、均衡施工；对其他次要施工过程，可考虑与相邻的施工过程合并。如不能合并，为缩短工期，可安排间断施工。

5. 不同的施工过程按施工工艺要求，尽可能组织平行搭接施工。

根据施工顺序，不同的施工过程，在有工作面的条件下，除必要的技术和组织间歇时间外，应尽可能组织平行搭接施工。

（二）组织流水施工步骤

（1）选择流水施工的工程对象，划分施工段；

（2）划分施工过程，组建专业队组；

（3）确定安装工程的先后顺序；

（4）计算流水施工参数；

（5）绘制施工进度图表。

四、流水施工的分级和表达形式

（一）流水施工的分级

根据流水施工的组织范围划分，流水施工通常可分为：

1. 分项工程流水施工

分项工程流水施工也称为细部流水施工。它是指组织一个施工过程的流水施工，是组

织工程流水施工中范围最小的流水施工。

2. 分部工程流水施工

分部工程流水施工也称为专业流水施工。它是一个分部工程内各施工过程流水的工艺组合，是组织单位工程流水施工的基础。

3. 单位工程流水施工

单位工程流水施工也称为综合流水施工，它是分部工程流水的扩大的组合，是建立在分部工程流水的基础上的。

4. 群体工程流水施工

群体工程流水施工也称为大流水施工，它是单位工程流水施工的扩大，是建立在单位工程流水施工的基础之上的。

（二）流水施工的表达形式

1. 横道图

流水施工常用横道图表示，如图 4-4 所示。其左边列出各施工过程的名称及班组人数，右边用水平线段在时间坐标下画出施工进度。

2. 斜线图

图 4-5 为图 4-4 所示流水施工的斜线图表达形式，这与横道图表达的内容是一致的。在斜线图中，左边列出各施工段，右边用斜线在时间坐标下画出施工进度，每条斜线表示一个施工过程。

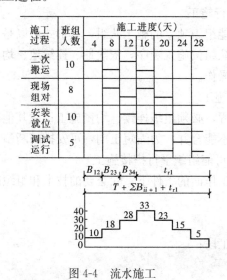

图 4-4　流水施工　　　　　　　图 4-5　流水施工斜线图

3. 网络图

网络图的表达方式，详见第五章。

第二节　流水施工的基本参数

流水施工是在研究工程特点和施工条件的基础上，通过一系列的参数的计算来实现的。流水施工的主要参数，按其性质不同，可以分为空间参数、工艺参数和时间参数三种。

一、空间参数

空间参数就是以表达流水施工在空间布置上所处状态的参数。空间参数主要有施工段和工作面两种。

（一）工作面 A（工作前线 L）

工作面是指供给专业工人或机械进行作业的活动空间，也称为工作前线。根据施工过程不同，它可以用不同的计量单位表示。例如管、线安装按延长米（m）计量，机电设备安装按平方米（m^2）等计量。施工对象工作面的大小，表明安置作业的人数或机械台数的多少。每个作业的人或每台机械所需工作面的大小是根据相应工种单位时间内的产量定额、建筑安装操作规程和安全规程等的要求来确定的。通常前一施工过程结束，就为后一施工过程提供了工作面。工作面确定的合理与否，将直接影响到专业队组的生产效率。因此，必须满足其合理工作面的规定。有关工种的工作面参见《建筑施工手册》。

（二）施工段 m

在组织流水施工时，通常把施工对象在平面上或空间上划分成若干个劳动量大致相等的区段，称为施工段。一般用 m 表示施工段的数目。

划分施工段的目的是为了组织流水施工。在保证工程质量的前提下，为专业工作队确定合理的空间或平面活动范围，使其按流水施工的原理，集中人力、物力，迅速地、依次地、连续地完成各施工段的任务，为相邻专业工作队尽早地提供工作面，达到缩短工期的目的。避免出现等待、停歇现象，互不干扰。一般情况下，一个施工段在同一时间内，只能容纳一个专业班组施工。

施工段的划分，在不同的分部工程中，可以采用相同或不同的划分方法。在一般情况下，同一分部工程中，最好采用统一段数。为了使施工段划分得更科学、合理，通常应遵循以下原则：

（1）各施工段的工程量（或劳动量）要大致相等，其相差幅度不宜超过 10%～15%，以保证各施工队组连续、均衡地施工。

（2）施工段的划分界限应与施工对象的结构界限或空间位置（单台设备、生产线、车间、管线单元体系等）相一致，以保证施工质量和不违反操作规程要求为前提。

（3）各施工段应有足够的工作面，以利于达到较高的劳动生产率。

（4）施工段的数目要满足合理流水施工组织的要求。施工段数目过多，会减慢施工速度，延长工期；施工段过少，不利于充分利用工作面。施工段数 m 与各施工段的施工过程数 n 满足：$m \geqslant n$。

二、工艺参数

工艺参数是指在组织流水施工时，用以表达流水施工在施工工艺上开展顺序及其特征的参数；也就是将拟建工程项目的整个建造过程分解为施工过程的种类、性质和数目的总称。通常，工艺参数包括施工过程数和流水强度两种。

（一）施工过程数 n

施工过程是对建筑安装施工从开工到竣工整个建造过程的统称。组织流水施工时，首先应将施工对象划分为若干个施工过程。施工过程所包含的施工内容可繁可简。可以是单项工程、单位工程，也可以是分部工程、分项工程。在指导单位工程流水施工时，一般施工过程指分项工程，其名称和工作内容与现行的有关定额相一致。施工过程划分的数目多少、粗细程度一般与下列因素有关：

1. 施工进度计划的性质和作用

对工程施工控制性计划、长期计划，其施工过程划分粗些，综合性大些，一般划分至单位工程或分部工程。对中小型单位工程进度计划、短期计划，其施工过程可划分得细些、具体些。例如：安装一台设备可作为一个施工过程，也可以划分为二次搬运、现场组装、安装就位和调试运行四个施工过程。其中二次搬运还可以分成搬运机械设备、仓库检验、吊装、平面运输、卸车等施工过程。

2. 施工方案及工程结构

施工方案及工程结构的不同，施工过程的划分也不同。如安装高塔设备，采用空中组对焊接或地面组焊整体吊装的施工方法不同，施工过程的先后顺序、数目和内容也不同。

3. 劳动组织及劳动量大小

施工过程的划分与施工队组及施工习惯有关。如除锈、刷漆施工，可合也可分，因有些班组是混合班组，有些班组是单一工种班组，凡是同一时期由同一施工队进行施工的施工过程可能合并在一起，否则就应分列。如设备的二次搬运，虽有几个施工过程，但都在同一时期，并且都由起重、搬运队组来进行的，就可以合并为一个施工过程。进行塔罐设备的现场组对，如果涉及焊接、保温、油漆等施工过程，而这些施工过程分别由不同的施工队组来完成时，应该把这些施工过程分别列出，以便在施工组织中真实地反映这些专业队组之间的搭接关系。施工过程的划分还与劳动量的大小有关。劳动量小的施工过程，组织流水施工有困难，可与其他施工过程合并。这样可使各个施工过程的劳动量大致相等，便于组织流水施工。

4. 劳动内容和范围

施工过程的划分与其劳动内容和范围有关。如直接在施工现场的工程对象上进行的劳动过程，可以划入流水施工过程，如安装砌筑类施工过程；而场外劳动内容，如预制加工、运输等，可以不划入流水施工过程。一般小型设备安装，施工过程 n 可限 5 个左右，没有必要把施工过程分得太细、太多，给计算增添麻烦，使施工班组不便组织；也不能太少、过粗，那样将过于笼统，失去指导作用。施工过程数 n 与施工段数 m 是互相联系的，也是相互制约的，决定时应统筹考虑。

（二）流水强度

流水强度又称流水能力与生产能力。它表示某一施工过程在单位时间内所完成的工程量。它主要与选择的机械或参加作业的人数有关。

1. 机械施工过程的流水强度

$$V_i = \sum_{j=1}^{x} R_{ij} \cdot S_{ij} (i = 1, 2, 3, \cdots, n) \tag{4-3}$$

式中　R_{ij}——投入施工过程 i 的某种施工机械台数；

　　　S_{ij}——投入施工过程 i 的某种施工机械产量定额；

　　　　x——投入施工过程 i 的施工机械种类数。

2. 人工施工过程的流水强度

$$V_i = R_i \cdot S_i \tag{4-4}$$

式中　　R_i——投入施工过程 i 的专业工作队工人数（应小于工作面上允许容纳的最多人数）；

　　　　S_i——投入施工过程 i 的专业工作队平均产量定额（每个工人每班产量定额）。

已知施工过程的工程量和流水强度就可以计算施工过程的持续时间；或者已知施工过程的工程量和计划完成的时间，就可以计算出流水强度，为参加流水施工的施工队组装备施工机械和配备工人人数提供依据。

【例 4-1】　某安装工程，有运输工程量 27200t·km。施工组织时，按四个施工段组织流水施工，每个施工段的运输工程量大致相等。使用解放牌汽车、黄河牌汽车和平板拖车 10 天内完成每一施工段上的二次搬运任务。已知解放牌汽车、黄河牌汽车及平板拖车的台班生产率分别为 $S_1 = 40t·km$，$S_2 = 64t·km$，$S_3 = 240t·km$，并已知该施工单位有黄河牌汽车 5 台、平板拖车 1 台可用于施工，问尚需解放牌汽车多少台？

【解】　因为此工程划分为四个施工段组织流水施工，每一段上的运输工程量为：

$$Q = 27200/4 = 6800t·km$$

流水强度为　　　　　　　　$V = 6800/10 = 680 \ t·km/d$

设需要用解放牌汽车 R_1 台，则：

$$V_i = \sum_{i=1}^{x} R_i·S_i = R_1·S_1 + R_2·S_2 + R_3·S_3$$

$$680 = R_1 \times 40 + 5 \times 64 + 1 \times 240$$

$$R_1 = 3 \ 台$$

所以，根据以上施工组织，该施工单位尚需配备 3 台解放牌汽车。

三、时间参数

时间参数是流水施工中反映施工过程在时间排列上所处状态的参数，一般有流水节拍、流水步距、平行搭接时间、工艺间歇时间、组织间歇时间和工期等。

1. 流水节拍

流水节拍是指从事某一施工过程的施工班组在一个施工段上完成施工任务所需的时间，用符号 K_i 来表示（$i = 1, 2, \cdots, n$）。流水节拍的大小直接关系着投入劳动力、机械和材料的多少，决定着施工速度和节奏。因此，合理确定流水节拍，对组织流水施工具有十分重要的意义。

（1）影响流水节拍的大小的主要因素：

1）任何施工，对操作人数组合都有一定限制。流水节拍大时，所需专业队（组）人数要少，但操作人数不能小于工序组合的最少人数。

2）每个施工段为各施工过程提供的工作面是有限的。当流水节拍小时，所需专业队（组）人数要多，而专业队组的人数多少是受工作面限制的，所以流水节拍确定，要考虑各专业队组有一定操作面，以便充分发挥专业队组的劳动效率。

3）在建筑安装工程中，有些施工工艺受技术与组织间歇时间的限制。如混凝土、砂浆层施工需要养护，增加强度所需停顿时间，称为技术间歇时间。再如室外地沟挖土和管道安装，放线、测量所需停顿的时间，称为组织间歇时间。因此，流水节拍的长短与技术、组织间歇时间有关。

4）材料、构件的储存与供应，施工机械的运输与起重能力等，均对流水节拍有影响。

5）确定一个分部工程各施工过程的流水节拍时，首先应考虑主要的、工程量大的施工过程的节拍，其次确定其他施工过程的节拍值。

6）节拍一般取整数，必要时可保留 0.5 天的（台班）的小数值。

总之，确定流水节拍是一项复杂工作，它与施工段数、专业队数、工期时间等因素有关，在这些因素中，应全面综合、权衡，以解决主要矛盾为中心，力求确定一个较为合理的流水节拍。

（2）流水节拍的计算方法：

$$K_i = P_i / (R_i \cdot b) = Q_i / (S_i \cdot R_i \cdot b) \tag{4-5}$$

或

$$K_i = P_i / (R_i \cdot b) = Q_i \cdot H_i / (R_i \cdot b) \tag{4-6}$$

式中 K_i——某施工过程的流水节拍；

P_i——在一个施工阶段上完成某施工过程所需的劳动量（工日数）或机械台班量（台班数）；

R_i——某施工过程的施工班组人数或机械台数；

b——每天工作班数；

Q_i——某施工过程在某施工段上的工程量；

S_i——某施工过程的每工日（或每台班）产量定额；

H_i——某施工过程采用的时间定额。

式（4-5）、式（4-6）是根据工地现有施工班组人数或机械台数以及能够达到的定额水平来确定流水节拍的，在工期规定的情况下，也可以根据工期要求先确定流水节拍，然后应用式（4-5）和式（4-6）求出所需的施工班组人数或机械台数。显然，在一个施工段上工程量不变的情况下，流水节拍越小，则所需施工班组人数和机械台数就越多。

在确定施工队班组人数或机械台数时，必须检查劳动力、机械和材料供应的可能性，必须核实工作面是否足够等。如果工期紧，大型施工机械或工作面受限时，就应考虑增加工作班次。即由一班工作改为两班或三班工作，以解决机械和工作面的有效利用问题。

2. 流水步距

流水步距是指两个相邻的施工过程（或施工队组）先后进入同一施工段施工的时间间隔。一般以 $B_{i,i+1}$ 表示。它是流水施工的基本参数之一，流水步距的大小，对工期有着较大的影响。在施工段不变的条件下，流水步距越大，工期越长；流水步距越小，工期越短。流水步距与前后两个相邻施工段的流水节拍的大小、施工工艺技术要求、是否有工艺和组织间歇时间、施工段数、流水施工组织方式等有关。确定流水步距的原则如下：

（1）流水步距要满足相邻两个专业工作队在施工顺序上的相互制约关系；

（2）流水步距要保证各个专业工作队能连续施工；

（3）流水步距要保证相邻两个专业工作队在开工时间上最大限度地、合理地搭接；

（4）流水步距的确定要保证工程质量，满足安全生产。

确定流水步距的方法如下：

（1）根据专业工作队在各施工段上的流水节拍，求累加数列；

（2）根据施工顺序，对所求相邻的两累加数列，错位相减；

（3）根据错位相减的结果，确定相邻专业工作队之间的流水步距，即相减结果中数值最大者。

【**例 4-2**】　某项目由四个施工过程组成，分别由四个专业工作队完成，在平面上划分成四个施工段，每个专业工作队在各施工段上的流水节拍如表 4-1 所示。试确定相邻专业工作队之间的流水步距。

各施工段上的流水节拍　　　　　　　　　　　表 4-1

施工段 工作队	①	②	③	④	施工段 工作队	①	②	③	④
A	4	2	3	2	C	3	2	2	3
B	3	4	3	4	D	2	2	1	2

【**解**】

（1）求各专业工作队的累加数列　　A：4，6，9，11

　　　　　　　　　　　　　　　　　B：3，7，10，14

　　　　　　　　　　　　　　　　　C：3，5，7，10

　　　　　　　　　　　　　　　　　D：2，4，5，7

（2）错位相减：

A 与 B：

$$
\begin{array}{r}
4,\ \ 6,\ \ 9,\ \ 11 \\
-)\quad 3,\ \ 7,\ \ 10,\ \ 14 \\
\hline
4,\ \ 3,\ \ 2,\ \ 1,\ \ -14
\end{array}
$$

B 与 C：

$$
\begin{array}{r}
3,\ \ 7,\ \ 10,\ \ 14 \\
-)\quad 3,\ \ 5,\ \ 7,\ \ 10 \\
\hline
3,\ \ 4,\ \ 5,\ \ 7,\ \ -10
\end{array}
$$

C 与 D：

$$
\begin{array}{r}
3,\ \ 5,\ \ 7,\ \ 10 \\
-)\quad 2,\ \ 4,\ \ 5,\ \ 7 \\
\hline
3,\ \ 3,\ \ 3,\ \ 5,\ \ -7
\end{array}
$$

（3）求流水步距：

因流水步距等于错位相减所得结果中数值最大者，故有

$$K_{A,B} = \max \{4, 3, 2, 1, -14\} = 4 \text{天}$$

$$K_{B,C} = \max \{3, 4, 5, 7, -10\} = 7 \text{天}$$

$$K_{C,D} = \max \{3, 3, 3, 3, 5, -17\} = 5 \text{天}$$

3. 平行搭接时间

在组织流水施工时，有时为了缩短工期，在工作面允许的条件下，如果前一个专业工

作队完成部分施工任务后，能够提前为后一个专业工作队提供工作面，使后者提前进入前一个施工段，两者在同一施工段上平行搭接施工，这个搭接的时间称为平行搭接时间，通常用 $C_{i,i+1}$ 表示。

4. 工艺间歇时间

工艺间歇时间是指流水施工中某些施工过程完成后需要有合理的工艺间歇（等待）时间。工艺间歇时间与材料的性质和施工方法有关。如设备基础，在浇筑混凝土后，必须经过一定的养护时间，使基础达到一定强度后才能进行设备安装；又如设备涂刷底漆后，必须经过一定的干燥时间，才能涂面漆等。工艺间歇时间通常用 $G_{i,i+1}$ 表示。

5. 组织间歇时间

组织间歇时间是指流水施工中某些施工过程完成后要有必要的检查验收或施工过程准备时间。如一些隐蔽工程的检查、焊缝检验等。通常用 $Z_{i,i+1}$ 表示。

工艺间歇时间和组织间歇时间，在流水施工设计时，可以分别考虑，也可以一并考虑，或考虑在流水节拍及流水步距之中，但它们是不同的概念，其内容和作用也是不一样的，灵活运用工艺间歇时间和组织间歇时间，对简化流水施工组织有特殊的作用。

6. 工期

工期是指完成一项工程任务或一个流水组施工所需的时间。一般用下式计算：

$$T=\sum B_{i,i+1}+t_n+\sum G_{i,i+1}+\sum Z_{i,i+1}-\sum C_{i,i+1} \tag{4-7}$$

式中　　　　T——流水施工工期；

$\sum B_{i,i+1}$——流水施工中各流水步距的总和；

t_n——最后一个施工过程在各个施工段上持续时间的总和，$t_n=K_{n1}+K_{n2}+\cdots K_{nm}$，$m$ 为施工段数；

$\sum C_{i,i+1}$——流水施工中所有平行搭接时间的总和；

$\sum G_{i,i+1}$——流水施工中所有工艺间歇时间的总和；

$\sum Z_{i,i+1}$——流水施工中所有组织间歇时间的总和。

第三节　流水施工组织及计算

在流水施工中，流水节拍的规律不同，流水施工的步距、施工工期的计算方法也不同，有时甚至影响各个施工过程成立专业队组的数目。流水施工中要求有一定的节拍，才能步调和谐，配合得当。流水施工的节奏是由流水节拍所决定的。由于安装工程的多样性，各分部分项工程量差异较大，要使所有的流水施工都组织统一的流水节拍是很有困难的。在多数情况下，各施工过程的流水节拍不一定相等，甚至一个施工过程本身在各施工段上的流水节拍也不相等，因此形成了不同节奏特征的流水施工。

在节奏性流水施工中，根据各施工过程之间流水节拍的特征不同，流水施工可以分为固定节拍流水施工、成倍节拍流水施工和分别流水施工三种组织方式。

一、固定节拍流水施工

固定节拍流水施工是指各个施工过程在各施工段上的流水节拍全部相等的一种流水施工，也称全等节拍流水施工。它用于各种建筑安装工程的施工组织，特别是安装多台相同设备或管、线施工时，用这种组织施工效果较好。

（一）流水特征

（1）各施工过程的流水节拍相等：如果有 $i=1$，2，3，$\cdots$，n 个施工过程，在 $j=1$，2，3，$\cdots$，m 个施工段上开展流水施工，则：

$$K_{11}=K_{12}=\cdots=K_{ij}=K_{nm}=K \tag{4-8}$$

式中　K_{11}——第 1 个施工过程在第 1 个施工段上的流水节拍；

K_{12}——第 1 个施工过程在第 2 个施工段上的流水节拍；

K_{ij}——第 i 个施工过程在第 j 个施工段上的流水节拍；

K_{nm}——第 n 个施工过程在第 m 个施工段上的流水节拍；

K——常数。

（2）流水步距相等：由于各施工过程流水节拍相等，相邻两个施工过程的流水步距就等于一个流水节拍。即：

$$B_{1,2}=B_{2,3}=\cdots=B_{i,i+1}=B_{n-1,n}=K \tag{4-9}$$

（3）施工专业队组数等于施工过程数，即每一个施工过程成立一个专业队组，完成所有施工段的施工任务。

（4）各施工过程的施工速度相等。

（5）施工队组连续作业，施工段没有闲置。

（二）固定流水节拍主要参数的确定

1. 施工段数 m

（1）无层间关系或无施工层时，宜取 $m=n$；

（2）有层间关系或有施工层时，施工段数 m 分下面两种情况确定：

1）无技术和组织间歇时，宜取 $m=n$；

2）有技术和组织间歇时，为了保证各专业施工队组能连续施工，应取 $m \geqslant n$。

2. 流水施工的工期

（1）不分施工层时：

因为　　　　　　　$\sum B_{i,i+1} = (n-1) K$，$t_n = mK \tag{4-10}$

所以　$T = \sum B_{i,i+1} + t_n + \sum Z_{i,i+1} + \sum G_{i,i+1} - \sum C_{i,i-1}$

$\quad\quad = (m+n-1) \cdot K + \sum Z_{i,i+1} + \sum G_{i,i+1} - \sum C_{i,i-1}$

（2）分施工层时：

$$T = (m \cdot r + n - 1) \cdot K + \sum Z_1 + \sum G_1 - \sum C_1 \tag{4-11}$$

式中　r——施工层数；

$\sum Z_1$——第一个施工层中各施工过程的组织间歇时间之和；

$\sum G_1$——第一个施工层中各施工过程的工艺间歇时间之和；

$\sum C_1$——第一个施工层中各施工过程间的搭接时间之和。

（三）固定节拍流水施工的组织步骤

（1）确定施工顺序，分解施工过程。

（2）确定项目施工起点流向，划分施工段。

（3）根据固定节拍流水施工要求，按式（4-10）计算流水节拍值。

（4）确定流水步距 $B=K$。

（5）计算流水施工的工期。

（6）绘制流水施工进度表。

（四）固定节拍流水施工组织示例

【例 4-3】 无组织和工艺间歇时间的固定节拍流水施工组织：

某分部工程由四个分项工程组成，划分成五个施工段，流水节拍均为 4 天，无技术、组织间歇时间，试确定流水步距，计算工期，并绘制流水施工进度表。

【解】 由已知条件可知 $K=4$，$m=5$，$n=4$，可得

$$T=(m+n-1) \cdot K=(5+4-1) \times 4=32 \text{ 天}$$

若已知工期 T，施工过程数 n，施工段数 m，则固定节拍流水施工的流水节拍可用下式计算：$K=T/(m+n-1)$

【例 4-4】 有组织和工艺间歇时间的固定节拍流水施工组织：

某设备安装工程划分为六个流水段组织流水施工。各施工过程在各流水段上的持续时间、组织间歇时间以及工艺间歇时间如表 4-2 所示。

按施工过程依次施工 表 4-2

序号	施工过程	班组人数	持续时间(h)	备注	序号	施工过程	班组人数	持续时间(h)	备注
1	二次搬运	12	4		4	管线施工	10	4	
2	焊接组装	10	4	焊接检验2天	5	调整试车	8	4	
3	吊装作业	12	4	工艺间歇2天					

【解】 由已知条件可知，该施工对象可组织固定节拍流水施工。流水施工参数为：

$m=6$，$n=5$，$K=4$，$\sum G=2$，$\sum Z=2$，流水施工工期可按式（4-10）计算：

$$T=(m+n-1) \cdot K+\sum G+\sum Z=(6+5-1) \times 4+2+2=44 \text{ 天}$$

如果满足工期要求，可绘制出该工程流水施工进度图表，如图 4-6 所示。

二、成倍节拍流水施工

在进行固定节拍流水施工时，有时由于各施工过程性质、复杂程度不同，将其组织成固定节拍流水施工方式，通常很难做到。由于施工对象的客观原因，往往会遇到各施工过程在各施工段上的工程量不等或工作面差别较大，而出现持续时间不能相等的情况。此时，为了使各施工队组在各施工段上能连续地、均衡地开展施工，在可能的条件下，应尽量使各施工过程的流水节拍互成倍数，而组成成倍节拍流水施工。成倍节拍流水施

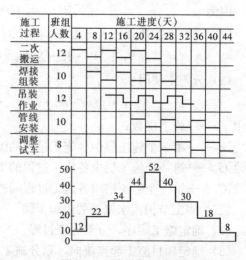

图 4-6 固定节拍流水施工

工适用于安装大小不同的设备或在大小不同的场地上开展施工活动的流水施工组织。

（一）流水特征

（1）流水节拍不等，但互成倍数；

（2）流水步距相等，并等于流水节拍的最大公约数；

（3）施工专业队组数 n' 大于施工过程数 n；

（4）各施工过程的流水速度相等；

（5）专业队组能连续工作，施工段没有闲置。

（二）成倍节拍流水施工示例

成倍节拍流水施工的组织方式：

（1）根据工程对象和施工要求，划分若干个施工过程；

（2）根据各施工过程的内容、要求及其劳动量，计算每个施工过程在每个施工段上的劳动量；

（3）根据施工班组人数及组成确定劳动量最少的施工过程的流水节拍；

（4）确定其他劳动量较大的施工过程的流水节拍，用调整班组人数或其他技术组织措施的方法，使它们的节拍值分别等于最小节拍值的整倍数。

为充分利用工作面，加快施工进度，流水节拍大的施工过程应相应增加班组数，每个施工过程所需班组数可由式（4-12）确定：

$$n_i = K_i / K_{\min} \tag{4-12}$$

式中　n_i——某施工过程所需施工班组数；

　　　K_i——某施工过程的流水节拍；

　　　$K_{\min}$——所有施工过程中的最小流水节拍。

对于成倍节拍流水施工，任何两个相邻班组间的流水步距，均等于所有流水节拍中的最小流水节拍，即：

$$B_{i,i+1} = K_{\min} \tag{4-13}$$

成倍节拍流水施工的工期可按下式计算：

$$T = (m + n' - 1) \cdot K_{\min} \tag{4-14}$$

式中　n'——施工班组总数，$n' = \sum n_i$。

（三）成倍节拍流水施工的组织步骤

（1）确定施工顺序，分解施工过程；

（2）确定施工起点流向，划分施工段；

（3）确定流水节拍；

（4）确定流水步距；

（5）确定专业队组数；

（6）确定计划总工期；

（7）绘制流水施工进度图表。

【例4-5】　某安装工程需要对4台设备进行安装，其工程量和复杂程度各不相同，各综合施工过程的持续时间（流水节拍）如表4-3所示。试组织成倍节拍流水施工。

施工过程	A	B	C	D
流水节拍（天）	$K_1=4$	$K_2=8$	$K_3=8$	$K_4=4$

平行施工　表 4-3

【解】　因　$K_{\min}=4$

则　$n_1=K_1/K_{\min}=4/4=1$ 个

$n_2=K_2/K_{\min}=8/4=2$ 个

$n_3=K_3/K_{\min}=8/4=2$ 个

$n_4=K_4/K_{\min}=4/4=1$ 个

施工班组总数为：

$$n'=\sum n_i=1+2+2=1=6 \text{ 个}$$

流水步距为：

$$B'=K_{\min}=4$$

工期为：　$T=(m+n'-1)K_{\min}=(4+6-1)\times 4=36$ 天

根据所确定的流水参数绘制施工进度计划，如图 4-7 所示。

（四）成倍节拍流水施工的其他组织方式

有时由于各施工过程之间的工程量相差很大，各施工队组的施工人数又有所不同，使不同施工过程在各施工段上的流水节拍无规律。

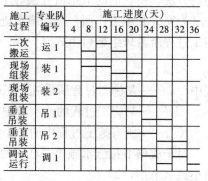

图 4-7　成倍节拍流水施工

1. 一般流水组织方式

一般节拍流水是指同一施工过程在各个施工段上的流水节拍相等，不同施工过程之间流水节拍既不相等也不成倍数的流水施工方式。

（1）一般流水施工的主要特点：

1）同一施工过程在各个施工段上的流水节拍相等，不同施工过程之间的流水节拍不全相等；

2）在多数情况下，流水步距彼此不相等而且流水步距与流水节拍二者之间存在着某种函数关系；

3）专业队组数等于施工过程数。

（2）一般流水施工主要参数的确定：

流水步距 $B_{i,i+1}=\begin{cases} K_i & \text{（当 } K_i \leqslant K_{i+1} \text{ 时）} \\ mK_i-(m-1)K_{i+1} & \text{（当 } K_i > K_{i+1} \text{ 时）} \end{cases}$　　　（4-15）

（3）一般流水施工组织步骤：

1）确定施工顺序，分解施工过程；

2）确定施工起点流向，划分施工段；

3）确定流水节拍；

4）确定流水步距；

5）确定计划总工期；

6）绘制流水施工进度图表。

【例 4-6】　有 6 台规格、型号相同的设备需要安装，每台设备可以划分为二次搬运、现场组对、安装就位和调试运行四个施工过程。其节拍各自相等，分别为 $K_1=1$、$K_2=3$、$K_3=2$、$K_4=1$，若采用流水施工组织施工，试计算其流水步距及工期，并绘制施工进度计划。

【解】　由一般流水组织方式的计算公式可得：

$$B_{1,2}=K_1=1$$
$$B_{2,3}=mK_2-(m-1)K_3=6\times3-5\times2=8$$
$$B_{3,4}=mK_3-(m-1)K_4=6\times2-5\times1=7$$
$$T=\sum B_{i,i+1}+t_n=1+8+7+1\times6=22 \text{ 天}$$

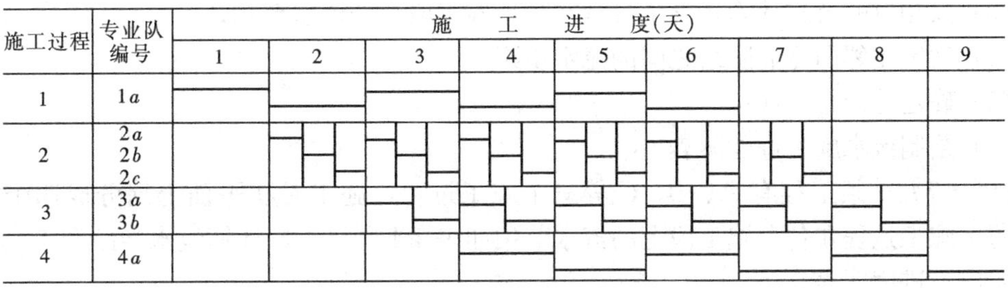

施工过程	专业队编号	施工进度（天）								
		1	2	3	4	5	6	7	8	9
1	1a									
2	2a 2b 2c									
3	3a 3b									
4	4a									

图 4-8　增加专业队组加班流水施工

2. 增加专业队组加班流水组织方式

按上例，若工期要求紧，采用增加工作班次，将第 2 个施工过程用 3 个专业队组进行三班作业；将第 3 个施工过程用 2 个专业队组进行两班作业。其施工进度计划图表如图 4-8 所示。总工期为 9 天。

若采用成倍节拍流水施工，其施工进度计划如图 4-9 所示，总工期为 12 天。

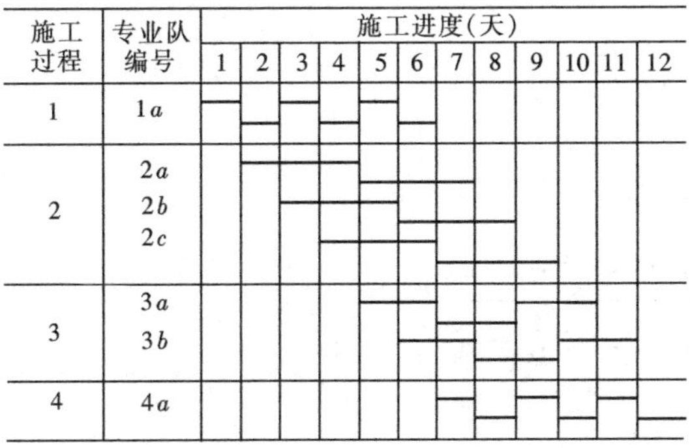

施工过程	专业队编号	施工进度（天）											
		1	2	3	4	5	6	7	8	9	10	11	12
1	1a												
2	2a 2b 2c												
3	3a 3b												
4	4a												

图 4-9　成倍节拍流水施工

三、分别流水施工

分别流水施工是指流水节拍无节奏的流水施工组织方式，是指同一施工过程在各施工段上的流水节拍不完全相等的一种流水施工方式，它是流水施工的普遍形式。

在实际工作中，有节奏流水，尤其是等节拍流水施工和成倍节拍流水施工往往是难以组织的，而无节奏流水则是常见的，组织无节奏流水的基本要求即保证各施工过程的工艺顺序合理和各施工班组尽可能依次在各施工段上连续施工。

（一）分别流水施工的流水特征

（1）各施工过程在各施工段上的流水节拍不尽相等，也无统一规律；

（2）各施工过程的施工速度也不尽相等，因此，两个相邻施工过程的流水步距也不尽相等，流水步距与流水节拍的大小与相邻施工过程相应施工段节拍差有关；

（3）施工专业队组数等于流水施工过程数，即：$n_1=n$；

（4）施工专业队组连续施工，施工段可能有闲置。

（二）分别流水施工主要参数的确定

1. 流水步距 $B_{i,i+1}$

可采用"累加数列法"的计算方法确定。

2. 工期 T

$$T = \sum B_{i,i+1} + t_n + \sum G_{i,i+1} + \sum Z_{i,i+1} - \sum C_{i,i+1}$$

3. 分别流水施工的组织步骤

（1）确定施工顺序，分解施工过程；

（2）确定施工起点流向，划分施工段；

（3）按相应的公式计算各施工过程在各个施工段上的流水节拍；

（4）确定相邻两专业队组之间的流水步距；

（5）确定计划总工期；

（6）绘制流水施工进度图表。

【例 4-7】 某工程有 A、B、C 等三个施工过程，施工时在平面上划分成四个施工段，每个施工过程在各个施工段上的流水节拍如表 4-4 所示，试计算流水步距和工期，绘制流水施工进度图表。

流水施工
表 4-4

施工过程＼施工段	Ⅰ	Ⅱ	Ⅲ	Ⅳ	施工过程＼施工段	Ⅰ	Ⅱ	Ⅲ	Ⅳ
A	2	4	3	2	C	4	2	3	2
B	3	3	2	2					

【解】 1. 流水步距计算

采用累加数列法进行计算如下：

（1）求 $B_{A,B}$

$$
\begin{array}{r}
2, \quad 6, \quad 9, \quad 11 \\
-) \quad\quad 3, \quad 6, \quad 8, \quad 10 \\
\hline
3, \quad 3, \quad 3, \quad -10
\end{array}
$$

故，$B_{A,B} = 3$ 天

（2）求 $B_{B,C}$

$$
\begin{array}{r}
3, \quad 6, \quad 8, \quad 10 \\
-) \quad 4, \quad 6, \quad 9, \quad 11 \\
\hline
3, \quad 2, \quad 2, \quad 1, \quad -11
\end{array}
$$

故，$B_{B,C} = 3$ 天

2. 工期计算

$$T = \sum B_{i,i+1} + t_n + \sum Z_{i,i+1} - \sum C_{i,i+1} + \sum G_{i,i+1}$$

　　＝3＋3＋4＋2＋3＋2

　　＝17 天

施工进度计划如图 4-10 所示。

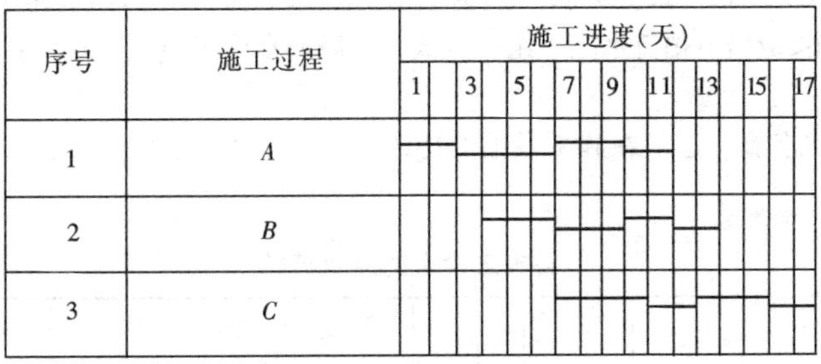

序号	施工过程	施工进度（天）								
		1	3	5	7	9	11	13	15	17
1	A									
2	B									
3	C									

图 4-10　分别流水施工

　　分别流水施工不像等节拍流水施工和成倍节拍流水施工那样有一定的时间约束，在进度安排上比较灵活自由，适用于各种不同结构性质和规模的工程施工组织，实际应用比较广泛。

　　在上述各种流水施工的基本方式中，固定节拍和成倍节拍流水通常在一个分部或分项工程中，组织流水施工比较容易做到，即比较适用于组织专业流水或细部流水。但对一个单位工程，特别是一个大型的建筑群来说，要求所划分的各分部、分项工程都采用相同的流水参数组织流水施工，往往十分困难，也不容易做到。

　　因此，到底采用哪一种流水施工的组织方式，除要分析流水节拍的特点外，还要考虑工期要求和项目经理部自身的具体施工条件。

　　任何一种流水施工的组织形式，仅仅是一种组织管理手段，其最终目的是要实现企业目标——工程质量好、工期短、成本低、效益高和安全施工。

本 章 小 结

　　本章介绍了对建筑安装工程中众多的施工过程进行合理地组织安排、保证施工过程顺利进行的三种施工方法：依次施工、平行施工和流水施工，其中流水施工是本章的重点，也是本章的难点。在对本章内容学习的过程当中，应了解依次施工和平行施工的方法；重点掌握流水施工的原理、参数的计算以及组织方式和组织步骤。

复 习 思 考 题

　　1. 组织建筑安装施工有哪些方式？各自有何优缺点？

　　2. 组织流水施工应具备哪些条件？试述流水施工的优缺点？

　　3. 施工段划分的基本要求是什么？如何正确划分施工段？

　　4. 流水施工有哪些主要参数？

　　5. 流水施工按节拍特征不同可分为哪几种方式？各有什么特点？

　　6. 有 4 台同样的设备需要安装，每台设备可以划分为 A、B、C、D 四个施工过程，设 $K_A=2$、$K_B=3$、$K_C=2$、$K_D=4$，试分别计算依次施工、平行施工及流水施工的工期，并绘制出各自的施工进度计划（各班组均为 10 人）。

7. 已知某施工任务划分为五个施工过程，分五段组织流水施工，流水节拍均为 3 天，在第二个施工过程结束后有两天的技术间歇时间，试计算其工期并绘制施工进度计划。（各班组均为 8 人）

8. 有一工业管道安装工程，划分为四个施工过程，分五个施工段组织流水施工。每个施工过程在各段上的人数及持续时间为：挖土及垫层 15 人 5 天，砌基础 12 人 10 天，安装管道 10 人 10 天，盖板回填土 15 人 5 天。试分别按成倍节拍流水施工组织方式、一般流水施工组织方式计算流水施工工期，并绘制施工进度图表。

9. 根据表 4-5 所列各施工过程在施工段上的持续时间，计算流水步距和总工期，并绘制施工进度图表。

各施工段上的流水节拍 表 4-5

施工过程 施工段	一	二	三	四	施工过程 施工段	一	二	三	四
1	4	3	1	2	3	3	4	2	1
2	2	3	4	2	4	2	4	3	2

第五章 网络计划技术

第一节 概　述

随着生产的发展和科学技术的提高，自 20 世纪 50 年代以来，国外陆续出现了一些计划管理的新方法，其中最基本的是关键线路法（CPM）和计划评审技术（PERT）。由于这些方法都是建立在网络图的基础上的，因此统称为网络计划技术。20 世纪 60 年代中期，著名数学家华罗庚教授将它引入我国，并结合我国当时的"统筹兼顾，适当安排"的具体情况，把它概括为统筹法。经过多年的实践与应用，得到了不断的推广和发展。

目前，网络计划技术在工业、农业、国防和科研等方面都得到了广泛的应用。在建筑和安装工程中也广泛采用网络计划技术编制建筑安装工程生产计划和施工进度计划。它对加强施工组织计划与管理、缩短工期、提高工效、降低成本等都具有十分重要的作用。

一、由横道图到网络图

前面已经介绍了用横道图编制施工进度计划和组织流水施工的方法。除此之外，工程上还有一种利用网络图编制施工计划的方法，简称网络计划法。由于两种计划的表达形式不同，其特点与作用也不相同。

横道图计划是结合时间坐标线，用一系列横道线分别表示各施工过程的施工起止时间及其先后顺序和作业持续时间。而网络图计划是由一系列"节点"（圆圈）和"箭杆"所组成的网状图形，来表示各施工过程的先后顺序的逻辑关系。

例如，某设备安装工程有 3 台同样设备需要安装，每台设备划分的施工过程如表5-1，用横道图表达形式如图5-1，用网络图表达形式如图 5-2 所示。

某设备安装施工过程划分　　　　　　　　　　　　　　　　表 5-1

施 工 过 程	平 面 运 输	现 场 组 装	安 装 调 试
工作持续时间（天）	2	3	1

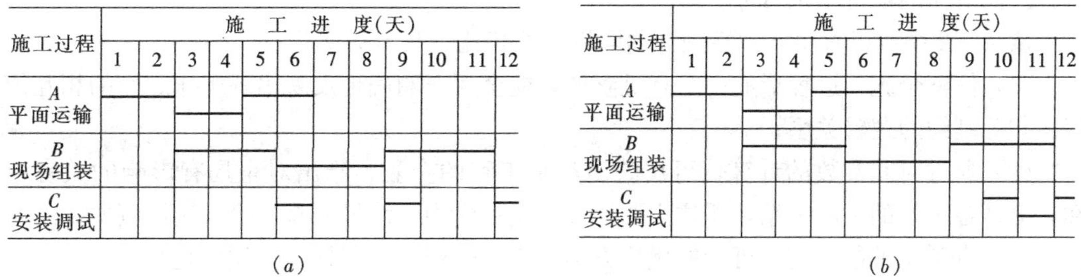

图 5-1　横道图计划

（a）部分施工过程间断施工；（b）各施工过程连续施工

（一）横道图计划的优缺点

1. 横道图的优点

（1）横道图计划编制容易、简单，绘图方便，排列整齐有序，各施工过程进度形象直观、明了、易懂；

（2）横道图计划结合时间坐标，各施工过程（工作）的开始时间、作业持续时间、结束时间、相互搭接时间、工期以及流水施工的开展情况，都能一目了然，表示得清楚明白。

这种方法已为建筑安装企业的施工管理人员所熟悉和掌握，目前仍被广泛使用。但它还存在如下的缺点，使横道图计划只能用于简单工程，对于一项大而复杂的工程项目，需要与网络计划同时使用。

2. 横道图的缺点

（1）当计划较复杂时，不能反映各施工过程之间的相互制约、相互联系、相互依赖的逻辑关系；

（2）不能明确指出关键施工过程（工作），不能客观地突出重点；

（3）不能看出某些施工过程（工作）存在的机动时间，也不能指出计划安排的潜力大小，只能给出计划的结论，不能说明结论的优劣。

（4）不便利用计算机进行计算，不便对计划进行科学的调整和优化，计划效果和质量，仅取决于编制人员水平，对改进和加强施工管理不利。

（二）网络计划的优缺点

20世纪50年代以来，随着工业生产的发展和计算机的使用，希望出现一种新的生产与管理方法来替代横道图（不适应复杂项目及发展需要）的组织管理方法。于是20世纪50年代中后期，在美国发展起来两种进度计划管理方法，即关键线路法（CPM）和计划评审技术（PERT），网络计划法就是由这两种方法发展而来的。它是编制工程进度计划的有效方法，并很快在世界各国的工业、农业、国防及科学研究计划中推广及应用。

网络图计划方法的基本原理是：首先应用网络图形来表达一项计划（或工程）中各项工作的开展顺序及其相互间的关系；然后通过计算机找出计划中的关键工作及关键线路；继而通过不断改进网络计划，寻求最优方案，并付诸实施；最后在执行过程中进行有效的控制和监督。

在建筑施工中，网络计划方法主要是用来编制工程项目施工的进度计划和建筑安装企业的生产计划，并通过对计划的优化、调整和控制，达到缩短工期、提高效率、节约劳力、降低消耗的项目施工目标。

从图5-2中可以看出，网络图计划同横道图相比，具有如下优点：

（1）使整个施工过程形成一个有机整体，能全面、明确地反映出各工作之间的相互依存、相互制约的逻辑关系；

（2）通过时间参数的计算，可反映出整个工程的全貌，指出对全局有影响的关键所在，分清各工作的主次关系，抓住主要矛盾，挖掘潜力，统筹安排、合理选用资源；

（3）有利于编制出切实可行的优质方案（工期—资源、工期—费用优化）；

（4）可利用计算机进行优化设计，实现计划管理科学化。

网络计划具有上述优点，因此它是一种科学的先进的计划方法，但是任何一种方法都

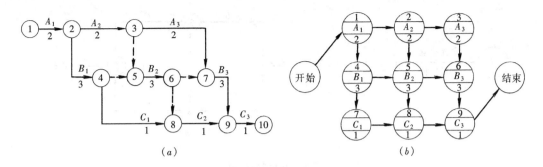

图 5-2 网络计划

(a) 双代号网络图；(b) 单代号网络图

不是十全十美的，它也存在着一定的缺点：表达计划不够直观，不易看懂，不能反映出流水施工的特点，不便统计、检查和调整资源等。

二、网络计划的表示方法

网络计划的表达形式是网络图，所谓网络图是指由箭线和节点组成的、用来表示工作流程的有向、有序的网状图形。当网络中注上相应的时间后，就成为网络图形式的进度计划。一般网络计划的网络图，按节点和箭线所代表的含义不同，可以分为双代号网络图和单代号网络图两种。

（一）双代号网络图

以箭线和两端节点（圆圈）的编号来表示工作（或工序）的网络图称为双代号网络图。即用两个节点和一根箭线代表一项工作，每个节点都有编码，箭线前后两个节点的号码代表该箭线所表示的工作，因此称为"双代号"。其表示方法如下：工作名称标注在箭线上面，工作持续时间写在箭线下面，在箭线的衔接处画上节点编上号码，并以节点编号 i 和 j 代表一项工作名称，如图 5-3 所示。把每一个施工过程，按施工顺序和相互之间的逻辑关系，用若干个箭线和节点从左向右连起来就构成一项工程计划的网络图，这个网络图就能表达该工程的基本内容。现将图中三个基本要素的有关含义和特性分述如下：

1. 箭线

（1）在双代号网络图中，一条箭线表示一项工作（又称工序、作业、活动、施工过程）。如配管、配线、照明配电箱安装、灯具安装等。根据网络计划的性质和作用的不同，它包括的工作范围可大可小，视情况而定，既可以是分项工程，也可以用来表示分部或单位工程。

（2）一根箭线表示的一项工作要占用一定的时间，消耗一定的资源，分别用数字标注在箭线的下方和上方；只占用时间而不消耗资源的工作，如混凝土的养护、油漆干燥等技术间歇，若单独考虑时，也应作为一项工作来看待，用一条箭线来表示；除此之外，还有一种带箭头的虚线，称为虚箭线，它表示一项虚工作。虚工作是虚拟的，工程中实际并不存在，因此它没有工作名称，既不占用时间，也不消耗资源，它的主要作用是解决工作之间的逻辑关系。如图 5-3 所示。

（3）在无时标的网络图中，箭线的长度并不反映该工作占用时间的长短。在有时间坐标的网络图中，其箭线的长度必须根据完成该项工作所需时间长短按比例绘制。箭线可以画成直线，也可以画成折线和斜线，但是不得中断。为使图形整齐，最好画成水平直线或

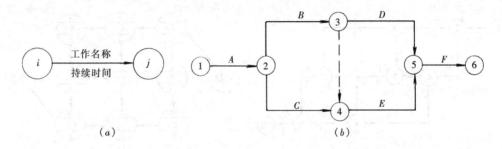

图 5-3　双代号网络图

(a) 工作的表示方法；(b) 工程的表示方法

带水平直线的折线。

(4) 箭线所指的方向表示工作进行的方向和前进的路线，箭线的箭尾表示该工作开始，箭头表示该工作的结束。工作名称标注在箭线水平部分的上方，工作的持续时间标注在下方。

(5) 两项工作连续施工时，代表两项工作的箭线也应前后连续。两项工作平行施工时，其箭线也应平行绘制，如图 5-4 所示，就某工作而言，紧靠其前面的工作称为紧前工作，紧靠其后的工作称为紧后工作，与之平行的工作称为平行工作，该工作本身可叫"本项工作"。

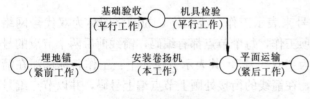

图 5-4　工作关系

2. 节点

网络图中箭线端部的圆圈或其他形状的封闭图形就是节点。在双代号网络图中，它表示工作之间的逻辑关系，节点表达的内容有以下几个方面：

(1) 节点在双代号网络图中表示一项工作的开始或结束，用圆圈表示。节点只是一个瞬间，既不消耗时间也不消耗资源。

(2) 箭线尾部的节点称箭尾节点，又称开始节点，表示该工作的开始；箭线头部的节点称为箭头节点，又称为结束节点，表示该工作的结束。

(3) 根据节点在网络图中的位置不同可以分为起点节点、终点节点和中间节点。起点节点是网络图中的第一个节点，表示一项任务的开始。终点节点是网络图中的最后一个节点，表示一项任务的完成。除起点节点和终点节点以外的节点称为中间节点，中间节点都有双重含义，既是前面工作的箭头节点，也是后面工作的箭尾节点。如图 5-3 所示。

(4) 节点编号。网络图中的每个节点都要有自己的编号，以便赋予每项工作以代号，便于计算网络图的时间参数和检查网络图是否正确。

编号的顺序是：从起点节点开始，依次向终点节点进行，箭尾节点在编号之前，箭头节点在编号之后，凡是箭尾节点没有编号，箭头节点也不能编号。

编号的原则是：每个箭线箭尾节点的号码必须小于箭头节点的号码；所有节点的编号不能重复出现。编号的方法是：一种是水平编号法，即从起点节点开始由上到下逐行编号，每行则自左向右按顺序编号；另外一种是垂直编号法，即从起点节点开始自左到右逐列编号，每列则根据编号规则的要求进行编号。
如图 5-5 所示。

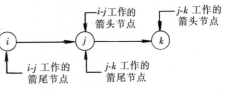

图 5-5　节点示意图

（5）在网络图中，对一个节点来讲，可能有许多箭线通向该节点。这些箭线就称为"内向工作"（或内向箭线），同样也可能有许多箭线由同一节点出发，这些箭线就称为"外向工作"（或外向箭线）。如图 5-6 所示。

3. 线路

从网络图的起点节点到终点节点，沿着箭线的指向所构成若干条"通道"，即为线路。

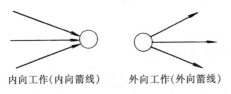

内向工作（内向箭线）　　外向工作（外向箭线）

图 5-6　内向工作和外向工作

一个网络图中，从起点节点到终点节点，一般都存在着许多线路，每条线路都包含若干项工作，这些工作的持续时间之和就是该线路的时间长度，即线路上总的工作持续时间。

在这些线路中每条不同的线路所需的时间之和也往往各不相等，其中时间之和最大者称之为"关键线路"，其余的线路称为非关键线路。位于关键线路上的工作称为关键工作，这些工作完成的快慢直接影响整个计划的完成时间。关键工作在网络图中通常用粗线和双线箭线表示。一般来说，一个网络图中至少有一条关键线路。关键线路也不是一成不变的，在一定条件下，关键线路和非关键线路会相互转化。例如，当采取技术组织措施，缩短关键工作的持续时间，或者非关键工作持续时间延长时，就有可能使关键线路发生转移。网络计划中，关键工作的比重不宜过大，网络计划愈复杂工作节点就愈多，则关键工作的比重应该越小，这样有利于抓住主要矛盾。

非关键线路都有机动时间（即时差），这意味着工作完成日期容许适当调整而不影响工期。时差的意义就在于可以使非关键工作在时差允许范围内放慢施工进度，将部分人、财、物转移到关键工作上去，以加快关键工作的进程；或者在时差允许范围内改变工作开始和结束时间，以达到均衡施工的目的。

（二）单代号网络图

单代号网络图也是由许多节点和箭线组成的，但是构成单代号网络图的基本符号含义与双代号却完全不同。单代号网络图的节点表示工作，而箭线仅表示各项工作之间的逻辑关系。由于用节点来表示工作，因此，单代号网络图又称节点网络图。

单代号网络图与双代号网络图相比，具有一些优点，工作之间的逻辑关系容易表示，且不用虚箭线，网络图便于绘制、检查、修改，所以单代号网络图也有广泛的应用。

1. 节点

节点是单代号网络图的主要符号，它可以用圆圈或方框表示。一个节点代表一项工作（工序、作业、活动等）。节点所表示的工作名称、持续时间和编号一般都标注在圆圈或方框内，有时甚至将时间参数也注在节点内，如图 5-7 所示。图中所有的英文缩写的含义为：

ES——最早开始时间；EF——最早完成时间；

LS——最迟开始时间；LF——最迟完成时间；

TF——总时差；　　　　　FF——自由时差。

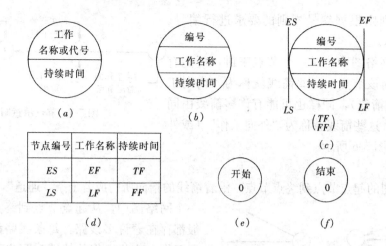

图 5-7 节点的表示方法

一个节点还可以表示一个事件。表示事件的节点只有两个,"开始"和"结束",在起点的节点为开始节点,它意味着一项计划和工程的开始;最后一个节点是结束节点,意味着一项计划和工程的结束。事件不占用时间,也不消耗资源。如图 5-7 所示。

2. 箭线

单代号网络图箭线仅表示工作或事件之间的逻辑关系,既不占用时间,也不消耗资源。单代号网络图中不用虚箭线。箭线的箭头表示工作前进方向,箭尾节点表示的工作为箭头节点的紧前工作。箭头节点表示的工作为箭尾节点的紧后工作。有关箭线前后节点所表示的工作关系如图 5-8 所示。图中 A 为 B、C 的紧前工作;B、C 为平行工作;D 为 B、C 的紧后工作。

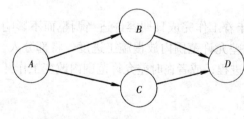

图 5-8 节点所表示的工作关系

3. 编号

在单代号网络图中,节点仍需编号,一项工作只能有一个代号,不能重号。代号仍用数码表示,箭头节点的号码应大于箭尾节点的号码,一个节点(表示一项工作)只有一个数码,因此叫"单代号"。如图 5-2 (b) 所示。

4. 线路

从开始节点到结束节点,沿着联系箭线的指向所构成的若干条"通道",即为线路。单代号网络图也有关键线路和关键工作,非关键线路和关键线路。

第二节 网络图的绘制

网络图的绘制是网络计划方法应用的关键。要正确绘制网络图,必须正确反映逻辑关系,遵守绘图的基本原则。

一、逻辑关系的正确表示方法

(一)逻辑关系

逻辑关系是指工作或工程进行时，客观上存在的工作之间的相互制约、相互依赖的关系。这种关系可以分为两类，一类是工艺关系，另外一种是组织关系。

1. 工艺关系

工艺关系是指由施工工艺所决定的各个施工过程之间客观存在的先后顺序关系，或者是非生产性工作之间由工作程序决定的先后顺序关系。对于一个具体分部工程来说，当确定了施工方案以后，则该分部工程的施工过程（工作）的先后顺序一般是固定的，有的是绝对不能颠倒的。

2. 组织关系

组织关系是指在不违反施工工艺关系的前提下，在施工组织安排中，考虑劳动力、机具、材料或工期等影响，在各工作之间主观上安排的先后顺序关系。这种关系是不受工程性质决定的，是在保证施工质量、安全和工期等前提下，可以人为安排的顺序关系。

要给出一个正确反映工程实际的施工网络图，首先必须解决每项工作和别的工作所存在的三种逻辑关系：第一，本工作必须在哪些工作之前进行；第二，本工作必须在哪些工作之后进行；第三，本工作可以与哪些工作同时进行。

（二）逻辑关系的正确表示

表 5-2 列出网络图中常见的一些逻辑关系及其表示方法，并将单代号网络图表示方法和双代号网络图的表示方法对照列出，作为绘图和阅读时的参考。表中的工作编号与名称均以字母来表示。掌握了基本逻辑关系的表示方法，才具有绘制网络图的基本条件。

网络图逻辑关系的表示 　　　　　　　　　　　表 5-2

序号	逻 辑 关 系	在单代号网络图中表示	在双代号网络图中表示
1	A 完成后，B 才能开始；或 B 紧跟 A		
2	A 完成后，B、C 才能开始，但 B、C 可以同时进行；或 B、C 取决于 A		
3	C 必须在 A、B 完成后才能开始，但 A、B 可以同时进行；或 C 取决于 A、B		
4	在 A、B 完成前，C、D 不能开始，但 A、B 和 C、D 可同时进行		
5	只有当 A 和 B 都完成后，C 才能开始，但只要 B 完成后 D 就可以开始		

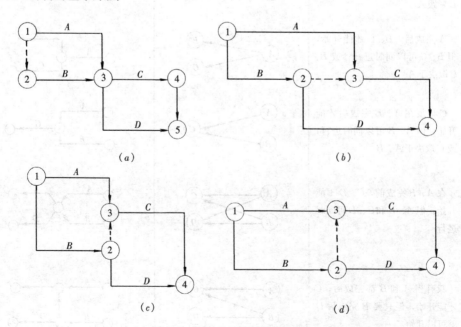

续表

序号	逻 辑 关 系	在单代号网络图中表示	在双代号网络图中表示
6	A和B可以同时进行，在A完成以前，C不能开始		
7	A、B均完成后进行D；A、B、C均完成后进行E；D、E均完成后进行F		
8	A、B均完成后进行C；B、D均完成后进行E		
9	A完成后进行C；A、B均完成后进行D；B完成后进行E		
10	A、B两项工作；按三个流水段进行流水施工		

二、双代号网络图的绘制

（一）绘制的基本原则

图 5-9 按表 5-3 绘制的网络图

(a) 错误画法；(b) 横向断路法；(c) 竖向断路法之一；(d) 竖向断路法之二

（1）双代号网络图必须正确表达已定的逻辑关系，按工作本身的顺序连接箭线。例如已知网络图的逻辑关系如表 5-3 所示，若绘出网络图如图 5-9（a）就是错误的，因 D 的紧前工作没有 A。此时可引入虚工作用横向断路法或竖向断路法将 D 和 A 的联系断开，如图 5-9（b）、（c）、（d）所示。

逻辑关系表

表 5-3

工 作	A	B	C	D
紧前工作	—	—	A、B	B

（2）双代号网络图中，严禁出现循环线路。所谓循环线路是指从一个节点出发，顺箭线方向又回到原出发点的循环线路。如图 5-10 所示，就出现了不允许出现的循环线路 2—3—4—5—6—7—2。

（3）在双代号网络图中不允许出现代号相同的箭线。在图 5-11（a）中，A、B、C 三项工作用①→②代号表示是错误的，正确的表达应该如图 5-11（b）、（c）所示。

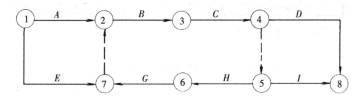

图 5-10　有循环回路的错误网络图

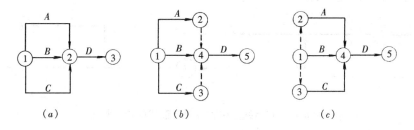

图 5-11　不允许出现相同代号的箭线

（a）错误；（b）、（c）正确

（4）在双代号网络图中，在节点之间严禁出现带双向箭头或无箭头的连线，如图 5-12。在图 5-12 中③→⑤工作无箭头，②→⑤工作有双向箭头，均是错误的。

（5）在一个双代号网络图中，只允许有一个起点节点和一个终点节点。如图 5-13 中出现了①、②两个起点节点是错误的，出现⑦、⑧两个终点节点也是错误的。

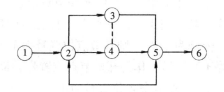

图 5-12　不允许出现
双向箭头及无箭头

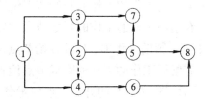

图 5-13　只允许有一个
起点节点（或终点节点）

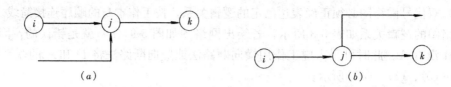

图 5-14 没有箭尾和箭头节点的箭线

(*a*) 没有箭尾节点的箭线；(*b*) 没有箭头节点的箭线

（6）双代号网络图中严禁出现没有箭头节点或没有箭尾节点的箭线，如图 5-14 所示。图中的箭线（包括虚箭线）宜保持自左向右的方向，不宜出现箭头指向左方的水平箭线或箭头偏向左方的斜向箭线，如图 5-15 所示。若遵循这一原则绘制网络图，就不会出现循环线路。

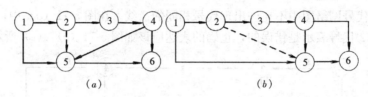

图 5-15 双代号网络图的表达

(*a*) 较差；(*b*) 较好

（7）双代号网络图中，一项工作只有惟一的一条箭线和相应的一对节点编号。严禁在箭线上引入或引出箭线，如图 5-16 所示。

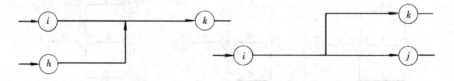

图 5-16 在箭线上引入或引出箭线的错误画法

（8）绘制网络图时，尽可能在构图时避免交叉。

（二）双代号网络图的绘制方法

1. 节点位置法

为了使所绘制网络图中不出现逆向箭线和竖向实线箭线，在绘制网络图之前，先确定各个节点相对位置，再按节点位置号绘制网络图，如图 5-17 所示。

（1）节点位置号确定的原则以图 5-17 为例，说明节点位置号的确定原则：

1）无紧前工作的工作的开始节点位置号为零。如工作 A、B 的开始节点位置号为 0。

2）有紧前工作的工作的开始节点位置号等于其紧前工作的开始节点位置号的最大值加 1。如 E：紧前工作 B、C 的开始节点位置号分别为 0、1，则其节点位置号为 1+1=2。

3）有紧后工作的工作的完成节点位置号等于其紧后工作的开始节点位置号的最小值。如 B：紧后工作 D、E 的开始节点位置分别为 1、2，则其节点位置号为 1。

4）无紧后工作的工作完成节点号等于有紧后工作的工作完成节点位置号的最大值加 1。如工作 E、G 的完成节点号等于工作 C、D 的完成节点位置号的最大值加 1，为 2+1

＝3。

（2）绘图步骤：

1）提供逻辑关系表，一般只要提供每项工作的紧前工作；

2）用矩阵图确定各工作紧后工作；

3）确定各工作开始节点位置号和完成节点位置号；

4）根据节点位置号和逻辑关系绘出初始网络图；

5）检查、修改、调整，绘制正式网络图。

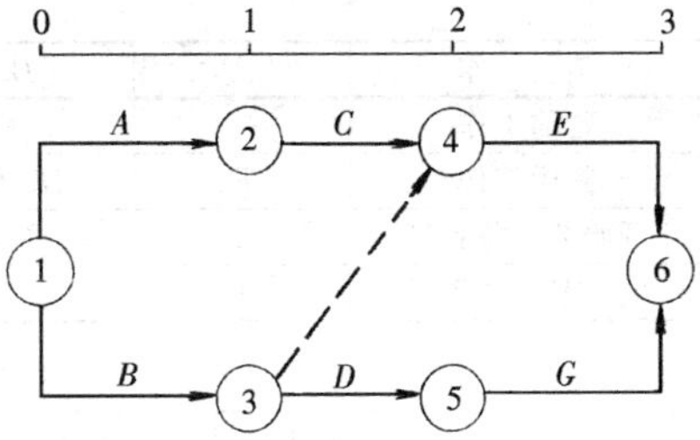

图 5-17 网络图与节点位置坐标

【例 5-1】 已知网络图的资料如表 5-4 所示，试绘制双代号网络图。

网络图资料表　　　　　　　　　表 5-4

工　作	A	B	C	D	E	G
紧前工作	—	—	—	B	B	C、D

【解】

（1）列出关系表，确定出紧后工作和节点位置号，见表 5-5。

关　系　表　　　　　　　　　表 5-5

工　作	A	B	C	D	E	G
紧前工作	—	—	—	B	B	C、D
紧后工作	—	D、E	G	G	—	—
开始节点的位置号	0	0	0	1	1	2
完成节点的位置号	3	1	2	2	3	3

（2）绘出网络图，如图 5-18 所示。

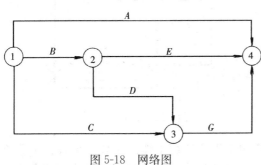

图 5-18 网络图

【例 5-2】 已知网络图的资料如表 5-6 所示，试绘制双代号网络图。

【解】

（1）用矩阵图确定紧后工作。其方法是先绘出以各项工作为纵横坐标的矩阵图；再在横坐标方向上，根据网络图资料表，是紧前工作者标注 1；然后再查看纵坐标方向，凡标注有 1 者，即为该工作的紧后工作，如图 5-19 所示。

（2）列出关系表，确定出节点位置号，如表 5-7 所示。

网络图资料表　　　　　　　　　表 5-6

工　作	A	B	C	D	E	G	H
紧前工作	—	—	—	—	A、B	B、C、D	C、D

关 系 表 表 5-7

工 作	A	B	C	D	E	G	H
紧前工作	—	—	—	—	A、B	B、C、D	C、D
紧后工作	E	E、G	G、H	G、H	—	—	—
开始节点位置号	0	0	0	0	1	1	1
完成节点位置号	1	1	1	1	2	2	2

	A	B	C	D	E	G	H
A							
B							
C							
D							
E	/	/					
G		/	/	/			
H			/	/			

图 5-19 矩阵图

（3）绘制初始网络图。根据表 5-6 所示给定的逻辑关系及节点位置号，绘制出初始网络图，如图 5-20 所示。

（4）绘制正式网络图。检查、修改并进行结构调整，最后绘出正式网络图，如图 5-21 所示。

2. 逻辑草稿法

先根据网络图的逻辑关系，绘制出网络图草图，再结合绘图规则进行调整布局，最后形成正式网络图。当已知每一项工作的紧前工作时，可按下述步骤绘制双代号网络图。

（1）绘制没有紧前工作的工作，使它们具有相同的箭尾节点，即起点节点。

（2）依次绘制其他各项工作。这些工作的绘制条件是将其所有紧前工作都已绘制出来。绘制原则为：

1）当工作只有一个紧前工作时，则将该工作的箭线直接画在其紧前工作的完成节点之后即可。

2）当绘制的工作有多个紧前工作时，应按以下四种情况分别考虑：

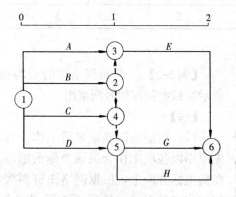

图 5-20 初始网络图

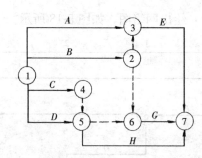

图 5-21 正式网络图

（A）如果在其紧前工作中只存在一项只作为本工作紧前工作的工作（即在紧前工作栏目中，该紧前工作只出现一次），则应将本工作的箭线直接画在该紧前工作完成节点之后，然后用虚箭线分别将其他紧前工作的完成节点与本工作的开始节点相连，以表达它们之间的逻辑关系。

（B）如果在紧前工作中存在多项只作为本工作紧前工作的工作，应先将这些紧前工作的完成节点合并（利用虚工作或直接合并），再从合并后的节点开始，画出本工作箭线，最后用虚箭线将其他紧前工作的箭头节点分别与本工作开始节点相连，以表达它们之间的逻辑关系。

（C）如果不存在情况（A）、（B），应判断本工作的所有紧前工作是否都同时作为其他工作的紧前工作（即紧前工作栏目中，这几项紧前工作是否均同时出现若干次）。如果这样，应将它们完成节点合并后，再从合并后的节点开始画出本工作箭线。

（D）如果不存在（A）、（B）、（C），则应将本工作箭线单独画在其紧前工作箭线之后的中部，然后用虚工作将紧前工作与本工作相连。表达其逻辑关系。

（3）合并没有紧后工作的箭线，即为终点节点。

（4）确认无误后，进行节点编号。

【例 5-3】 已知网络图资料如表 5-8 所示，试绘制双代号网络图。

工作逻辑关系表 　　　　　　　　　　　　　　　　　　　表 5-8

工 作	A	B	C	D	E	G	H
紧前工作	—	—	—	—	A、B	B、C、D	C、D

【解】

（1）绘制没有紧前工作的工作箭线 A、B、C、D，如图 5-22（a）所示；

（2）按前述原则（2）中情况（A）绘制工作 E，如图 5-22（b）所示；

（3）按前述原则（2）情况（C）绘制 H，如图 5-22（c）所示；

（4）按前述原则（2）中情况（D）绘制工作 G，并将工作 E、G、H 合并，如图 5-22（d）所示。

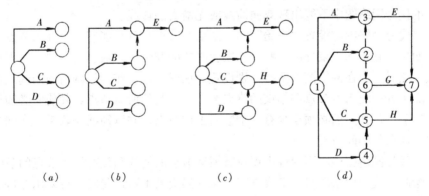

（a） 　　　　　（b） 　　　　　（c） 　　　　　（d）

图 5-22　双代号网络图绘图

（三）网络图的拼接

（1）网络图的排列。网络图采用正确的排列方式，逻辑关系准确清晰，形象直观，便于计算与调整。排列方式主要有混合排列、按施工过程排列、按施工段排列三种。

（2）网络图的工作合并。为了简化网络图，可将较详细相对独立的局部网络图变为较概括的少箭线的网络图。网络图合并的基本方法是：保留局部网络图中与外部工作相联系的节点，合并后箭线所表达的工作持续时间为合并前该部分网络图中相应最长线路段的工作时间之和。网络图的合并主要用于群体工程施工控制网络图和施工单位的季度、年度控制网络图的编制。

（3）网络图的连接。绘制较复杂的网络图时，往往先将其分解成若干个相对独立的部分，然后各自分头绘制，最后按逻辑关系进行连接，形成一个总体网络图。在连接过程中，应注意以下事项：

1）必须有一个统一的构图和排列方式；

2）整体网络图的节点编号要协调一致；

3）施工过程划分的粗细程度应一致；

4）各分部工程之间应预留连接节点。

（4）网络图的详略组合。在网络图的绘制中，为了简化网络图图面，更是为了突出网络计划的重点，常常采取"局部详细、整体简略"的绘制方式，称为详略组合。

三、单代号网络图的绘制

（一）绘制单代号网络图的基本原则

单代号网络图以节点及其编号表示工作，以箭线表示工作之间逻辑关系的网络图。单代号网络图是网络计划的另一种表达方法。绘制单代号网络图时，必须正确反映节点之间的逻辑关系和遵循有关的绘图原则。

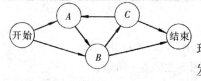

图 5-23　循环线路

（1）单代号网络图必须正确表达已定的逻辑关系。

（2）单代号网络图中不允许出现循环线路。所谓循环线路是指从一个节点出发，顺着某一线路又能回到出发点的线路。如图 5-23 中的 $A \rightarrow B \rightarrow C \rightarrow A$ 就是循环线路。它表示逻辑关系是错误的，在工艺上是相互矛盾的。

（3）单代号网络图中的工作代号不允许重复。任何一个编号只能表示一项工作，不能出现代号相同的工作。

（4）单代号网络图中不能出现双向箭线或无箭头的连线。

（5）单代号网络图应设置"开始"和"结束"节点，且只能有一个开始节点和一个结束节点。如果在开始和结束处的一些工作缺少必要的逻辑关系或当网络图中有多项起点或多项终点节点时，应在网络图的两端分别设置一项虚工作，作为该网络图的起点节点和终点节点，除了开始的起点节点和结束的终点节点外，其他所有节点，其前面必须至少有一个紧前工作节点，其后面必须至少有一个紧后工作节点，并以箭线相联系。在网络图中不允许出现不连通的中间节点。

（6）单代号网络图中，不允许出现没有箭尾节点的箭线和没有箭头节点的箭线；

（7）绘制单代号网络图时，箭线不宜交叉，当交叉不可避免时，可采用过桥法和指向法绘制。

（二）单代号网络图的绘制方法

单代号网络图绘制较双代号网络图简单，不必增设虚箭线。现举例说明单代号网络图的绘制方法。例如，要绘制某设备安装工程施工网络图，其工作步骤如下：

1. 确定工作名称并编号

该工程施工中共有 20 个施工过程，各施工过程（工作）的名称及编号分别为 A、B、C、D、E、F、G、H、I、J、K、L、M、N、O、P、Q、R、S、T。

2. 确定各工作之间的逻辑关系，绘制出分部网络图

绘制施工网络图时，各工作的逻辑关系必须根据工程实际的工艺逻辑和组织逻辑关系来确定。该工程中各工作的逻辑关系和相应的分部网络图如表 5-9 所示。

3. 分部网络图的拼接

根据表 5-9 所示的各分部网络图，拼接成一个完整的施工网络图。其拼接步骤为：

（1）从事件"开始"开始，将包含有"开始"的分部网络图绘出，把"开始"节点绘在图纸左边的中间位置；

逻 辑 关 系 表　　　　　　　　　　　表 5-9

序　号	逻 辑 关 系	分 部 网 络 图
1	A 是开始的第一项工作	开始 → A
2	B 和 C 完成后，F 才能开始	B, C → F
3	J 紧跟在 I 后面	I → J
4	R 取决于 L 和 Q	L, Q → R
5	Q 在 S 前面	Q → S
6	E 在 I 前面	E → I
7	O 在 S 前面	O → S
8	K 取决于 J 和 N	J, N → K
9	T 紧跟在 R 和 S 后面	R, S → T
10	P 和 K 完成前 Q 不能开始	P, K → Q
11	M 紧跟在 F 和 G 后面	F, G → M
12	B 紧跟 A	A → B

续表

序　号	逻　辑　关　系	分　部　网　络　图
13	C 在 G 前面	C ⟶ G
14	H 紧跟 D	D ⟶ H
15	T 是最后一项工作	T ⟶ 结束
16	L 紧跟 K	K ⟶ L
17	O 紧跟 M	M ⟶ O
18	P 只在 M 和 N 完后才能开始	M、N ⟶ P
19	F、G 和 H 结束后 N 才能开始	G、F、H ⟶ N
20	C、D、E 同时进行都在 A 后	A ⟶ C、E；C ⟶ D
21	F 紧跟 B	B ⟶ F

（2）仔细检查全部分部网络图，将包含有工作 A 的分部网络图绘出；

（3）依次考虑 A 的紧后工作，如工作 B、C、D、E，将其紧后工作拼接入图内；

（4）同法，将 F、G、H、I 的紧后工作拼接入图内，等等。直到全部节点绘出，并符合绘图规则为止。

在拼接网络图时为使施工网络图不至于凌乱，一般应将图纸在纵的方向，从左到右分出若干个区段。如本例分成如图 5-24 所示的 0～9 个区段。拼图时把各节点按先后顺序关

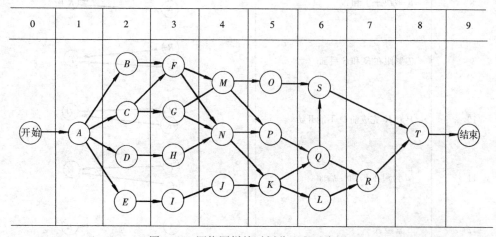

图 5-24　网络图拼接时划分区段示意图

系，分别均匀地拼入图内，稍加调整就可得到如图 5-25 所示的一张比较令人满意的网络图。

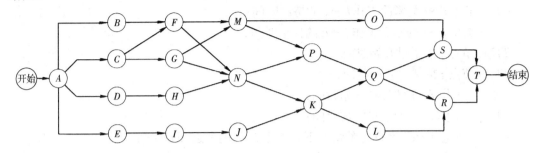

图 5-25 某工程施工网络计划

第三节 双代号网络计划时间参数的计算

根据工程对象各项工作的逻辑关系和绘图规则绘制网络图是一种定性的过程，只有进行时间参数计算这样一个定量的过程，才使网络图计划具有实际应用价值。

计算网络计划时间参数的目的主要有三个：第一，确定各项工作和各个事件的参数，从而确定关键线路和关键工作，便于施工中抓住重点，向关键线路要时间，为网络计划的执行、调整和优化提供必要的时间概念；第二，明确非关键工作及其在施工中时间上有多大的机动性，便于挖掘潜力，统筹全局，部署资源；第三，确定总工期，做到工程进度心中有数。

网络计划时间参数的计算内容包括：最早开始时间、最早完成时间、最迟开始时间、最迟完成时间、工期、总时差和自由时差的计算。计算方法通常有图上计算法、表上计算法、矩阵计算法和电算法等。本章主要介绍图上计算法和表上计算法。

一、网络计划时间参数及其符号

（一）工作持续时间

工作持续时间指一项工作从开始到完成的时间。其主要计算方法有：

（1）参照以往实践经验估算；

（2）经过试验推算；

（3）有标准可查，按定额计算。

（二）工期

工期是指完成一项任务所需要的时间。一般有以下三种工期：

（1）计算工期：是指根据时间参数计算所得到的工期，用 T_c 表示；

（2）要求工期：是指任务委托人提出的指令性工期，用 T_r 表示；

（3）计划工期：是指根据要求工期和计算工期所确定的作为实施目标的工期，用 T_p 表示。

当规定了要求工期时：$T_p \leqslant T_r$。

当未规定要求工期时：$T_p \leqslant T_c$。

（三）常用符号

设有线路 $h \to i \to j \to k$ ，则：

t_{i-j}—工作 $i \to j$ 的持续时间；

t_{h-i}—工作 $i \to j$ 的紧前工作 $h \to i$ 的持续时间；

t_{j-k}—工作 $i \to j$ 的紧后工作 $j \to k$ 的持续时间；

TE_i—节点 i 的最早开始时间；

TL_i—节点 i 的最迟开始时间；

ES_{i-j}—工作 $i \to j$ 的最早开始时间；

EF_{i-j}—工作 $i \to j$ 的最早完成时间；

LS_{i-j}—在总工期已经确定的情况下，工作 $i \to j$ 的最迟开始时间；

LF_{i-j}—在总工期已经确定的情况下，工作 $i \to j$ 的最迟完成时间；

TF_{i-j}—工作 $i \to j$ 的总时差；

FF_{i-j}—工作 $i \to j$ 的自由时差。

（四）网络计划中工作时间参数及其计算程序

网络计划中的时间参数有六个：最早开始时间、最早完成时间、最迟开始时间、最迟完成时间、总时差、自由时差。

1. 最早开始时间 ES_{i-j} 和最早完成时间 EF_{i-j}

最早开始时间是指各紧前工作全部完成后，本工作有可能开始的最早时间。工作 $i \to j$ 的最早开始时间用 ES_{i-j} 表示。

最早完成时间是指各项紧前工作全部完成后，本工作有可能完成的最早时间。$i \to j$ 的最早完成时间用 EF_{i-j} 表示。

这类时间参数的实质是指出了紧后工作与紧前工作的关系，即紧后工作若提前开始，也不能提前到其紧前工作未完成之前。就整个网络图而言，受到起点节点的控制。因此，其计算程序为：自起点节点开始，顺着箭线方向，用累加的方法计算到终点节点。

2. 最迟开始时间 LS_{i-j} 和最迟完成时间 LF_{i-j}

最迟开始时间是指在不影响整个任务按期完成的前提下，工作必须开始的最迟时间。工作 $i \to j$ 的最迟开始时间用 LS_{i-j} 表示。

最迟完成时间是指在不影响整个任务按期完成的前提下，工作必须完成的最迟时间。工作 $i \to j$ 的最迟完成时间用 LF_{i-j} 表示。

这类时间参数的实质是提出紧前工作与紧后工作的关系，即紧前工作要推迟开始，不能影响其紧后工作的按期完成。就整个网络图而言，受到终点节点（即计算工期）的控制。因此，其计算程序为：自终点开始，逆着箭线方向，用累减的方法计算到起点节点。

3. 总时差 TF_{i-j} 和自由时差 FF_{i-j}

总时差是指在不影响总工期的前提下，本工作可以利用的机动时间。工作 $i \to j$ 的总时差用 TF_{i-j} 表示。

自由时差是指不影响其紧后工作最早开始时间的前提下，本工作可以利用的机动时间。工作 $i \to j$ 的自由时差用 FF_{i-j} 表示。

（五）网络计划中节点时间参数及其计算程序

1. 节点最早开始时间 TE_i

双代号网络计划中，以该节点为开始节点的各项工作的最早开始时间，称为节点最早开始时间。节点 i 的最早时间用 TE_i 表示。计算程序为：自起点节点开始，顺着箭线方向，用累加的方法计算到终点节点。

2. 节点最迟完成时间 TL_i

双代号网络计划中，以该节点为完成节点的各项工作的最迟完成时间，称为节点的最迟完成时间，节点 i 的最迟完成时间用 TL_i 表示。其计算程序为：自终点节点开始，逆着箭线方向，用累减的方法计算到起点节点。

（六）时间参数的关系

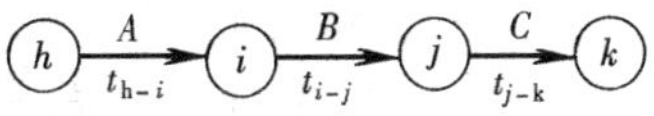

从节点时间参数的概念出发，现以图 5-26 来分析各时间参数的关系：工作 B 的最早开始时间等于节点 i 的最早开始时间；工作 B 的最早完成时间等于其最早开始时间加上

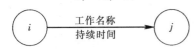

图 5-26 时间参数关系简图

工作 B 的持续时间；工作 B 的最迟开始时间等于其最迟完成时间减去工作 B 的持续时间；工作 B 的最迟完成时间等于节点 j 的最迟开始时间。从上述分析可以得出节点时间参数与工作时间的关系为：

$$ES_{i-j} = TE_i$$
$$EF_{i-j} = ES_{i-j} + t_{i-j}$$
$$LF_{i-j} = TL_j$$
$$LS_{i-j} = LF_{i-j} - t_{i-j}$$

二、双代号网络计划时间参数的计算方法

（一）工作计算法

按工作计算法计算参数应在确定了各项工作的持续时间之后进行。虚工作也必须视同工作进行计算，其持续时间为零。时间参数的计算结果就标注在箭线之上。如图 5-27 所示。

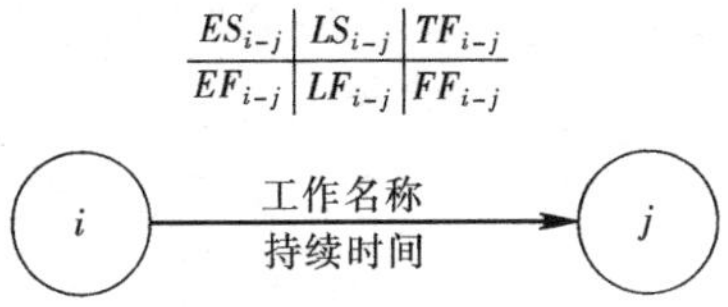

1. 计算各工作的最早开始时间和最早完成时间

各项工作的最早完成时间等于其最早开始时间加上工作持续时间，即

$$EF_{i-j} = ES_{i-j} + t_{i-j}$$

图 5-27 按工作计算法的标注内容
注：当为虚工作时，图中的箭线为虚箭线。

计算工作最早时间参数时，一般有以下三种情况：

（1）工作以起点节点为开始节点时，其最早开始时间应为零（或规定时间），即：

$$ES_{i-j} = 0$$

（2）当工作只有一项紧前工作时，该工作的最早开始时间就为其紧前工作的最早完成时间，即：

$$ES_{i-j} = EF_{h-i} = ES_{h-i} + t_{h-i}$$

（3）当工作有多个紧前工作时，该工作的最早开始时间应为其所有紧前工作最早完成时间的最大值，即：

$$ES_{i-j} = \max (ES_{h-i} + t_{h-i})$$

如图 5-28 所示的网络计划中，各工作的最早开始时间和最早完成时间计算如下：

工作的最早开始时间：

$$ES_{1-2} = ES_{1-3} = 0$$
$$ES_{2-3} = ES_{1-2} + t_{1-2} = 0 + 1 = 1$$

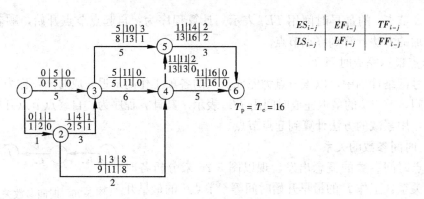

图 5-28　某双代号网络图的计算

$$ES_{2-4} = ES_{2-3} = 1$$

$$ES_{3-4} = \max\left\{\begin{matrix} ES_{1-3} + t_{1-3} \\ ES_{2-3} + t_{2-3} \end{matrix}\right\} = \max\left\{\begin{matrix} 0+5 \\ 1+3 \end{matrix}\right\} = 5$$

$$ES_{3-5} = ES_{3-4} = 5$$

$$ES_{4-5} = \max\left\{\begin{matrix} ES_{2-4} + t_{2-4} \\ ES_{3-4} + t_{3-4} \end{matrix}\right\} = \max\left\{\begin{matrix} 1+2 \\ 5+6 \end{matrix}\right\} = 11$$

$$ES_{4-6} = ES_{4-5} = 11$$

$$ES_{5-6} = \max\left\{\begin{matrix} ES_{3-5} + t_{3-5} \\ ES_{4-5} + t_{4-5} \end{matrix}\right\} = \max\left\{\begin{matrix} 5+5 \\ 11+0 \end{matrix}\right\} = 11$$

工作的最早完成时间：

$$EF_{1-2} = ES_{1-2} + t_{1-2} = 0+1 = 1$$

$$EF_{1-3} = ES_{1-3} + t_{1-3} = 0+5 = 5$$

$$EF_{2-3} = ES_{2-3} + t_{2-3} = 1+3 = 4$$

$$EF_{2-4} = ES_{2-4} + t_{2-4} = 1+2 = 3$$

$$EF_{3-4} = ES_{3-4} + t_{3-4} = 5+6 = 11$$

$$EF_{3-5} = ES_{3-5} + t_{3-5} = 5+5 = 10$$

$$EF_{4-5} = ES_{4-5} + t_{4-5} = 11+0 = 11$$

$$EF_{4-6} = ES_{4-6} + t_{4-6} = 11+5 = 16$$

$$EF_{5-6} = ES_{5-6} + t_{5-6} = 11+3 = 14$$

上述计算可以看出，工作的最早时间计算应特别注意以下三点：一是计算程序，即从起点节点顺着箭线方向，按节点次序逐项工作计算；二是要弄清该工作的紧前工作是哪几项，以便准确计算；三是同一节点的所有外向工作最早开始时间相同。

2. 确定网络计划工期

当网络计划规定了要求工期时，网络计划的计划工期应小于或等于要求工期，即

$$T_P \leqslant T_r$$

当网络计划未规定工期时，网络计划的计划工期应等于计算工期，即以网络计划的终点节点为完成节点的各个工作的最早完成时间的最大值，如网络计划的终点节点的编号为 n，则计算工期为：

$$T_P = T_C = \max\{EF_{i-n}\}$$

如图 5-28 所示，网络计划的计算工期为：

$$T_C = \max\begin{Bmatrix} EF_{4-6} \\ EF_{5-6} \end{Bmatrix} = \begin{Bmatrix} 16 \\ 14 \end{Bmatrix} = 16$$

3. 计算各工作的最迟完成和最迟开始时间

各工作的最迟开始时间等于其最迟完成时间减去工作持续时间，即：

$$LS_{i-j} = LF_{i-j} - t_{i-j}$$

计算工作最迟时间参数时，一般有以下三种情况：

(1) 当工作的终点节点为完成节点时，其最迟完成时间为网络计划的计划工期，即：

$$LF_{i-j} = T_P$$

(2) 当工作只有一项紧后工作时，该工作的最迟完成时间应为其紧后工作的最迟开始时间，即：

$$LF_{i-j} = LF_{j-k} - t_{j-k}$$

(3) 当工作有多项紧后工作时，该工作的最迟完成时间应为其多项紧后工作最迟开始时间的最小值，即：

$$LF_{i-j} = \min(LS_{j-k}) = \min(LF_{j-k} - t_{j-k})$$

如图 5-28 所示的计划中，各工作的最迟完成时间和最迟开始时间计算如下：

工作的最迟完成时间：

$$LF_{4-6} = T_C = 16$$
$$LF_{5-6} = LF_{4-6} = 16$$
$$LF_{3-5} = LF_{5-6} - t_{5-6} = 16 - 3 = 13$$
$$LF_{2-4} = \min\begin{Bmatrix} LF_{4-5} - t_{4-5} \\ LF_{4-6} - t_{4-6} \end{Bmatrix} = \min\begin{Bmatrix} 13 - 0 \\ 16 - 5 \end{Bmatrix} = 11$$
$$LF_{3-4} = LF_{2-4} = 11$$
$$LF_{1-3} = \min\begin{Bmatrix} LF_{3-4} - t_{3-4} \\ LF_{3-5} - t_{3-5} \end{Bmatrix} = \min\begin{Bmatrix} 11 - 6 \\ 13 - 5 \end{Bmatrix} = 5$$
$$LF_{2-3} = LF_{1-3} = 5$$
$$LF_{1-2} = \min\begin{Bmatrix} LF_{2-3} - t_{2-3} \\ LF_{2-4} - t_{2-4} \end{Bmatrix} = \min\begin{Bmatrix} 5 - 3 \\ 11 - 2 \end{Bmatrix} = 2$$

工作的最迟开始时间：

$$LS_{4-6} = LF_{4-6} - t_{4-6} = 16 - 5 = 11$$
$$LS_{5-6} = LF_{5-6} - t_{5-6} = 16 - 3 = 13$$
$$LS_{3-5} = LF_{3-5} - t_{3-5} = 13 - 5 = 8$$
$$LS_{4-5} = LF_{4-5} - t_{4-5} = 13 - 0 = 13$$
$$LS_{2-4} = LF_{2-4} - t_{2-4} = 11 - 2 = 9$$
$$LS_{3-4} = LF_{3-4} - t_{3-4} = 11 - 6 = 5$$
$$LS_{1-3} = LF_{1-3} - t_{1-3} = 5 - 5 = 0$$
$$LS_{2-3} = LF_{2-3} - t_{2-3} = 5 - 3 = 2$$

$$LS_{1-2} = LF_{1-2} - t_{1-2} = 2 - 1 = 1$$

上述计算可以看出，工作的最迟时间计算时应特别注意以下三点：一是计算程序，即从终点节点开始逆着箭线方向，按节点次序逐项工作计算；二是要弄清该工作紧后工作有哪几项，以便正确计算；三是同一节点的所有内向工作最迟完成时间相同。

4. 计算各工作的总时差

如图 5-29 所示，在不影响总工期的前提下，各项工作所具有的机动时间（富裕时间）为总时差。一项工作可以利用的时间范围是从该工作最早开始时间到最迟完成时间，即工作从最早开始时间或最迟开始时间，均不会影响总工期。而工作实际需要的持续时间是 t_{i-j}，扣去 t_{i-j} 后，余下的一段时间就是工作可以利用的机动时间，即为总时差。所以总时差等于最迟开始时间减去最早开始时间，或最迟完成时间减去最早完成时间，即：

$$TF_{i-j} = LS_{i-j} - ES_{i-j}$$

或

$$TF_{i-j} = LF_{i-j} - EF_{i-j}$$

或

$$TF_{i-j} = LF_{i-j} - ES_{i-j} - t_{i-j}$$

如图 5-28 所示的网络图中，各工作的总时差计算如下：

$$TF_{1-2} = LS_{1-2} - ES_{1-2} = 1 - 0 = 1$$
$$TF_{1-3} = LS_{1-3} - ES_{1-3} = 0 - 0 = 0$$
$$TF_{2-3} = LS_{2-3} - ES_{2-3} = 2 - 1 = 1$$
$$TF_{2-4} = LS_{2-4} - ES_{2-4} = 9 - 1 = 8$$
$$TF_{3-4} = LS_{3-4} - ES_{3-4} = 5 - 5 = 0$$
$$TF_{3-5} = LS_{3-5} - ES_{3-5} = 8 - 5 = 3$$
$$TF_{4-5} = LS_{4-5} - ES_{4-5} = 13 - 11 = 2$$
$$TF_{4-6} = LS_{4-6} - ES_{4-6} = 11 - 11 = 0$$
$$TF_{5-6} = LS_{5-6} - ES_{5-6} = 13 - 11 = 2$$

通过计算不难看出总时差具有如下特性：

（1）凡是总时差为最小的工作就是关键工作；由关键工作连接构成的线路为关键线路；关键线路上各工作时间之和即为总工期。如图 5-28 所示，工作 1—3、3—4、4—6 为关键工作，线路 1—3—4—6 为关键线路。

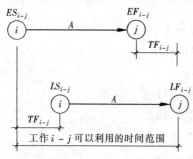

图 5-29 总时差计算简图

（2）当网络计划的计划工期等于计算工期时，凡总时差大于零的工作为非关键工作；凡是具有非关键工作的线路为非关键线路。非关键线路与关键线路相交时的相关节点把非关键线路划分成若干个非关键路段，各段有各段的总时差，相互没有关系。

（3）时差的使用具有双重性，它既可以被该工作使用，但又属于某非关键线路所共有。当某项工作使用了全部或部分总时差时，则将引起通过该工作的线路上所有工作总时差重新分配。例如图 5-28 中，非关键线路 3—5—6 中，$TF_{3-5} = 3$ 天、$TF_{5-6} = 2$ 天，如果工作 3—5 使用了 3 天机动时间，则工作 5—6 就没有了总时差可以利用；反之若工作 5—6 使用了 2 天机动时间，则工作 3—5 就只有 1 天的时差可以利用了。

5. 计算各工作的自由时差 FF_{i-j}

如图 5-30 所示，在不影响其紧后工作最早开始时间的前提下，一项工作可以利用的时间范围是从该工作最早开始时间至其紧后工作最早开始时间。而工作实际需要的持续时间是 t_{i-j}，那么扣去 t_{i-j} 后，尚有的一段时间就是自由时差。其计算如下：

即：

$$FF_{i-j} = ES_{j-k} - EF_{i-j}$$

或

$$FF_{i-j} = ES_{j-k} - ES_{i-j} - t_{i-j}$$

以终点节点（$j = n$）为箭头节点的工作，其自由时差应按网络计划的计划工期 T_P 确定，即：

$$FF_{i-n} = T_P - EF_{i-n}$$

或

$$FF_{i-n} = T_P - ES_{i-n} - t_{i-n}$$

如图 5-28 所示的网络图中，各工作的自由时差计算如下：

$$FF_{i-j} = \min\{ES_{j-k}\} - EF_{i-j}$$

或

$$FF_{i-j} = \min\{ES_{j-k}\} - ES_{i-j} - D_{i-j}$$

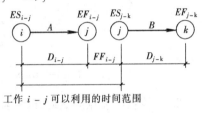

工作 $i - j$ 可以利用的时间范围

通过计算不难看出自由时差有如下特性：

（1）自由时差为某非关键工作具有独立使用的机动时间，利用自由时差，不会影响其紧后工作的最早开始时间。例如图 5-28 中，工作 3—5 有 1 天自由时差，如果使用了 1 天机动时间，也不影响其紧后工作 5—6 的最早开始时间。

图 5-30　自由时差的计算简图

（2）非关键工作的自由时差必小于或等于其总时差。

（二）节点计算法

按节点计算法计算时间参数，其计算结果应标注在节点之上，如图 5-31 所示。下面以图 5-32 为例，说明其计算步骤：

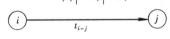

图 5-31　时间参数标注符号

1. 计算各节点的最早开始时间 TE_i

节点的最早开始时间是以该节点为开始节点的工作的最早开始时间，也就是该节点前面的工作全部完成，后面的工作最早可能开始的时间。其计算分两种情况：

（1）起始节点①如未规定最早开始时间，其值可以假定为零，即 $TE_1 = 0$。

（2）中间节点 j 的最早开始时间为：

当节点 j 的前面只有一个节点时，则

$$TE_j = TE_i + t_{i-j}$$

当节点 j 的前面不止一个节点时，则

$$TE_j = \max(TE_i + t_{i-j})$$

计算各个节点的最早开始时间应从左到右依次进行，直至终点。计算方法可归纳为："顺着箭头相加，逢箭头相碰的节点取最大值"。

在图 5-32 所示的网络图中，各节点最早开始时间计算如下，并及时记入各节点上方。

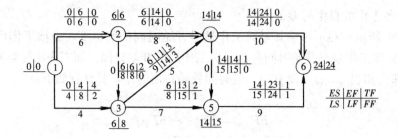

图 5-32 双代号网络图的节点计算法

$$TE_1 = 0$$

$$TE_2 = TE_1 + t_{1-2} = 0 + 6 = 6$$

$$TE_3 = \max \left\{ \begin{array}{l} TE_1 + t_{1-3} = 0 + 6 = 6 \\ TE_2 + t_{2-3} = 6 + 0 = 6 \end{array} \right\} = 6$$

$$TE_4 = \max \left\{ \begin{array}{l} TE_2 + t_{2-4} = 6 + 8 = 14 \\ TE_3 + t_{3-4} = 6 + 5 = 11 \end{array} \right\} = 14$$

$$TE_5 = \max \left\{ \begin{array}{l} TE_3 + t_{3-5} = 6 + 7 = 13 \\ TE_4 + t_{4-5} = 14 + 0 = 14 \end{array} \right\} = 14$$

$$TE_6 = \max \left\{ \begin{array}{l} TE_4 + t_{4-6} = 14 + 10 = 24 \\ TE_5 + t_{5-6} = 14 + 9 = 23 \end{array} \right\} = 24$$

2. 计算各个节点的最迟开始时间 TL_i

节点的最迟开始时间是以该节点为完成节点的工作的最迟开始时间，也就是对前面工作最迟完成时间所提出的限制。其计算有两种情况：

(1) 终点节点 n 的最迟开始时间应等于网络计划的计划工期，即：

$$TL_n = TE_n （规定工期）$$

若分期完成的节点，则最迟时间等于该节点规定的分期完成的时间。

(2) 中间节点 i 的最迟开始时间：

当节点 i 的后面只有一个节点时，则

$$TL_i = TL_j - t_{i-j}$$

当节点 i 的后面不只有一个节点时，则

$$TL_i = \min (TL_j - t_{i-j})$$

计算各节点的最迟开始时间应从右向左，依次进行，直至起点节点。计算方法可归纳为："逆着箭头相减，逢箭尾相碰的节点取最小值"。

在图 5-32 所示网络中，各节点最迟开始时间计算如下，并将计算结果及时记入各节点右上方。

$$TL_6 = TE_6 = 24$$

$$TL_5 = TL_6 - t_{5-6} = 24 - 9 = 15$$

$$TL_4 = \min \left\{ \begin{array}{l} TL_6 - t_{4-6} = 24 - 10 = 14 \\ TL_5 - t_{4-5} = 15 - 0 = 15 \end{array} \right\} = 14$$

$$TL_3 = \min \left\{ \begin{array}{l} TL_4 - t_{3-4} = t = 14 - 5 = 9 \\ TL_5 - t_{3-5} = 15 - 7 = 8 \end{array} \right\} = 8$$

$$TL_2 = \min \left\{ \begin{array}{l} TL_4 - t_{2-4} = 14 - 8 = 6 \\ TL_3 - t_{2-3} = 8 - 0 = 8 \end{array} \right\} = 6$$

$$TL_1 = \min \left\{ \begin{array}{l} TL_2 - t_{1-2} = 6 - 6 = 0 \\ TL_3 - t_{1-3} = 8 - 4 = 4 \end{array} \right\} = 0$$

3. 计算各工作的最早开始时间 ES_{i-j} 和最早完成时间 EF_{i-j}

（1）各项工作的最早开始时间等于其开始节点最早开始时间，即：

$$ES_{i-j} = TE_i$$

（2）各项工作的最早完成时间等于其最早开始时间加上工作持续时间，即：

$$EF_{i-j} = ES_{i-j} + t_{i-j}$$

图 5-32 中各工作的最早开始时间 ES_{i-j} 和最早完成时间 EF_{i-j} 计算如下：

$$ES_{1-2} = TE_1 = 0 \quad EF_{1-2} = ES_{1-2} + t_{1-2} = 0 + 6 = 6$$

$$ES_{1-3} = TE_1 = 0 \quad EF_{1-3} = ES_{1-3} + t_{1-3} = 0 + 4 = 4$$

$$\vdots \qquad\qquad \vdots$$

$$ES_{5-6} = TE_5 = 14 \quad EF_{5-6} = ES_{5-6} + t_{5-6} = 14 + 9 = 23$$

将所得计算结果标注在箭线上方。

4. 计算各工作的最迟完成时间 LF_{i-j} 和最迟开始时间 LS_{i-j}

（1）各项工作的最迟完成时间等于其结束节点的最迟开始时间，即：

$$LF_{i-j} = TL_j$$

（2）各项工作的最迟开始时间等于其最迟结束时间减去工作持续时间，即：

$$LS_{i-j} = LF_{i-j} - t_{i-j}$$

图 5-32 中各工作的最迟完成时间 LF_{i-j} 和最迟开始时间 LS_{i-j} 计算如下，从右向左，依次计算并将计算结果标注在箭线上方。

$$LF_{5-6} = TL_6 = 24 \quad LS_{5-6} = LF_{5-6} - t_{5-6} = 24 - 9 = 15$$

$$LF_{4-6} = TL_6 = 24 \quad LS_{4-6} = LF_{4-6} - t_{4-6} = 24 - 10 = 14$$

$$\vdots \qquad\qquad \vdots$$

$$LF_{1-2} = TL_2 = 6 \quad LS_{1-2} = LF_{1-2} - t_{1-2} = 6 - 6 = 0$$

5. 计算各工作的总时差 TF_{i-j}

工作总时差等于该工作的完成节点最迟开始时间减去该工作开始节点的最早开始时间再减去工作持续时间，即：

$$TF_{i-j} = LF_{i-j} - ES_{i-j} - t_{i-j}$$
$$= LS_{i-j} - ES_{i-j}$$
$$= LF_{i-j} - EF_{i-j}$$

图 5-32 中各工作的总时差计算如下：

$$TF_{1-2} = LS_{1-2} - ES_{1-2} = 0 - 0 = 0$$

$$TF_{1-3} = LS_{1-3} - ES_{1-3} = 4 - 0 = 4$$

$$\vdots \qquad\qquad \vdots$$

$$TF_{5-6} = LS_{5-6} - ES_{5-6} = 15 - 14 = 1$$

6. 计算自由时差（局部时差）FF_{i-j}

工作自由时差等于该工作的完成节点最早开始时间减去该工作开始节点的最早开始时间，再减去该工作的持续时间，即：

$$FF_{i-j} = ES_{j-k} - ES_{i-j} - t_{i-j}$$
$$= ES_{j-k} - EF_{i-j}$$

图 5-32 中，各工作的自由时差计算如下：

$$FF_{1-2} = ES_{2-3} - EF_{1-2} = 6 - 6 = 0$$
$$FF_{1-3} = ES_{3-4} - EF_{1-3} = 6 - 4 = 2$$
$$\vdots \qquad \qquad \vdots$$
$$FF_{5-6} = TE_6 - EF_{5-6} = 24 - 23 = 1$$

7. 确定关键工作和关键线路

网络图中总时差为零的工作就是关键工作。如图 5-32 中工作①—②、②—④、④—⑥为关键工作。这些工作在计划执行中不具备机动时间。关键工作一般用双箭线或粗箭线表示。由关键工作组成的线路即为关键线路。如图 5-32 中①—②—④—⑥为关键线路。

（三）图上计算法

图上计算法是根据工作计算法或节点计算法的时间参数计算公式，在图上直接计算的一种较直观、简便的方法。

1. 计算工作的最早开始时间和最早完成时间

以起点节点为开始节点的工作，其最早开始时间一般记为 0，如图 5-33 所示的工作 1—2 和工作 1—3。

其余工作的最早开始时间可采用"沿线累加，逢圈取大"的计算方法求得。即从网络图的起点节点开始，沿每一条线路将各工作的作业时间累加起来，在每一个圆圈（节点）处取到达该点的各条线路累计时间的最大值，就是以该节点为开始节点的各工作的最早开始时间。

工作的最早完成时间等于该工作最早开始时间与本工作持续时间之和。

将计算结果标注在箭线上方各工作图例对应的位置上。如图5-33。

2. 计算工作的最迟完成时间和最迟开始时间

以终点节点为完成节点的工作，其最迟完成时间就等于计划工期，如图 5-33 所示的

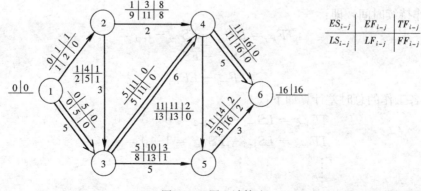

图 5-33 图上计算法

工作 4—6 和工作 5—6。

其余工作的最迟完成时间采用"逆线相减，逢圈取小"的计算方法求得。即从网络图的终点节点逆着每条线路将计划工期依次减去各工作的持续时间，在每一圆圈处取后续线路累计时间的最小值，就是以该节点为完成节点的各工作的最迟完成时间。

工作的最迟开始时间等于该工作的最迟完成时间与本工作持续时间之差。

将计算结果标注在箭线上方各工作图例对应的位置上。如图 5-33。

3. 计算工作的总时差

工作的总时差可采用"迟早相减，所得之差"的计算方法。即工作的总时差等于该工作的最迟开始时间减去工作的最早开始时间，或等于该工作的最迟完成时间减去工作的最早完成时间。将计算结果标注在箭线上方各工作图例对应的位置上。如图 5-33。

4. 计算工作的自由时差

工作的自由时差等于紧后工作的最早开始时间减去本工作的最早完成时间。可在图上相应位置直接相减得到，并将计算结果标注在箭线上方各工作图例对应的位置上。如图 5-33。

5. 计算节点的最早开始时间

起点节点的最早开始时间一般记为 0，如图 5-34 所示的①节点。

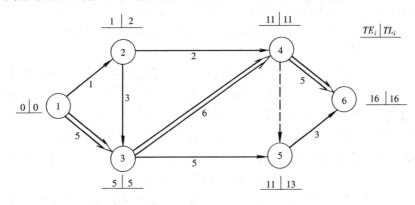

图 5-34　网络图时间参数计算

其余节点的最早开始时间也可采用"沿线累加，逢圈取大"的计算方法求得。

将计算结果标注在相应节点图例对应位置上。如图 5-34。

6. 计算节点的最迟开始时间

终点节点的最迟开始时间等于计划工期。当网络计划有规定工期时，终点节点最迟开始时间（计划工期）就等于规定工期；当没有规定工期时，终点节点最迟开始时间（计划工期）就等于终点节点的最早开始时间。其余节点的最迟开始时间也可采用"逆线相减，逢圈取小"的计算方法求得。将计算结果标注在相应节点图例对应的位置上。如图 5-34 所示。

（四）表上计算法

为了网络图的清晰和计算数据条理化，依据工作计算法和节点计算法所建立的关系式，可采用表格进行时间参数计算。

现对图 5-33 双代号网络计划列表计算。其格式如表 5-10。

网络计划时间参数计算表   表 5-10

节 点	TE_i	TL_i	工 作	T_{i-j}	ES_{i-j}	EF_{i-j}	LS_{i-j}	LF_{i-j}	TF_{i-j}	FF_{i-j}
(1)	(2)	(3)	(4)	(5)	(6)	(7)	(8)	(9)	(10)	(11)
①	0	0	1—2	1	0	1	1	2	1	0
			1—3	5	0	5	0	5	0	0
②	1	2	2—3	3	1	4	2	5	1	1
			2—4	2	1	3	9	11	8	8
③	5	5	3—4	6	5	11	5	11	0	0
			3—5	5	5	10	8	13	3	1
④	11	11	4—5	0	11	11	13	13	2	0
			4—6	5	11	16	11	16	0	0
⑤	11	13	5—6	3	11	14	13	16	2	2
⑥	16	16								

现仍以图 5-33 为例，介绍表上计算法的计算步骤。

（1）将节点编号、工作代号及工作持续时间填入表 5-10 第（1）、（4）、（5）栏内。

（2）自上而下计算各节点的最早开始时间 TE_i，填入第（2）栏内。

1）起点节点的最早开始时间为零；

2）根据节点的内向箭线个数及工作持续时间计算其余节点的最早开始时间：

$$TE_j = \max\ (TE_i + t_{i-j})$$

（3）自下而上计算各个节点的最迟开始时间 TL_i，填入第（3）栏内。

1）设终点节点的最迟开始时间等于其最早开始时间，即 $TL_n = TE_n$；

2）根据各节点的外向箭线个数及工作持续时间计算其余各节点的最迟开始时间：

$$TL_i = \min\ (TL_j - t_{i-j})$$

（4）计算各工作的最早开始时间 ES_{i-j} 和最早完成时间 EF_{i-j}，分别填入第（6）和第（7）栏内。

1）工作 $i-j$ 的最早开始时间等于其开始节点的最早开始时间，可以从第（2）栏相应节点中查出；

2）工作 $i-j$ 的最早完成时间等于其最早开始时间加上工作持续时间，可将第（6）栏与第（5）栏相加求得。

（5）计算各工作的最迟完成时间 LF_{i-j} 和最迟开始时间 LS_{i-j}，分别填入第（8）和第（9）栏内。

1）工作 $i-j$ 的最迟完成时间等于其完成节点的最迟开始时间，可以从第（3）栏相应的节点中查出；

2）工作 $i-j$ 的最迟开始时间等于其最迟完成时间减去工作持续时间，可将第（9）栏与第（5）栏相减求得。

（6）计算各工作的总时差 TF_{i-j}，填入第（10）栏内。

工作 $i-j$ 的总时差等于其最迟开始时间减去最早开始时间，可用第（8）栏减去第

（6）栏求得。

（7）计算各工作的自由时差 FF_{i-j}，填入第（11）栏内。

工作 $i-j$ 的自由时差等于其紧后工作的最早开始时间减去本工作的最早完成时间，可用紧后工作的第（6）栏减去本工作的第（7）栏求得。

第四节　单代号网络计划时间参数的计算

一、单代号网络计划时间参数计算的公式与规定

（一）最早时间进度计算

（1）工作最早开始时间的计算应符合下列规定：

1）工作 i 的最早开始时间 ES_i 应从网络图的起点节点开始，顺着箭线方向依次逐个计算，计算的时间参数标在节点的上方。

2）起点节点的最早开始时间 ES_i 如无规定时，其值等于零，即：

$$ES_i = 0$$

3）其他工作节点的最早开始时间 ES_i 应为：

$$ES_i = \max(ES_h + t_h) = \max(EF_h)$$

式中　ES_h——工作 i 的紧前工作 h 的最早开始时间；

t_h——工作 i 的紧前工作 h 的持续时间；

EF_h——工作 i 的紧前工作 h 的最迟开始时间。

（2）工作 i 的最早完成时间 EF_i 的计算应符合下式规定：

$$EF_i = ES_i + t_i$$

（3）网络计划计算工期 T_C 的计算应符合下式规定：

$$T_C = EF_n$$

（4）网络计划的计划工期 T_P 应按下列情况分别确定：

1）当已规定了要求工期 T_r 时，

$$T_P \leqslant T_r$$

2）当未规定要求工期时，

$$T_P = T_c$$

（二）工作最迟时间进度计算

（1）工作最迟完成时间的计算应符合下列规定：

1）工作 i 最迟完成时间 LF_i 应从网络图的终点节点开始，逆着箭线方向依次逐项计算。当部分工作分期完成时，有关工作的最迟完成时间应从分期完成的节点开始逆向逐项计算。

2）终点节点所代表的工作 n 的最迟完成时间 LF_n 应按网络计划的计划工期 T_P 确定，即：

$$LF_n = T_P$$

分期完成那项工作的最迟完成时间应等于分期完成的时刻。

3）其他工作 i 的最迟完成时间 LF_i 应为：

$$LF_i = \min(LF_j - t_j) = \min(LS_j)$$

式中 LF_j——工作 i 的紧后工作 j 的最迟完成时间;

t_j——工作 i 的紧后工作 j 的持续时间;

LS_j——工作 i 的紧后工作 j 的最迟开始时间。

（2）工作 i 的最迟开始时间的 LS_i 的计算应符合下列规定:

$$LS_i = LF_i - t_i$$

（三）时差计算

（1）工作总时差的计算应符合下列规定:

1）工作 i 的总时差 TF_i 应从网络图的终点节点开始,逆着箭线方向依次逐项计算。当部分工作分期完成时,有关工作的总时差必须从分期完成的节点开始逆向逐项计算。

2）终点节点所代表的工作 n 的总时差 TF_n 值为零,即:

$$TF_n = 0$$

3）其他工作的总时差 TF_i 的计算应符合下列规定:

$$TF_i = LS_i - ES_i = LF_i - EF_i$$

即表示,某节点的总时差等于其最迟开始时间与最早开始时间的差,也等于其最迟完成时间与最早完成时间之差。计算时将节点左边或右边对应的参数相减即得。

（2）工作的自由时差计算应符合下列规定:

某节点 i 的自由时差等于其紧后节点 j 最早开始时间的最小值,与本身的最早完成时间之差,即:

$$FF_i = \min(ES_j) - EF_i$$

将计算的结果标注在各节点下面圆括号内。

（四）确定关键工作和关键线路

网络计划中机动时间最少的工作称为关键工作,因此,网络计划中工作总时差最小的的工作也就是关键工作。在计划工期等于计算工期时,总时差为零的工作就是关键工作。事件可以看成是持续时间为零的活动或工作。所以,当"开始"和"结束"的总时差为零时,也可以把它们当作关键工作来看。

从网络图的开始节点起到结束节点止,沿着箭线顺序连接各关键工作的线路称为关键线路。关键线路用粗箭线或双线箭线表示,以便实施时一目了然。

二、单代号网络计划时间参数计算示例

【例 5-4】 试计算如图 5-35 所示单代号网络计划的时间参数。

【解】 计算结果如图 5-36 所示,其计算过程如下:

1. 工作最早开始时间的计算

工作的最早开始时间从网络图起点节点开始,顺着箭线方向自左向右,依次逐个计算。因起点节点的最早开始时间未作规定,故

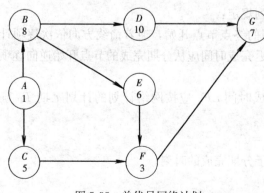

图 5-35 单代号网络计划

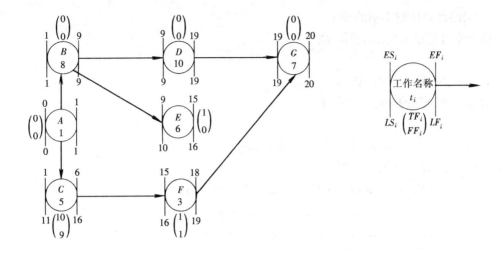

图 5-36　单代号网络计划的时间参数计算结果

$$ES_1 = 0$$

　　其后续工作节点最早开始时间是其紧前工作的最早开始时间与其持续时间之和，并取其最大值，计算公式如下：

$$ES_j = \max(ES_h + t_h)$$

由此而得
$$ES_2 = ES_1 + t_1 = 0 + 1 = 1$$
$$ES_3 = ES_1 + t_1 = 0 + 1 = 1$$
$$ES_4 = ES_2 + t_2 = 1 + 8 = 9$$
$$ES_5 = ES_2 + t_2 = 1 + 8 = 9$$
$$ES_6 = \max(ES_3 + t_3, ES_5 + t_5) = \max(1 + 5, 9 + 6) = 15$$
$$ES_7 = \max(ES_4 + t_4, ES_6 + t_6) = \max(9 + 10, 15 + 3) = 19$$

2. 工作最早完成时间的计算

　　每项工作的最早完成时间是该工作的最早开始时间与其持续时间之和，其计算公式如下：

$$EF_i = ES_i + t_i$$

由此而得
$$EF_1 = ES_1 + t_1 = 0 + 1 = 1$$
$$EF_2 = ES_2 + t_2 = 1 + 8 = 9$$
$$EF_3 = ES_3 + t_3 = 1 + 5 = 6$$
$$EF_4 = ES_4 + t_4 = 9 + 10 = 19$$
$$EF_5 = ES_5 + t_5 = 9 + 6 = 15$$
$$EF_6 = ES_6 + t_6 = 15 + 3 = 18$$
$$EF_7 = ES_7 + t_7 = 19 + 1 = 20$$

3. 网络计划的计算工期

网络计划的计算工期 T_C 按公式 $T_C = EF_n$ 计算。

由此而得
$$T_C = EF_7 = 20$$

4. 网络计划计划工期的确定

由于本计划没有要求工期，故

$$T_P = T_C = 20$$

5. 最迟完成时间的计算

最迟完成时间的计算公式如下：

$$LF_n = T_P$$

或 $$LF_i = \min(LF_j - t_j) = \min(LS_j)$$

由此而得 $$LF_7 = T_P = 20$$

$$LF_6 = \min(LF_7 - t_7) = \min(20 - 1) = 19$$

$$LF_5 = \min(LF_6 - t_6) = \min(19 - 3) = 16$$

$$LF_4 = \min(LF_7 - t_7) = \min(20 - 1) = 19$$

$$LF_3 = \min(LF_6 - t_6) = \min(19 - 3) = 16$$

$$LF_2 = \min(LF_4 - t_4, LF_5 - t_5) = \min(19 - 10, 16 - 6) = 9$$

$$LF_1 = \min(LF_2 - t_2, LF_3 - t_3) = \min(9 - 8, 16 - 5) = 1$$

6. 工作总时差的计算

总时差的计算公式如下：

$$TF_n = 0$$

$$TF_i = LS_i - ES_i$$

$$= LF_i - EF_i$$

由此而得 $$TF_7 = 0$$

$$TF_6 = LF_6 - EF_6 = 19 - 18 = 1$$

$$TF_5 = LF_5 - EF_5 = 16 - 15 = 1$$

$$TF_4 = LF_4 - EF_4 = 19 - 19 = 0$$

$$TF_3 = LF_3 - EF_3 = 16 - 6 = 10$$

$$TF_2 = LF_2 - EF_2 = 9 - 9 = 0$$

$$TF_1 = LF_1 - EF_1 = 1 - 1 = 0$$

7. 自由时差的计算

工作 i 的自由时差计算公式如下：

$$FF_i = \min(ES_j) - EF_i$$

由此而得 $$FF_7 = 0$$

$$FF_6 = \min(ES_7) - EF_6 = 19 - 18 = 1$$

$$FF_5 = \min(ES_6) - EF_5 = 15 - 15 = 0$$

$$FF_4 = \min(ES_7) - EF_4 = 19 - 19 = 0$$

$$FF_3 = \min(ES_6) - EF_3 = 15 - 6 = 9$$

$$FF_2 = \min(ES_4, ES_5) - EF_2 = \min(9, 9) - 9 = 0$$

$$FF_1 = \min(ES_2, ES_3) - EF_1 = \min(1, 1) - 1 = 0$$

8. 工作最迟开始时间的计算

工作 i 的最迟开始时间的计算公式如下：

$$LS_i = LF_i - t_i$$

由此可得　　　　　　　　$LS_7 = LF_7 - t_7 = 20 - 1 = 19$

$$LS_6 = LF_6 - t_6 = 19 - 3 = 16$$

$$LS_5 = LF_5 - t_5 = 16 - 6 = 10$$

$$LS_4 = LF_4 - t_4 = 19 - 10 = 9$$

$$LS_3 = LF_3 - t_3 = 16 - 5 = 11$$

$$LS_2 = LF_2 - t_2 = 9 - 8 = 1$$

$$LS_1 = LF_1 - t_1 = 1 - 1 = 0$$

9. 关键工作和关键线路

根据在计划工期等于计算工期时，总时差为零的工作就是关键工作，图 5-35 的关键工作为 A、B、D、G。

网络计划中从网络图的起点节点出发到终点节点为止，沿着箭线顺序连接各关键工作的线路就是关键线路，图 5-35 的关键线路为 $A—B—D—G$。关键线路可用粗实线或双箭线来表示。

三、单代号网络图与双代号网络图的比较

（1）单代号网络图绘制方便，不必增加虚工作。

（2）单代号网络图具有便于说明，容易被非专业人员理解和易于修改的优点。这对于推广应用统筹法编制施工进度计划，进行全面科学的管理是非常有益的。

（3）双代号网络图表示工程进度比单代号网络图更为形象，特别是在应用带时间坐标网络图中。

（4）双代号网络图在应用电子计算机进行计算和优化过程更为简便，这是因为双代号网络图中用两个代号代表一项工作，可直接反映其紧后或紧前工作的关系。而单代号网络图就必须按工作逐个列出其紧前或紧后工作关系，这在计算机中需占用更多的存储单元。

由于单代号和双代号网络图有上述各自的优缺点，故两种表示方法在不同情况下，使用时根据实际情况而定。

第五节　双代号时标网络计划

一、时标网络计划的特点

时标网络计划是以时间坐标尺度表示工作时间的网络计划。如图 5-38 是图 5-37 的时标网络计划。

时标网络计划是一般网络计划与横道图计划的有机结合，它在横道图的基础上引入了网络计划中各施工过程之间逻辑关系的表达方法。这样既解决了横道图计划中各施工过程关系表达不明确的问题，又解决了网络计划中时间表达不直观的问题。它具有以下特点：

（1）时标网络计划中，工作箭线的长度与工作持续时间长度一致。表达施工过程比较直观，时间参数一目了然，容易理解，具有横道图计划的优点，使用方便。

（2）可以直接在时标网络计划上绘制劳动力、材料、机具等资源动态曲线，便于计划的控制与分析。

（3）可直接显示各工作的时间参数和关键线路，而不必计算。

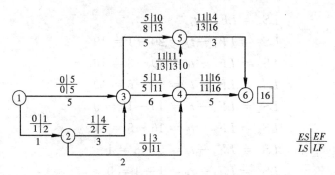

图 5-37 双代号网络计划

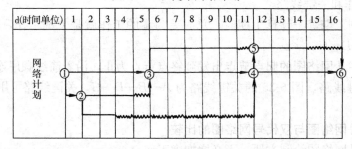

图 5-38 双代号时标网络计划

（4）由于箭线长度受时标的制约，绘制、修改和调整不如一般网络计划方便。

（5）由于受时间坐标的限制，所以时标网络计划中不会产生闭合回路。

由于时标网络计划的上述特点，加之以往施工过程中已习惯使用横道图计划，所以在我国应用较广。

二、时标网络计划一般规定

（1）双代号时标网络计划必须以水平时间坐标为尺度表示工作时间。时标的时间单位应根据需要在编制网络计划之前确定，可为时、天、周、月等。

（2）时间长度是以所有符号在时标表上的水平位置及其水平投影长度表示的，与其所代表的时间值相对应。

（3）节点的中心必须对准时标的刻度线。

（4）时标网络计划应以实箭线表示工作，以虚箭线表示虚工作，以波形线表示工作的自由时差。虚工作必须以垂直虚箭线表示，有时差时加水平波线或虚线表示。

（5）时标网络计划必须按最早时间编制。

（6）时标网络图编制前必须先绘制无时标网络计划。常有两种方式：

1）先计算无时标网络计划的时间参数，再按该计划在时标表上进行绘制；

2）不计算时间参数，直接根据无时标网络计划在时标表上进行绘制。

三、时标网络计划的绘制方法

（一）间接绘制法

间接绘制法是先计算网络计划的时间参数，再根据时间参数在时间坐标上绘制的方法。其绘制步骤如下：

（1）先绘制双代号网络图，计算每项工作的最早开始时间和最早结束时间，确定关键工作和关键线路。见图 5-39。

（2）根据需要确定时间单位并绘制时标横轴。

（3）根据工作的最早开始时间和最早结束时间确定各节点的位置，将每项工作的尾节点按最早开始时间定位在时标表上，布局应与不带时标的网络计划基本相当，然后进行编号。

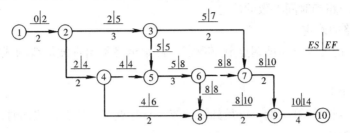

图 5-39 无时标网络计划

（4）依次在各节点间绘制出箭线及时差。绘制时宜先画关键工作、关键线路，再画非关键工作。绘制时用实线表示工作持续时间，用虚线绘制无时差的虚工作（垂直方向），用波形线或虚线绘制工作和虚工作自由时差。如箭线长度不足以达到工作的完成节点时，用波形线补足，箭头画在波形线与节点连接处。

（二）直接绘制法

直接绘制法是不经计算网络计划时间参数，直接按无时标网络计划在时间坐标上进行绘制的方法。编制时标网络计划步骤如下：

（1）绘制时标表。箭线的长短代表着具体的施工时间，受到时间坐标限制，其表达方式可以是直线、折线、斜线等，但布图应合理、美观、清晰。

（2）将起始节点定位在时标表的起始刻度上，见图5-40的节点1。

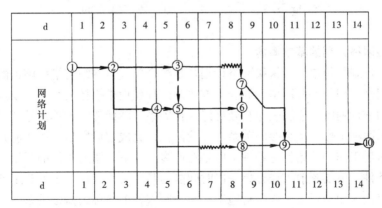

图 5-40 图 5-39 的时标网络计划

（3）工作的开始节点必须在该工作的全部紧前工作都绘出后，定位在这些紧前工作最晚完成的时间刻度上（实箭线箭头处），见图5-40的节点5、7、8、9。

（4）按工作持续时间在时标表上绘制起点节点的外向箭线，见图5-40的1-2。

（5）某些工作的箭线长度不足以达到其完成节点时，用波形线补足，见图5-40中3-7、4-8。如果虚箭线（虚工作）的开始节点和结束节点之间有水平距离时，以波形线或虚线补足，如箭线4-5。虚工作没有持续时间，应尽可能绘制成垂直虚箭线，见3-5、6-7、

6-8。若出现虚工作占据时间的情况，其原因是工作面停歇或施工作业队组工作不连续。

（6）用上述方法自左向右依次确定其他节点位置，直至终点节点定位，绘图完成。

（7）给每个节点编号，编号与无时标网络计划相同。

（三）关键线路和时间参数的确定

1. 关键线路的确定

自终点节点逆箭线方向朝起点节点观察，自始至终不出现波形线的线路为关键线路。如图 5-38 中的 1-3-4-6。

2. 工期的确定

时间网络计划的计算工期，应是其终点节点与起点节点所在位置的时标值之差。

3. 时间参数的判读

（1）最早时间参数。按最早时间绘制的时标网络计划，每条箭线箭尾和箭头所对应的时标值应为该工作的最早开始时间和最早完成时间。

（2）自由时差。波形线的水平投影长度即为该工作的自由时差。

（3）总时差。自右向左进行，其值等于诸紧后工作的总时差的最小值与本工作自由时差之和。即：

$$TF_{i-j} = \min\ (TF_{j-k})\ + FF_{i-j}$$

（4）最迟时间参数。最迟开始时间和最迟完成时间应按下式计算：

$$LS_{i-j} = ES_{i-j} + TF_{i-j}$$

$$LF_{i-j} = EF_{i-j} + TF_{i-j}$$

第六节　搭　接　网　络　计　划

一、搭接网络计划的基本概念

搭接网络计划是指单代号搭接网络计划，是综合单代号网络与搭接施工的原理，使二者有机结合起来应用的一种网络计划表示方法。工程建设中搭接关系是大量存在的，要求控制进度计划的计划图形能够表达和处理好这种关系。然而传统的单代号和双代号网络计划却只能表示两项工作首尾相接的关系，即紧前工作完成之后紧后工作才能开始，紧前工作的完成为紧后工作的开始创造条件。但是在许多情况下，紧后工作的开始并不以紧前工作的完成为条件，只要紧前工作开始一段时间能为紧后工作提供一定的开工条件之后，紧后工作就可以插入而与紧前工作平行施工。工作间这种关系称为搭接关系。表示这种搭接关系的网络计划称为搭接网络计划。这样就大大简化了网络计划，但也带来了计算工作的复杂化，应借助计算机进行计算。

例如进行某化工装置的设备安装工程，由于设备台数较多，就设备的二次搬运和现场保温这两个相邻工作而言，实际工作情况是首先二次搬运，待运来一部分设备后，就可以开始对运到现场的设备作保温处理而不是待设备全部运到现场后再作保温处理。如果某设备二次搬运需 10 天，保温需 12 天，根据工程具体情况，二次搬运两天后，就可以开始保温工作施工。将两工作的搭接关系分别用横道图、单代号网络图、双代号网络图表示，如图 5-41 所示。

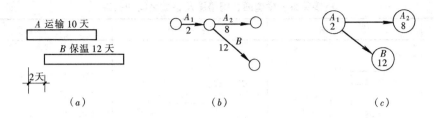

图 5-41 A、B 两工作搭接关系的表示方法

（a）用横道图表示；（b）用双代号网络图表示；（c）用单代号网络图表示

由图 5-41 可以看出，用网络图表示运输和保温工作的逻辑关系虽然比较清楚，但是却增加了不少节点和箭线，增加了网络计划的工作数量，给计算参数带来了麻烦。尤其反映流水施工的相互搭接施工的关系，就更加困难。

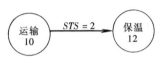

图 5-42 用搭接网络图
表示运输和保温工作

为了简单直接地表达这种搭接关系，使编制网络计划得以简化，就出现了搭接网络计划。搭接网络计划的模型一般都采用单代号的表示方法，即以节点表示工作，以箭线和时距参数表示逻辑顺序和搭接关系。图 5-42 即为图 5-41 所示运输和保温两工作的搭接网络计划。

二、搭接关系及其表示方法

在搭接网络计划中，工作间的逻辑关系是由相邻两工作之间的不同时距决定的，时距就是紧前工作与紧后工作的先后开始或结束工作之间的时间间隔。由于相邻工作各有开始和结束时间，所以基本时距有四种情况：

（一）结束到开始（FTS）

表示紧前工作 i 的结束时间与紧后工作 j 的开始时间之间的时距。例如设备基础混凝土浇筑后，要养护一定时间使混凝土达到一定的强度后才能进行设备安装工作。当 $FTS=0$ 时，就是说紧前工作 i 的结束时间等于紧后工作 j 的开始时间，这时紧前工作与紧后工作紧密衔接。当计划所有相邻工作的 $FTS=0$ 时，整个搭接网络计划就成为前面所讲的一般单代号网络计划。所以说，一般的衔接关系只是搭接关系的一种特殊表现形式。

（二）开始到开始（STS）

表示紧前工作 i 的开始时间与紧后工作 j 的开始时间之间的时距。例如，运输开始一段时间，组装或保温工作就可以开始施工等。

（三）结束到结束（FTF）

表示紧前工作 i 的结束时间与紧后工作 j 的结束时间之间的时距。如运输工作结束一段时间之后，要求保温工作也结束等。

（四）开始到结束（STF）

表示紧前工作 i 的开始时间与紧后工作 j 的结束时间之间的时距。例如，设备吊装工程中，埋设地锚开始时间与安装卷扬机结束时间有一定的时距等。

（五）混合搭接（STS、FTF）或（STF、FTS）等

表示同时由四种基本关系搭接关系中两种以上来限制工作之间的时距。

以上搭接关系的横道图、网络图及参数之间的关系如表 5-11 所示。

搭接关系、横道图、网络图及参数之间的关系 表 5-11

搭接关系	横 道 图	搭接网络图	时间参数关系
FTS			$ES_j=EF_i+FTS_{ij}$ $EF_j=ES_j+t_j$ $LF_i=LS_j-FTS_{ij}$ $LS_i=LF_i-t_i$
STS			$ES_j=ES_i+STS_{ij}$ $EF_j=ES_j+t_j$ $LS_i=LS_j-STS_{ij}$ $LF_i=LS_i+t_i$
FTF			$EF_j=EF_i+FTF_{ij}$ $ES_j=EF_j-t_j$ $LF_i=LF_j-FTF_{ij}$ $LS_i=LF_i-t_i$
STF			$EF_j=ES_i+STF_{ij}$ $ES_j=EF_j-t_i$ $LS_i=LF_j-STF_{ij}$ $LF_i=LS_i+t_i$
混合搭接 以 STS、 FTF 为例			$ES_j=ES_i+STS_{ij}$ $ES_j=\max EF_i+FTF_{ij}-t_j$ $EF_j=ES_j+t_j$ $LF_i=\min LF_j-FTF_{ij}$ $LS_i=LF_i-t_i$

三、流水施工的搭接网络计划

例如，有 4 台相同的设备需要安装，以每台设备为一个流水段组织流水施工。各施工过程在各段上的持续时间为：二次搬运 4 天，现场组装 5 天，吊装找正两天，调试运行 3 天，流水施工横道图如图 5-43 所示。

按照计算流水步距的公式计算流水步距 B_2、B_3、B_4 分别为 4、14、2。流水工期为：

$$T=(4+14+2)+3\times4=32 \text{ 天}$$

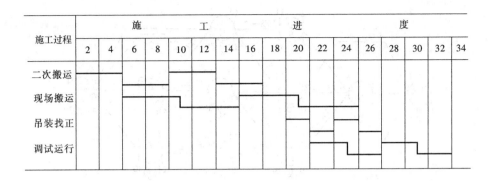

图 5-43　流水施工进度表

若用搭接网络计划表示此流水施工，如图 5-44 所示。

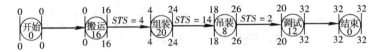

图 5-44　流水施工搭接网络计划

由此可见，用搭接网络计划来表达流水施工比较方便，且比用一般网络计划表示要简单得多。

四、搭接网络计划的工作时间参数的计算

搭接网络计划的时间参数与一般单代号网络图时间参数相同，也是最早、最迟工作时间和机动时间，其内容包括：

最早开始时间 ES；

最早完成时间 EF；

最迟开始时间 LS；

最迟完成时间 LF；

总机动时间 TF；

自由机动时间 FF。

在搭接网络计划中由于逻辑关系决定

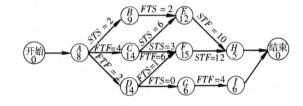

图 5-45　某工程施工搭接网络计划

于不同的时距，因而有不同的计算方法。现以图 5-45 为例分别进行分析计算。

（一）最早时间进度计算

从起点开始沿着箭线向终点进行。计算结果直接标注在节点上方，如图 5-46 所示。

1. 开始节点时间参数确定

由于单代号网络图"开始"节点为虚设，所以，开始节点：

$$ES_{开始}=0, \quad EF_{结束}=0$$

2. 中间节点和结束节点时间参数的确定

中间节点和结束节点的最早开始时间，取紧前节点各种时距所确定的最早开始时间的最大值；最早完成时间等于最早开始时间加上节点的持续时间。由于搭接网络计划的逻辑关系由相邻工作之间的时距确定，当利用某些时距推算得到的某工作最早开始时间出现负值时，应将此点与"开始"节点相连接，并用以上规定重新计算，以确定增加逻辑关系后

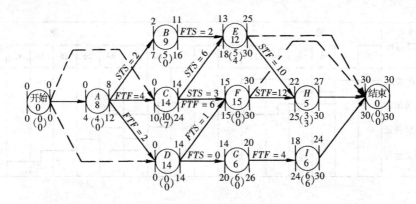

图 5-46 搭接网络计划的计算

的此节点最早开始时间和最早完成时间。

如图 5-46 所示，各节点的最早开始时间和最早完成时间的计算为：

$$A: ES_A = 0 \qquad EF_A = 0 + 8 = 8$$
$$B: ES_B = ES_A + STS_{AB} = 0 + 2 = 2$$
$$EF_B = 2 + 9 = 11$$
$$C: EF_C = EF_A + FTF_{AC} = 8 + 4 = 12$$
$$ES_C = EF_C - t_c = 12 - 14 = -2$$

C 工作的最早开始时间出现负值，表示 C 工作开始之前 2 天就应开始工作，这是不合理的。应把节点 C 与开始时间节点用虚线相连接。如图 5-46 所示增加开始节点与 C 节点的逻辑关系。再重新计算为：

$$ES_C = \max(-4, 0) = 0$$
$$EF_C = ES_C + t_C = 0 + 14 = 14$$
$$D: EF_D = EF_A + FTF_{AD} = 8 + 2 = 10$$
$$ES_D = EF_D - t_D = 10 - 14 = -4$$

同法在图 5-46 中增加开始节点到 D 节点的虚箭线，重新计算为：

$$ES_D = \max(-4, 0) = 0$$
$$EF_D = ES_D + t_D = 0 + 14 = 14$$
$$E: ES_E = \max(ES_{BE}, ES_{CE}) = \max(13, 6) = 13$$
$$EF_D = 13 + 12 = 25$$
$$F: ES_F = \max(ES_{CF}, ES_{DF}) = \max(3, 15) = 15$$
$$EF_F = 15 + 15 = 30$$
$$G: ES_G = EF_D + FTS_{DG} = 14 + 0 = 14$$
$$EF_G = 14 + 6 = 20$$
$$H: EF_H = \max(EF_{EH}, EF_{FH}) = \max(25, 27) = 27$$
$$ES_H = EF_H - t_H = 27 - 5 = 22$$
$$I: EF_I = EF_G + FTF_{GI} = 20 + 4 = 24$$
$$ES_I = 24 - 6 = 18$$

结束：
$$ES_{结束} = \max(EF_H, EF_I) = \max(27, 24) = 27$$

最早时间计算结果，如图 5-46 所示。

（二）最迟时间进度计算

计算从结束节点开始逆箭线方向向起点节点进行。计算的参数直接标注在节点下方。

1. 结束节点时间参数的计算

当有规定时，结束节点最迟完成时间等于规定时限，当没有规定时限时，结束节点最迟完成时间等于最早完成时间。

本例无规定时限，所以

$$LF_{结束} = EF_{结束} = 30$$
$$LS_{结束} = 30 - 0 = 30$$

2. 中间节点和开始节点的时间参数确定

中间节点和开始节点的最迟完成时间等于紧后各节点各种时距所确定的最迟完成时间的最小值；最迟开始时间等于最迟完成时间减去该节点的持续时间。由于搭接网络计划的逻辑关系由相邻工作之间的时距所确定，当用某些时距来推算节点最迟完成时间，出现中间节点的最迟完成时间大于结束节点的最迟完成时间时，应把节点与结束节点相连，并用以上规定重新计算。

如图 5-46 所示，各节点最迟时间进度的参数计算为：

$$I: LF_I = 30$$
$$LS_I = 30 - 6 = 24$$
$$H: LF_H = 30$$
$$LS_H = 30 - 5 = 25$$
$$G: LF_G = LG_H - FTF_{GH} = 30 - 4 = 26$$
$$LS_G = 26 - 6 = 20$$
$$F: LF_F = \min(LF_{F-H}, LF_{F-结束}) = \min(33, 30) = 30$$
$$LS_F = 30 - 15 = 15$$
$$E: LF_E = LF_H - STF_{EH} + t_E = 30 - 10 + 12 = 32$$

工作 E 按 $STF_{EH} = 10$ 推算出最迟完成时间 32 大于结束节点的最迟完成时间 30，应将工作 E 与结束节点相连，如图 5-46 中它们之间的虚箭线所示。重新计算为：

$$LF_E = \min(32, 30) = 30$$
$$LS_E = 30 - 12 = 18$$
$$D: LF_D = \min(14, 20) = 14$$
$$LS_D = 14 - 14 = 0$$
$$C: LF_C = \min(26, 26, 24) = 24$$
$$LS_F = 24 - 14 = 10$$
$$B: LF_B = LS_E - FTS_{BE} = 18 - 2 = 16$$
$$LS_B = 16 - 9 = 7$$
$$A: LF_A = \min(13, 20, 12) = 12$$
$$LS_A = 12 - 8 = 4$$

开始：
$$LF_{开始} = \min(10, 4, 0) = 0$$

$$LS_{开始} = 0 - 0 = 0$$

全部计算结果如图 5-46 各节点下边标注的数字所示。

（三）机动时间的计算

1. 总机动时间的计算

节点总时差与一般单代号网络图相同。计算时将节点左边对应的 LS 和 ES 或右边对应的 LF 和 EF 相减即得。计算的结果如图 5-46 中各节点下面括号内上面的数字所示。

2. 自由机动时间计算

节点自由时差，是该节点在不能推迟紧后节点最早时间进度的条件下，该节点所具有的工作机动时间。搭接关系不同，其计算方法也不一样。当 i 节点后面具有多个紧后节点时或具有多种搭接关系时，其自由机动时间等于各种搭接关系所决定的自由机动时间中的最小值，并且节点自由机动时间的计算都是以最早时间进度的参数和时距为基础。计算公式如下：

$$FF_i = \min \begin{cases} ES_j - ES_i - STS_{ij} \\ EF_j - EF_i - FTF_{ij} \\ ES_j - EF_i - FTS_{ij} \\ EF_j - ES_i - STS_{ij} \end{cases}$$

图 5-46 中各节点自由机动时间计算如下：

$$A: FF_A = \min \begin{cases} ES_B - ES_A - STS_{AB} \\ EF_C - EF_A - FTF_{AC} \\ EF_D - EF_A - FTF_{AD} \end{cases} = \min \begin{cases} 2 - 0 - 2 \\ 14 - 8 - 4 \\ 14 - 8 - 2 \end{cases} = \min \begin{cases} 0 \\ 2 \\ 4 \end{cases} = 0$$

$$B: EF_B = ES_E - EF_B - FTS_{BE} = 13 - 11 - 2 = 0$$

$$C: FF_C = \min \begin{cases} ES_E - ES_C - STS_{CE} \\ EF_E - EF_C - FTF_{CF} \\ EF_F - EF_C - FTF_{CF} \end{cases} = \min \begin{cases} 13 - 0 - 6 \\ 15 - 0 - 3 \\ 30 - 14 - 6 \end{cases} = \min \begin{cases} 7 \\ 12 \\ 10 \end{cases} = 7$$

$$E: FF_E = \begin{cases} ES_{结束} - EF_E \\ EF_H - ES_E - STF_{EH} \end{cases} = \min \begin{cases} 30 - 25 \\ 27 - 13 - 10 \end{cases} = \min \begin{cases} 5 \\ 4 \end{cases} = 4$$

同法可以计算出其他节点的自由机动时间。计算结果如图 5-46 中节点下面括号中下面的数字所示。

（四）关键工作和关键线路的确定

1. 确定关键工作

与一般单代号网络图计划相同，总机动时间为零的工作为关键工作。所以，该施工搭接网络计划的关键工作有 D、F 两项工作。

2. 确定关键线路

搭接网络计划关键线路的确定原则与一般单代号网络计划一样，从开始节点到结束节点，连接总机动时间为零的工作，所组成的线路即为关键线路。该搭接网络计划的关键线路为"开始—D—F—结束"。如图 5-46 中粗箭线所示。

本 章 小 结

　　网络计划技术是一种科学的、先进的计划方法，它弥补了横道图不能全面而准确地反映出各项工作之间相互制约、相互依赖、相互影响的关系的缺点；解决了横道图不能反映出整个计划中主次关系即关键工作的缺点；能够在有限的资源下合理组织施工，挖掘计划的潜力，评价计划的经济指标；能够应用计算机技术，对计划进行调整、优化；能够在执行过程中进行有效的控制和监督。

　　本章网络计划技术主要介绍了网络图的绘制方法和原则，以及网络计划时间参数的计算方法、时标网络计划和搭接网络计划。通过对本章内容的学习，应重点掌握网络图绘制方法及时间参数的计算；掌握时标网络计划的绘制方法，了解其特点；掌握搭接网络计划的工作原理。

复 习 思 考 题

　　1. 什么是网络计划？同横道图计划相比具有哪些优点？

　　2. 什么是双代号网络图？它的绘制原则是什么？

　　3. 什么是单代号网络图？它的绘制原则是什么？

　　4. 什么是虚箭线？它在网络图中的作用是什么？

　　5. 什么是逻辑关系？网络计划有哪几种逻辑关系？

　　6. 什么是关键线路？如何确定关键线路？

　　7. 试述工作总时差和自由时差的含义及其计算方法？

　　8. 什么是搭接网络计划？如何计算其时间参数？

　　9. 根据表 5-12 中各施工过程的关系，绘制双代号和单代号网络图并进行节点编号。

表 5-12

施工过程	A	B	C	D	E	F	G	H
紧前工作	无	A	B	B	B	C、D	C、E	F、G
紧后工作	B	C、D、E	F、G	F	G	H	H	无

　　10. 根据表 5-13 中所给的资料，绘制双代号网络图，计算其工作时间参数，并按最早时间绘制时标网络图。

表 5-13

工作代号	1—2	1—3	1—4	2—4	2—5	3—4	3—6	4—5	4—7	5—7	5—9	6—7	6—8	7—8	7—9	7—10	8—10	9—10
工作持续时间（天）	5	10	12		14	16	13	7	11	17	9	0	8	5	13	8	14	6

　　11. 已知网络计划的资料如表 5-14 所示，试绘出单代号网络计划，计算其时间参数，并标明关键线路。

表 5-14

工　作	A	B	C	D	E	F
持续时间	12	10	5	7	6	4
紧前工作	—	—	—	B	B	C、D

第六章 施 工 组 织 设 计

施工组织设计是施工单位为指导工程施工而编制的设计文件，是安排施工准备和组织工程施工的全面性技术、经济文件。它是建筑安装企业施工管理工作的重要组成部分，是保证按期、优质、低耗地完成建筑安装工程施工的重要措施，是实行科学管理的重要环节。

施工组织设计是一个总的概念，根据拟建工程设计阶段和规模的大小，结构特点和技术复杂程度及施工条件，应相应地编制不同范围和深度的施工组织设计。

单位工程施工组织设计是以一个单位工程为对象，当施工图纸到达以后，在单位工程开工以前对单位工程施工所作的全面安排，如确定具体的施工组织、施工方法、技术措施等。由直接施工的基层单位编制，是指导单位工程施工的技术经济文件，是施工单位编制作业计划和制定季度施工计划的重要依据。

施工方案，也称施工设计，是以一个较小的单位工程或难度较大，技术复杂的分部（分项）工程为对象，内容较单位工程施工组织设计更简明扼要，它主要围绕工程特点，对施工中的主要工作在施工方法、时间配合和空间布置等方面进行合理安排，以保证施工作业的正常进行。

施工组织设计、施工方案二者之间的关系是：前者涉及工程的整体和布局，后者是局部；前者是后者的编制依据，后者是前者的深化和具体化。

第一节 单位工程施工组织设计的编制程序和内容

单位工程施工组织设计以单位工程为对象，是建筑施工企业组织和指导单位工程施工全过程各项活动的技术、经济文件。它是基层施工单位编制季度、月度施工作业计划、分部分项工程施工设计及劳动力、材料、机具等供应计划的主要依据。单位工程施工组织设计是由施工承包单位的工程项目经理部编制的。它必须在工程开工前编制完成，以作为工程施工技术资料准备的重要内容和关键成果，经该工程监理单位的总监理工程师批准方可实施。它的编制是施工前的一项重要准备工作，也是施工企业实现生产科学管理的重要手段。

一、单位工程施工组织设计的编制依据

（1）主管部门的批示文件及建设单位的有关要求。

（2）施工图纸及设计单位对施工的要求。其中包括：单位工程的全部施工图纸，会审记录和标准图等有关的设计资料，设备安装对土建施工的要求以及设计单位对新结构、新材料、新技术和新工艺的要求。

（3）施工企业年度施工计划。包括对该工程的安排和工期的规定以及其他项目穿插施工的要求等。

（4）施工组织总设计对该工程的安排和规定。

（5）工程预算文件和有关定额。应有详细的分部分项工程量，必要时应有分层、分段、分部位的工程量，使用的预算定额和施工定额。

（6）建设单位对工程施工可能提供的条件。如供水、供电、供热的情况，及可借用为临时办公、仓库、宿舍的施工用房等。

（7）施工现场条件及勘察资料。如高程、地形、地质、水文、气象、交通运输、现场障碍等情况，以及工程地质勘察报告。

（8）有关的规范、规程和标准。如安装工程施工及验收规范、安装工程质量检验评定标准、安装工程技术操作规程等。

二、单位工程施工组织设计的编制程序

单位工程施工组织设计的编制程序，是指单位工程施工组织设计各个组成部分形成的先后次序以及相互之间的制约关系。单位工程施工组织设计编制程序如图 6-1 所示。

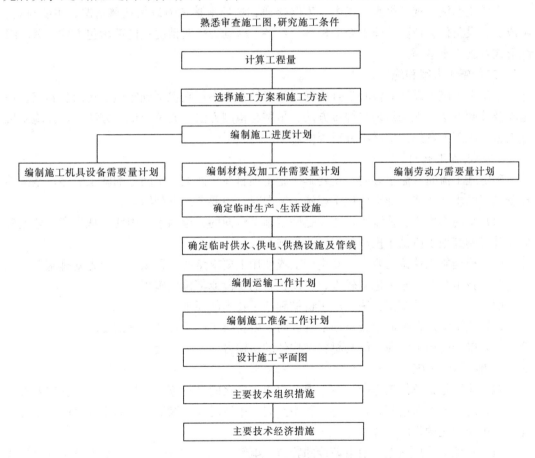

图 6-1　单位工程施工组织设计编制程序

三、单位工程施工组织设计的内容

（一）工程概况

工程概况是对拟建工程的工程特点、地点特征和施工条件等所做的一个简要、突出的重点文字介绍。为弥补文字叙述的不足，一般附有拟建工程简单图表。

1. 工程概述

主要说明工程名称、性质、用途；建设单位、设计单位、施工单位；资金来源；工程投资额；开竣工日期；施工图纸情况；施工合同；主管部门的有关文件或要求等。

2. 工程特点

主要说明拟建工程的建筑面积、平面形状及外形尺寸；主要工种工程的情况和实物工程量；交付建设单位使用或投产的先后顺序和期限；主体结构的类型、安装位置、主要设备的生产工艺要求等。对采用新材料、新工艺、新技术、施工难度大、要求高的项目应重点说明。

3. 建设地点的特征

主要说明拟建工程的位置、地形、工程地质与水文地质条件；地下水位、水质、气温；雨期时间、冰冻期间与冻结层深度；主导风向、风力和地震强度等。

4. 施工条件

主要说明施工现场供水、供电、道路交通、场地平整和障碍物迁移情况；主要材料、半成品、设备供应情况；施工企业机械、设备、劳动力落实情况；内部承包方式、劳动组织形式及施工水平等。

（二）施工方案和施工方法

单位工程施工设计的核心是合理选择施工技术方案，它包括确定施工流向和确定设备运输及装卸方法、现场组装与焊接方法、吊装与检测方法、调整与试车方法、选择施工机械设备、施工方案的技术经济分析等内容。

1. 确定施工流向

确定施工流向（流水方向）主要解决施工项目在平面上、空间上的施工顺序，是指导现场施工的主要环节。确定单位工程施工流向时，主要考虑下列因素：

（1）车间的生产工艺流程，往往是确定施工流向的关键因素。因此，从生产工艺上考虑，凡影响其他工段试车投产的工段应先施工。

（2）根据施工单位的要求，对生产上或使用上要求急的工程项目，应先安排施工。

（3）技术复杂、施工进度较慢、工期较长的工段或部位先施工。

（4）满足选用的施工方法、施工机械和施工技术的要求。

（5）施工流水在平面上或空间上展开时，要符合工程质量和安全的要求。

（6）确定的施工流向不能与材料、构件的运输方向发生冲突。

2. 确定施工顺序

施工顺序是指单位工程中，各分项工程或工序之间进行施工的先后次序。它主要解决工序间在时间上的衔接问题，以充分利用空间、争取时间、缩短工期为主要目的。单位工程施工中应遵循的程序一般是：

（1）先地下、后地上。地下埋设的管道、电缆等工程应首先完成，对地下工程也应按先深后浅的程序进行，以免造成施工返工或对上部工程的干扰。

（2）先土建、后安装。不论是工业建筑还是民用建筑，一般土建施工应先于水暖电等建筑安装工程的施工。

（3）先安装主体设备，后安装配套设备；先安装重、高、大型设备，后安装中、小型设备；设备、工艺管线交叉作业；边安装设备，边单机试车。

（4）对于重型工业厂房，一般先安装工艺设备，后建设厂房，或设备安装与土建施工同时进行，如冶金车间、发电厂的主厂房等。

确定分部分项工程的施工顺序的要求：

第一，符合各施工过程间存在一定的工艺顺序关系。在确定施工顺序时，使施工顺序满足工艺要求。

第二，符合施工方法和所用施工机械的要求。确定的施工顺序必须与采用的施工方法、选择的施工机械一致，充分利用机械效率提高施工速度。

第三，符合施工组织的要求。当施工顺序有几种方案时，应从施工组织上进行分析、比较，选出便于组织施工和开展工作的方案。

第四，符合施工质量、安全技术的要求。在确定施工顺序时，以确保工程质量、施工安全为主。当影响工程质量安全时，应重新安排施工顺序或采取必要技术措施，保证工程顺利进行。

3. 流水段的划分

流水段的划分，必须满足施工顺序、施工方法和流水施工条件的要求。其划分原则详见第四章内容。

4. 选择施工方法和施工机械

施工方法和施工机械的选择是紧密联系的，施工机械的选择是施工方法选择的中心环节，每个施工过程总有不同的施工方法和使用机械。正确的施工方法、合理地选择施工机械，对于加快施工速度、提高工程质量、保证施工安全、降低工程成本，具有重要的作用。在选择施工方法和施工机械时，要充分研究拟安装设备的特征、各种施工机械的性能、供应的可能性，以及本企业的技术水平、建设工期要求和经济效益等。从施工组织的角度选择机械时，应着重注意以下几个方面：

（1）施工方法的技术先进性和经济合理性。

（2）施工机械的适用性与多用性的兼顾。

（3）施工单位的技术特点和施工习惯。

（4）各种辅助机械应与直接配套的主导机械的生产能力协调一致。

（5）同一工地上，应使机械的种类和型号尽可能少一些。

（6）尽量利用施工单位现有机械。

（7）符合工期、质量与安全的要求。

施工方法和施工机械的选择，是一项综合性的技术工作，必须在多方案比较的基础上确定。施工方法是根据工程类别、生产工艺特点，对分部、分项工程施工而提出的操作要求。对技术上复杂或采用新技术、新工艺的工程项目，多采用限定的施工方法，因而提出的操作方法及施工要点应详细；对于常见的工程项目，由于采用常规施工方法，所以提出的操作方法及施工要点可简单些。在选择施工机械的时候，应根据工程类别、工期要求、现场施工条件、施工单位技术水平等，以主导工程项目为主进行选择。

在确定施工方法和主导机械后，还必须考虑施工机械的综合使用和工作范围、流动方向、开行路线和工作内容等，使之得到最充分利用，并拟定保证工程质量与施工安全的技术措施。

5. 施工方案的技术经济分析

任何一个分部分项工程，一般都有几个可行的施工方案。施工方案的技术经济分析的目的就是在它们之间进行选优，选出一个工期短、质量好、材料省、劳动力和机具安排合理、成本低的最优方案。施工方案的技术经济分析常用的方法有定性分析和定量分析两种。

（1）定性分析

定性分析结合施工经验，对几个方案的优缺点进行分析和比较。通常主要从以下几个指标来评价：

1）工人在施工操作上的难易程度和安全可靠性；

2）能否为后续工作创造有利施工条件；

3）选择的施工机械设备是否可能取得；

4）采用该方案在冬、雨期施工能减少多少困难；

5）能否为现场文明施工创造条件；

6）对周围其他工程施工影响大小。

（2）定量分析

定量分析是通过计算各方案的几个主要技术经济指标，进行综合比较分析，从中选择技术经济最优的方案。常用以下几个指标：

1）工期指标。当要求工程尽快完成以便尽早投入生产或使用时，选择施工方案就要在确保工程质量、安全和成本较低的条件下，优先考虑缩短工期的方案。

2）劳动量消耗指标。它能反映施工机械化程度和劳动生产率水平。通常，在方案中劳动量消耗越小，则机械化程度和劳动生产率越高。劳动量消耗以工日数计算。

3）主要材料消耗指标。它反映了各个施工方案的主要材料节约情况。

4）成本指标。它反映了施工方案的成本高低。一般需计算方案所用的直接费和间接费，即成本 C 可按下式计算：

$$C=直接费×（1＋综合费率）$$

式中　C——某施工方案完成施工任务所需要的成本。

综合费率按各地区有关文件规定执行。

5）投资额指标。拟定的施工方案需要增加新的投资时，如购买新的施工机械或设备，则需要用增加投资额指标进行比较，其中投资额指标低的方案为好。

（三）单位工程施工进度计划

单位工程施工进度计划是在规定施工方案的基础上，根据规定工期和各种资源供应条件，按照施工过程的合理施工顺序及组织施工的原则，用横道图或网络图，对单位工程从开始施工到工程竣工，全部施工过程在时间和空间上的合理安排。

1. 单位工程施工进度计划的作用

（1）安排单位工程的施工进度，保证如期完成施工任务。

（2）确定各施工过程的施工顺序，持续时间及相互之间的衔接、配合关系。

（3）为编制季、月、旬作业计划提供依据。

（4）为编制施工准备工作计划和各种资源需要量计划提供依据。

2. 单位工程施工进度计划的编制依据

（1）有关设计图纸和采用的标准图集等技术资料。

（2）施工工期要求及开工、竣工日期。

（3）施工组织总设计对本工程的要求及施工总进度计划。

（4）确定施工方案和施工方法。

（5）施工条件：劳动力、机械、材料、构件供应情况，分包单位情况，土建与安装的配合情况等。

（6）劳动定额、机械台班使用定额、预算定额及预算文件等。

3. 单位工程施工进度计划的编制内容和步骤

编制单位工程施工进度计划的主要内容和步骤是：首先，收集编制依据，熟悉图纸、了解施工条件、研究有关资料、确定施工项目；其次，计算工程量、套用定额计算劳动量、机械台班需要量；再次，确定施工项目的持续时间、安排施工进度计划；最后，按工期、劳动力、机械、材料供应量要求，调整优化施工进度计划，绘制正式施工进度计划。

（1）划分施工过程

施工过程，是进度计划的基本组成单元。施工项目的划分见第四章施工过程的划分。

（2）计算工程量

施工项目确定后，可根据施工图纸、工程量计算规则及相应的施工方法进行计算。

计算工程量时应注意以下几个问题：

1）各分部分项工程的工程量计算单位应与现行定额手册所规定的单位相一致，以避免计算劳动力、材料和机械数量时进行换算，产生错误；

2）计算工程量时，应与所采用的施工方法一致；

3）正确取用预算文件中的工程量。如已编制预算文件，则施工进度计划中的工程量可根据施工项目包括的内容从预算工程量的相应项目内抄出并汇总；

4）计算工程量时，尽量考虑编制其他计划时使用工程量数据的方便，做到一次计算多次使用。

（3）确定劳动量和施工机械数量

根据计算的工程量、施工方法和现行的劳动定额，结合施工单位的实际情况，即可计算出各施工项目的劳动量和机械台班量。

1）劳动量的确定

施工项目手工操作时，其劳动工日数可按下式计算：

$$P_i = Q_i/S_i = Q_i \cdot H_i$$

式中　P_i——某施工项目所需劳动量（工日）；

　　　Q_i——该施工项目的工程量（m^3、m^2、m、t、个等）；

　　　S_i——该施工项目采用的产量定额（m^3/工日、m^2/工日、m/工日、t/工日、个/工日等）；

　　　H_i——该施工项目采用的时间定额（工日/m^3、工日/m^2、工日/m、工日/t、工日/个等）。

2）机械台班数确定

施工项目采用机械施工时，其机械及配套机械所需的台班数量，可按下式计算：

$$D_i = Q'_i/S_i = Q'_i \cdot H_i$$

式中　D_i——某施工机械所需机械台班量（台班）；

Q'_i——机械完成的工程量（m^3、m^2、m、t、件等）；

S_i——该机械的产量定额（m^3/台班、m^2/台班、m/台班、t/台班、件/台班等）；

H_i——该机械的时间定额（台班/m^3、台班/m^2、台班/m、台班/t、台班/件等）。

在实际工程计算中产量或时间定额应根据定额的参数，结合本单位机械状况、操作水平、现场条件等分析确定，计算结果取整数。

（4）计算施工项目工作持续时间

施工项目持续时间的计算方法一般有经验估算法、定额计算法和倒排计划法。

1）经验估算法

经验估算法也称三时估算法，即先估计出完成该施工过程的最乐观时间、最悲观时间和最可能时间三种施工时间，再根据下面公式算出该施工过程的持续时间。这种方法适用于新结构、新技术、新工艺、新材料等无定额可循的施工过程。

$$t_i = (A + 4B + C) / 6$$

式中 A——最乐观时间估算（最短的时间）；

B——最可能的时间估算（最正常的时间）；

C——最悲观的时间估算（最长的时间）。

2）定额计算法

这种方法是根据施工过程需要的劳动量或机械台班量，以及配备的机械台数和劳动人数来确定其工作持续时间。其计算公式如下：

$$t_i = P_i / (R_i \cdot b) = Q_i / (S_i \cdot R_i \cdot b)$$
$$t_i = D_i / (G_i \cdot b) = Q'_i / (S_i \cdot G_i \cdot b)$$

式中 t_i——某施工项目工作持续时间（天）；

P_i——该施工项目所需的劳动量（工日）；

Q_i——该施工项目的工程量；

S_i——该施工项目的产量定额；

R_i——该施工项目所配备的施工班组人数（人）；

b——该施工项目的工作班制（1～3班制）；

D_i——某施工项目所需机械的台班数；

G_i——该施工项目所配备的机械台数。

在组织分段流水时，也是用上式确定每个施工段的流水节拍。

在应用上式时，必须先确定 R_i、G_i、b 的数值。

a. 施工班组人数的确定

在确定班组人数时，应考虑最小劳动组合人数、最小工作面和可能安排的施工人数等因素。

最小劳动组合，即某一施工过程进行正常施工所必需的最低限度的班组人数及其合理组合。人数过少或比例（技工和普工比例）不当都将引起劳动生产率的下降。

最小工作面，即施工班组为保证安全施工和有效操作所必需的工作面。最小工作面决定了最高限度可安排多少工人。不能为了缩短工期而无限制地增加人数，否则将造成工作面不足而产生窝工现象。

可能安排的人数，是指施工单位所能配备的人数。一般只在上述最低和最高限度之间，根据实际情况确定就可以了。有时为了缩短工期，可在保证足够工作面的条件下组织非专业工种的支援。如果在最小工作面的情况下，安排最高限度的工人数仍不能满足工期要求时，可组织两班制和三班制。

b. 机械台数的确定

与施工班组人数确定相似，也应考虑机械生产效率、施工工作面、可能安排台数及维修保养时间等因素来确定。

c. 工作班制的确定

一般情况下，当工期允许、劳动力和机械周转使用不紧迫、施工工艺上无连续施工要求时，采用一班制施工。当组织流水施工时，为了给第二天连续施工创造条件，某些施工准备工作或施工过程可考虑在夜班进行，即采用二班制施工。当工期较紧或为了提高施工机械的使用率及加快机械的周转使用，或工艺上要求连续施工时，某些施工项目可考虑二班制甚至三班制施工。由于采用多班制施工，必须加强技术、组织和安全措施，并增加材料或构件的供应强度，增加夜间施工（如现场灯光照明）等费用及有关措施。因此，必须慎重采用。

【例】　某设备安装工程需 690 个工日，采用一班制施工，每班工作人数为 22 人（技工 10 人、普工 12 人、比例为 1∶1.2）。如果分五个施工段完成施工任务，试求完成任务的持续时间和流水节拍。

【解】　$T_{安装}=690/(22\times1)=31.4$ 天，取 31 天

$$t_{安装}=31/5=6.2\ 天$$

上例流水节拍平均为 6 天，总工期为 $5\times6=30$ 天，则计划安排劳动量为 $30\times22=660$ 工日，比计划定额需要的劳动量少了 30 个工日。能否少用 30 工日完成任务，即能否提高工效 4%，这要根据实际分析研究后确定。一般应尽量使定额劳动量和实际安排劳动量相近。如果有机械配合施工，则在确定施工时间或流水节拍时，还应考虑机械效率，即机械能否配合完成施工任务。

3）倒排计划法

这种方法需要的施工人数超过了本单位现有的数量，除了要求上级单位调度、支援外，应从技术上、组织上采取措施，如组织平行立体交叉施工，某些项目采用多班制施工等。

（5）编制施工进度计划

施工项目持续时间确定后，即可编制施工进度计划的初步方案。一般的编制方法有以下三种：

1）按经验直接安排法

这种方法是根据各施工项目持续时间、先后顺序和搭接的可能性，直接按经验在横道图上画出施工时间进度线。其一般步骤是：

a. 根据拟定的施工方案、施工流向和工艺顺序，将各施工项目进行排列。其排列原则是：先施工项先安排，后施工项后安排；主要施工项先排，次要施工项后排。

b. 按施工顺序，将排好的施工项目从第一项起，逐项填入施工进度计划图表中。要注意各施工项目的起止时间，使各项目符合技术间歇和组织间歇时间的要求。

c. 各施工项尽量组织平面、立体交叉搭接流水施工，使各施工项目的持续时间符合

工期要求。

2）按工艺组合组织流水施工方法

这种方法是将某些在工艺上有关系的施工过程归并为一个工艺组合，组织各工艺组合内部流水施工，然后将各工艺组合最大限度地搭接起来，分别组织流水施工。例如，设备开箱、检查、拆卸、清洗、组装可以归并为一个工艺组合；工艺管线安装也可以归并为一个工艺组合。

按照对整个工期的影响大小，工艺组合可以分为主要工艺组合和搭接工艺组合两种类型。前者对单位工程的工期起决定性作用，相互基本不能搭接施工；而后者对整个工期虽有一定影响，但不起决定性作用，并且这种工艺组合能够和主要工艺组合彼此平行或搭接施工。

在工艺组合确定后，首先，可以从每个工艺组合中找出一个主导施工过程；其次，确定主导施工过程的施工段数和持续时间；然后尽可能地使其余施工都采用相同的施工段和持续时间，以便简化计算和施工组织工作；最后，按固定节拍流水施工、成倍节拍流水施工或分别流水施工的计算方法，求出工艺组合的持续时间。为了计算和组织的方便，对于各个工艺组合的施工段数和持续时间，在可能的条件下，力求一致。

3）按网络计划技术编制施工进度计划

采用这种方法编制施工进度计划，一种是直接网络图表述；另一种是将已编横道图计划改成网络计划便于优化。详见第五章。

（6）施工进度计划的检查和调整

施工进度计划初步方案编出后，应根据上级要求、合同规定、经济效益及施工条件等，先检查各施工项目安排是否合理、工期是否满足要求、劳动力等资源需要量是否均衡；然后进行调整，直至满足要求；最后编制正式施工进度计划。检查步骤如下：

1）从全局出发，检查各施工项目的先后顺序是否合理，持续时间是否符合工期要求。

2）检查各施工项目的起、止时间是否合理，特别是主导施工项目是否考虑必需技术和组织间歇时间。

3）对安排平行搭接、立体交叉的施工项目，是否符合施工工艺、质量、安全的要求。

4）检查、分析进度计划中，劳动力、材料和机械的供应与使用是否均衡。应避免过分集中，尽量做到均衡。

经上述检查，如发现问题，应修改、调整优化，使整个施工进度计划满足上述条件的要求为止。由于建安工程复杂，受客观条件的影响较大。在编制计划时，应充分、仔细调查研究，综合平衡，精心设计，使计划既要符合工程施工特点，又要留有余地，使施工计划确实起到指导现场施工的作用。

（四）施工准备工作及各项资源需要量计划

单位工程施工进度计划编制后，为确保进度计划的实施，应编制施工准备工作、劳动力及各种物资需要量计划。这些计划编制的主要目的是，为劳动力与物资供应，施工单位编制季、月、旬施工作业计划（分项工程施工设计）提供主要参数。

1. 施工准备工作计划

单位工程施工前，应编制施工准备工作计划。施工准备工作计划主要反映开工前和施工中必须做到的有关准备工作。内容一般包括现场准备、技术准备、资源准备及其他准备。单位工程施工准备工作计划如表 6-1 所示。

序号	施工准备项目	内容	负责单位	负责人	起止时间		备注

2. 劳动力需要量计划

单位工程施工时所需各种技工、普工人数，主要是根据确定的施工进度计划要求，按月分旬编制的。编制方法是以单位工程施工进度计划为主，将每天施工项目所需的施工人数，按时间进度要求汇总后编出。单位工程劳动力需要量计划如表 6-2 所示。它是编制劳动力平衡、调配的依据。

序号	工程品种	劳动量	施工高峰人数	××年			××年			现有人数	多余或不足

3. 主要材料及非标设备需要量计划

确定工程所需的主要材料及非标设备需要量是为储备、供应材料，拟定现场仓库与堆放场地面积，计算运输工程量提供依据。编制方法是，按施工进度计划表中所列的项目，根据工程量计算规则，以定额为依据，经工料分析后，按材料的名称、规格、数量、使用时间等要求，分别统计并汇总后编出。单位工程主要材料需要量计划如表 6-3、表 6-4 所示。

序号	材料名称	规格	单位	数量	需要量进度表					
					年（季度）			年		

主要构件、半成品需要量计划 表 6-4

序号	名称	规格	图号	需用量		使用部位	加工单位	供应日期	备注
				单位	数量				

4. 主要机具设备需要量计划

单位工程所需施工机械、主要机具设备需要量是根据施工方案确定的施工机械、机具型号，以施工进度计划、主要材料及构配件运输计划为依据编制。编制方法是将施工进度图表中每一项目所需的施工机械、机具的名称、型号规格、需要量、使用时间等分别统计汇总。单位工程主要机具设备需要量计划如表 6-5 所示。它是落实机具来源、组织机具进场的依据。

主要机具设备需要量计划 表 6-5

序号	机具设备名称	型号规格	电动机功率	需用量		来源	使用时间	备注
				单位	数量			

（五）施工平面图设计

单位工程施工平面图是表示在施工期间，对施工现场所需的临时设施、加工厂、材料仓库、施工机械运输道路，临时用水、电、动力线路等做出的周密规划和具体部署。

单位工程施工平面图是对拟建工程的施工现场所做的平面规划和布置，是施工组织设计的重要内容，是现场文明施工的基本特征。

1. 设计内容

施工平面图设计内容主要包括：

（1）建筑总平面图上已建和拟建的地上、地下的一切房屋、构筑物及其他设施的位置、尺寸和方位。

（2）自行式起重机、卷扬机、地锚及其他施工机械的工作位置。

（3）各种设备、材料、构件的仓库、堆放场和现场的焊接或组装场地。

（4）临时给水排水管线、供电线路、蒸汽压缩空气管道等布置。

（5）生产和生活性福利设施的布置。

（6）场内道路的布置及与场外交通的连接位置。

（7）一切安全及防火设施的位置。

2. 设计依据

（1）施工组织总设计及原始资料。

（2）土建施工平面图。了解一切已建和拟建的房屋和构筑物、设备及管线基础的位置、尺寸和方位。

（3）本工程的施工方案、施工进度计划、各种物资需要量计划。

3. 设计原则

（1）在保证施工顺利进行的前提下，现场布置尽量紧凑、减少施工用地及施工用各种管线。

（2）材料仓库或成品件的堆放场地，尽量靠近使用地点，以便减少场内运输费用。

（3）力争减少临时设施的数量，降低临时设施的费用。

（4）临时设施布置应尽量便于生产、生活和施工管理。

（5）符合环保、安全和防火的要求。

4. 设计步骤

安装工程施工主要围绕安装设备的二次搬运、现场组装或焊接、垂直吊装、检测和调试等项目进行。施工平面是一个变化的动态系统，施工平面布置图具有阶段性。施工内容不同，施工平面的布置也就不一样，一般应反映施工现场复杂、技术要求高、施工最紧张时期的施工平面布置情况。如大型设备安装，使用机械较多，设计施工平面图时，可按下列步骤进行。

（1）确定施工现场实际尺寸大小，用 1∶200～1∶500 的绘图比例绘图，图幅为 1～2 号图。

（2）绘出施工现场一切已建和拟建的房屋、构筑物、设备及管线基础和其他设施的位置。

（3）绘出主要施工机械的位置。

（4）绘出构配件、材料仓库、堆场和设备组装场地的位置。

（5）布置运输道路。

（6）布置行政、生活及福利用临时设施。

（7）布置水电等管线位置。

（六）施工技术组织措施

1. 保证工程质量的主要施工技术组织措施

（1）严格执行国家颁布的有关规定和现行施工验收规范，制定一套完整和具体的质量确保制度，使质量保证措施落到实处。

（2）对施工项目经常发生质量通病的方面，应制定防治措施，使措施更有实用性。

（3）对采用新工艺、新材料、新技术和新结构的项目，应制定有针对性的技术措施。

（4）对各种材料、半成品件等，应制定检查验收措施，对质量不合格的成品与半成品件，不经验收不能使用。

（5）加强施工质量的检查、验收管理制度。做到施工中能自检、互检，隐蔽工程有检查记录，交工前组织验收，质量不合格应返工，确保工程质量。

2. 保证安全施工措施

安全为了生产，生产必须安全。为确保安全，除贯彻安全技术操作规程外，还应根据工程特点、施工方法、现场条件，对施工中可能发生安全事故方面进行预测，提出预防措施。

（1）加强安全施工的宣传和教育。

（2）对采用新工艺、新材料、新技术和新结构的工程，要制定有针对性的专业安全技术措施。

（3）对高空作业或立体交叉施工的项目，应制定防护与保护措施。

（4）对从事各种火源、高温作业的项目，要制定现场防火、消防措施。

（5）要制定用电、各种机械设备使用、吊装工程技术操作等方面的安全措施。

3. 冬雨期施工措施

当工程施工跨越冬期和雨期时，应制定冬期施工和雨期施工措施。

（1）冬期施工措施。冬期施工措施是根据工程所在地的气温、降雪量、冬期时间，结合工程特点、施工内容、现场条件等，制定防寒、防滑、防冻和改善操作环境条件，保证工程质量与安全的各种措施。

（2）雨期施工措施。雨期施工措施是根据工程所在地的雨量、雨期时间，结合工程特点、施工内容、现场条件，制定防淋、防潮、防淹、防风、防雷、排水等，保证雨期连续施工的各项措施。

4. 降低成本措施

降低成本是提高生产利润的主要手段。因此，施工单位编制施工组织设计时，在保质、保量、保工期和保施工安全条件下，要针对工程特点、施工内容，提出一些必要的方法来降低施工成本。如就地取材、降低材料单价、合理布置材料库、减少二次搬运、提高工作效率等。

（七）主要技术经济指标计算

评价单位工程施工设计可用技术经济指标来衡量，技术经济指标的计算应在编制相应的技术组织措施计划的基础上进行。一般主要有以下指标：

1. 工期指标

指单位工程从开始施工到完成全部施工过程，达到竣工验收标准为止，所用的全部有效施工天数与定额工期或参考工期相比的百分数，即：

$$工期指标 = 设计工期/定额工期×100\%$$

2. 工程成本指标

（1）总工程费用：即完成该单位工程施工的全部费用。

（2）降低成本指标：

$$降低成本额 = 预算成本额 - 计划成本额$$
$$降低成本率 = 降低成本额/预算成本额×100\%$$

（3）日产值：

$$日产值 = 计划成本/工期（元/日、万元/日）$$

（4）人均产值。

3. 劳动消耗指标

(1) 单位产品劳动力消耗。

(2) 劳动力不均衡系数 K：

$$K = 最多工人数/平均工人数 \times 100\%$$

4. 主要施工机械利用指标

(1) 主要施工机械利用率。

(2) 施工机械完好率。

(3) 施工机械化程度。

此外，还有整体吊装程度及质量安全指标等。

第二节　电气工程施工方案

施工方案是单位工程或分部、分项工程中某种施工方法的分析，是对施工实施过程所耗用的劳动力、材料、机械、费用及工期等在合理组织的条件下，进行技术经济的分析，力求采用新技术，从中选择最优施工方法即最优方案。对于工程项目中一些施工难点和关键分部、分项工程，通常会编制专门的施工方案。因此，施工方案包含施工组织设计里编制和独立编制两种形式。

一、施工方案与施工组织设计的关系

（一）整体和局部的关系

施工组织设计和施工方案是密不可分的。不管是什么形式的施工方案，都是该工程施工组织设计必不可少的一部分。缺少了施工方案的施工组织设计，只有空洞的形式，而不具备项目管理规划和实施的作用，也就没有存在的意义。同样，完全脱离了施工组织设计的施工方案，也只是不切实际的技术文件，无法指导施工。

（二）指导与被指导的关系

施工组织设计确定了该工程项目的总体施工思想和全局部署，施工方案只是针对局部工程或分部、分项工程而编制的。施工方案不管如何编制，也不论何种形式，都必须在施工组织设计的总体规划和全局部署下进行。施工方案应在施工组织设计的指导下进行编制和实施。

二、施工组织设计和施工方案编制方法的区别

施工组织设计和施工方案，各有其特点，因此在编制时，采用的方法和技巧也有所不同。

（一）编制目的不同

1. 施工组织设计

施工组织设计是一个工程的战略部署，是工程全局的纲领性文件。要求具有科学性和指导性，突出"组织"二字，对施工中的人力、物力的选用方法，时间与空间的布置等方面给予周密的安排。它是宏观的管理性文件，依据合同、设计图纸及各类规范、标准、规定和相关文件进行编制，具有指导性。同时它也是根据质量目标的要求、业主的实际要求以及设计的要求来选择和明确施工方法。

2. 施工方案

它是依据施工组织设计关于某一分部、分项工程的施工方法而编制的具体的施工工艺，通过对此分部、分项工程的材料、机具、人员、工艺进行详细部署，保证质量和安全文明施工要求，具有可行性、针对性，并且符合施工及验收规范。

（二）编制的内容不同

1. 施工组织设计

施工组织设计编制的对象是工程整体，可以是一个建设项目，也可以是一个单位工程。它所包含的内容广泛，涉及工程施工的各个方面。从项目机构安排，施工方案选择，合理安排施工顺序和进度计划，有效选用施工场地，到优化配置和节约使用人力、物力、财力、技术等生产要素，进行协调各方面的工作，使施工有计划、有节奏，能够保证质量、进度、安全，取得良好的经济效益和环境效益。

2. 施工方案

施工方案编制的对象通常是分部、分项工程。它是指导具体的某个分部、分项工程施工的具体实施过程。其编制的内容通常包括该工程概况，施工中的重点难点分析，施工方法的选用比较，具体的施工方法和质量、安全控制以及成品保护等方面的内容。

（三）侧重点不同

施工组织设计侧重决策。决策具有前瞻性，强调全局规划。施工方案侧重实施，强调可操作性，要通俗易懂，便于局部具体的施工指导。

（四）出发点不同

施工组织设计从项目决策层的角度出发，是决策者的文件化反映，它更多反映的是方案确定的原则是如何通过多方案对比确定施工方法。施工方案从项目管理层的角度出发，是对施工方法的细化，它反映的是如何实施、如何保证质量、如何控制安全。

三、施工方案的编制原则及编制内容

（一）编制原则

1. 遵守国家的有关法律、法规和技术经济政策

在编制施工方案时，除了根据工程特点并结合本企业的施工工艺标准进行组织外，还必须满足相应规范的强制性条文的要求。这是我们编制方案时容易忽略的地方。因此，在编制施工方案前有必要了解规范强制性条文对该施工项目制定措施、方案的具体要求。除了国家制定的相关法律法规和标准，各地主管部门也出台了一些地方性要求，在编制施工方案时，也应该符合其要求。

2. 体现科学性、先进性、合理性、针对性

施工方案应该兼顾技术工艺的先进性和工艺合理性；能够实现综合流水作业，减少其拆、装、运输次数；对于辅助配套机械，其性能应与主导机械相适应，以充分发挥主导施工机械的工作效率。施工方案的选用是否先进、合理、经济，直接影响着工程质量、施工工期和工程成本，因此一定要在多种施工方案中进行技术经济比较，选择在技术上是先进的，能够保证工程质量、工期合理、成本经济的最优方案。

3. 安全可靠、便于操作、方便施工，应用新材料、新设备、新技术、新工艺

施工方案和施工机械的选择，是一项综合性的技术工作，必须在多方案比较的基础上确定。施工方案是根据工程类型，生产工艺特点，对分部、分项工程施工提出的操作要求。对技术上复杂或采用新技术、新工艺的工程项目，多采用限定的施工方法，因而提出

的操作方法及施工要点应详细；对于常见的工程项目，由于采用常规施工方案，所以提出的操作方法及施工要点可简单些。在选择施工机械的时候，应根据工程类别、工期要求、现场施工条件、施工单位技术水平等，以主导工程项目为主进行选择。

4. 在满足安全、质量和进度的前提下降低工程成本

施工项目成本控制包括施工项目成本预测、成本计划的编制与实施、成本核算和成本分析等主要环节，而以成本计划的实施为关键环节。因此，进行施工项目成本控制，必须具体研究每个环节的有效工作方式和关键控制措施，从而取得施工项目整体的成本控制效果。要将质量、工期、安全和成本相关目标结合起来进行综合控制，这样既实现了成本控制，又促进了施工项目的全面管理。

（二）施工方案的编制内容

为了严格施工方案的编制要求，《建设工程项目管理规范》GB/T 50236—2006 规定，施工方案应包括：

（1）施工流向和施工顺序；

（2）施工阶段划分；

（3）施工方法和施工机械选择；

（4）环境保护及方法。

如果该方案包含在各项目管理规划大纲或项目管理实施大纲中，上述内容能满足施工要求。如果对某一个分项工程单独编制施工方案，上述内容还不完整，一般来说，某一分项工程单独编制的施工方案应该主要包括以下内容：

（1）编制依据

（2）分项工程概况和施工条件，说明分项工程的具体情况，选择本方案的优点、因素以及在方案实施前应具备的作业条件。

（3）施工总体安排。包括施工准备、劳动力计划、材料计划、人员安排、施工时间、现场布置及流水段的划分等。

（4）施工方法工艺流程、施工程序、"四新"项目详细介绍。可以附图、附表说明。

（5）质量标准。阐明主控项目、一般项目和允许偏差项目的具体根据和要求，注明检查工具和检验方法。

（6）质量管理特点及控制措施。分析分项工程的重点和难点，制定针对性的施工及控制措施及成品保护措施。

（7）安全、文明及环境保护措施。

（8）其他事项。

（三）施工方案的编制要点

1. 编制电气施工方案施工进度计划

施工进度计划是在施工方案的基础上，根据规定的工期和技术物资供应条件，按照工程的施工顺序，用图表形式表示各分部、分项工程搭接关系及工程开竣工时间的计划安排。

施工进度计划反映了从施工准备工作开始，直到工程交付使用为止的全部施工过程的施工顺序、施工持续时间、工序相互衔接和穿插的情况，也反映了安装工程与土建工程的配合关系。施工的进度控制在整个工程中处于协调和带动其他工作的主导地位，它是保证

按时完成施工任务，合理安排资源供应的重要依据。

2. 编制资源需要量计划

施工进度计划编制确定后，便可编制劳动力需要量计划；编制主要材料、预制构件、门窗等的需用量和加工计划；编制施工机具及周围材料的需用量和进场计划。它们是做好劳动力与物资供应、平衡、调度、落实的依据，也是施工单位编制施工作业计划的主要依据。以下简述各计划表的编制内容及基本要求。

（1）劳动力需要量计划

该计划反映施工中所需要的各种技术工人、施工人数。一般要求按月、旬编制计划。主要根据确定的施工进度计划提出，其方案是按进度表上每天需要的施工人数、分工种进行统计，得出每天所需工种及人数，按时间进度要求汇总编制。

（2）主要材料需要量计划

该计划是根据施工预算、材料消耗定额和施工进度计划编制，主要反映施工过程中各种主要材料的需要量，作为备料、供料和确定仓库、堆场面积及运输量的依据。

（3）施工机具需要量计划

该计划是根据施工预算、施工方案、施工进度计划和机械台班定额编制，主要反映施工所需机械器具和名称、型号、数量及使用时间。

（4）预制构件需要量计划

该计划是根据施工图、施工方案及施工进度计划要求编制，主要反映施工中各种预制构件的需要量及供应日期，并作为落实加工单位以及按所需规格、数量和使用时间组织构件进场的依据。

3. 施工平面图

施工平面图，是对拟建工程的施工现场，根据施工需要的有关内容，按一定的规则而做出的平面和空间规划，它是施工方案的重要组成部分。

施工平面图一般包括以下内容：

（1）施工区域范围内，将已建和拟建的地上、地下的建筑物及构筑物的平面尺寸、位置标注出来，并标出河流、湖泊等位置及指北针、风向图等。

（2）拟建工程所需的起重机械、垂直运输设备、搅拌机械及其他机械的布置位置，起重机械开行的线路及方向等。

（3）施工道路的布置、现场出入口控制位置等。

（4）各种预制件堆放及预制场地所需面积、布置位置；大宗材料堆场的面积、位置；仓库的面积和位置；装配式结构构件的就位位置。

（5）生产性及非生产性临时设施的名称、面积、位置。

（6）临时供电、供水、供热等管线的布置；水源、电源、变压器位置；现场排水沟渠及排水方向等。

（7）土方工程的弃土及取土地点等说明。

（8）劳动保护、安全、防火及防洪设施布置以及其他需要的布置。

施工平面图的编制，尽可能进行多方案设计，并从满足施工要求的程序，施工占地面积及利用率，各种临时设施的数量、面积、所需费用，场内各种主要材料、半成品、构件的运距和运量大小，各种水电管线的敷设长度、施工道路，安全及劳动保护是否符合要求等方面进行分析和比较，选择合理、安全、经济可行的布置方案。

第三节　某学校宿舍楼普通灯具安装施工工艺

一、一般规定

1. 建筑电气普通灯具安装，必须按照施工图设计和施工质量验收规范的要求进行施工。

2. 为保证电气照明装置的施工质量，确保其安全和使用功能，必须控制照明器具接线相位的准确性。

3. 照明灯具安装应按以下程序进行：

（1）安装灯具的预埋螺栓、吊杆和吊顶上嵌入式灯具安装专用龙骨等已完成，按施工质量验收规范标准的要求，做承载试验，试验合格方可安装灯具。

（2）影响灯具安装的模板、脚手架拆除，顶板和墙面刷涂料、油漆、地面清理等工作基本完成，方可安装灯具。

（3）导线绝缘测试合格，方可进行灯具接线。

（4）高空安装的灯具，地面通断电试验合格，方可安装。

4. 照明灯具使用的导线，应能确保灯具承受一定的机械力和可靠接地，其工作电压等级不应低于交流 250V，最小线芯截面应符合设计和规范的有关规定，如表 6-6 所示。

导线线芯最小截面　　　　　　　　　　　　　　　　　　　　　表 6-6

灯具的安装场所及用途		线芯最小截面（mm^2）		
		铜芯软线	铜　线	铝　线
灯头线	民用建筑室内	0.4	0.5	2.5
	工业建筑室内	0.5	0.8	2.5
	室　　外	1.0	1.0	2.5
移动用电设备的导线	生活用	0.4	—	—
	生产用	1.0	—	—

5. 灯具检查

（1）根据灯具的安装场所，检查灯具的选型是否符合要求。

1）易燃和易爆场所应采用防爆式灯具。

2）有腐蚀性气体及特别潮湿的场所应采用封闭式灯具，灯具的各部件应做好防腐、防潮处理。

3）潮湿的厂房内和户外的灯具应采用有泄水孔的封闭式灯具。

4）多尘的场所应根据粉尘的浓度及性质，采用封闭式或密闭式灯具。

5）灼热多尘场所应采用投光灯。

6）可能受机械损伤的厂房内，应采用有保护网的灯具。

7）振动场所，灯具应有防振措施。

8）除开敞式外，其他各类灯具的灯泡容量在 100W 以上都应采用瓷灯口。

（2）灯内配线检查

1) 灯内配线应符合设计和规范要求。

2) 穿入灯箱的导线在分支连接处不得承受额外应力和磨损，多股软线的端头需盘圆、涮锡。

3) 灯箱内的导线不应过于靠近热光源，并应采取隔热措施。

4) 使用螺灯口时，相线必须压在灯芯柱上。

二、施工准备

（一）技术准备

（1）施工前，认真熟悉本专业施工图，做好施工图图纸的会审工作。

（2）编制施工组织设计或施工方案，并报上一级主管部门审批。

（3）依据施工图设计、施工组织设计或施工方案的要求进行安全和技术交底。

（4）灯具施工前，应复核其安装地点及安装方案是否符合施工设计要求。

（二）材料准备

灯具、灯座、塑料圆木台、绝缘导线、橡胶带、电工黑胶布、塑料胀管、木螺钉等。

（三）主要机具

（1）安装机具。一字形和十字形螺钉旋具、冲击电钻、组合木梯、圆头锤、电工刀、钢锯、扳手、钢丝钳、剥线钳、压接钳、电笔、手电钻、台钻、磁力线锤、锡锅等。

（2）检测机具。万用表、绝缘电阻表、数字拉力器。

（四）作业条件

（1）与土建工程施工工序密切配合，做好预埋件的预埋工作，以保证照明灯具的安装质量。

（2）照明灯具安装前，土建工程应全部结束，对照明灯具的安装无任何妨碍。

（3）安装前，应先检查预埋件及预留孔洞的位置、几何尺寸，是否符合施工图设计要求，并应将盒内杂物清理干净。

（4）预埋件固定应牢固、端正，间距合理、整齐。

（5）灯头盒内刷防锈漆，灯头盒四周修补完整。

三、材料质量控制

（1）查验产品合格证、产品检验报告等技术文件。

（2）型号、规格及外观检查应符合设计要求和规范标准的规定。

（3）外观检查。灯具涂层完整，无损伤，附件齐全。应急灯具应有消防认可、产品合格证、产品检验报告和中国国家强制性产品认证证书。

（4）电气照明灯具的接线应牢固，灯内配线电压不低于交流 500V，并且严禁外露，电气接触应良好。需接地或接零的灯具、开关、插座等非带电金属部分，应有明显标识的专用接地螺钉。

（5）塑料圆木台应有足够的强度，受力后无弯曲变形等现象。

（6）对成套灯具的绝缘电阻、内部接线等性能进行现场抽样检测。灯具的绝缘电阻值不小于 $2M\Omega$，内部接线为铜芯绝缘电线的绝缘层厚度不小于 0.6mm。对游泳池和类似场所灯具的密闭和绝缘性能有异议时，按批抽样送有资质的试验单位进行检测。

四、施工工艺

（一）工艺流程

灯具固定→组装灯具→灯具接线→灯具接地

（二）施工要点

1. 灯具固定

（1）在砖混结构安装照明装置时，应采用预埋吊钩、螺栓、螺钉、膨胀螺栓或塑料胀管固定。

（2）软线吊灯，灯具质量在 0.5kg 及以下时，用软电线自身悬吊安装；软线吊灯灯具质量大于 0.5kg 时，灯具安装采用吊链，且软电线均匀编叉在吊链内，使电线不受外力，编制叉间距应根据吊链长度控制在 50～80mm 范围内。

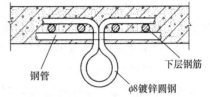

图 6-2　预埋吊钩

（3）吊灯灯具质量大于 3kg 时，应采用预埋吊钩或螺栓方案固定，如图 6-2 所示。

（4）灯具固定应牢固可靠，禁止使用木楔。每个灯具固定用的螺钉或螺栓不应少于 2 个。当塑料圆台直径为 75mm 及以下时，可采用 1 个螺钉或螺栓固定。

（5）采用钢管作灯具的吊杆时，钢管内径不应小于 10mm，钢管壁厚不应小于 1.5mm。

（6）花灯吊钩圆钢直径不应小于灯具挂销直径，且不应小于 6mm。大型花灯的固定及悬吊装置，应按灯具质量的 2 倍做承载试验。

（7）固定灯具带电部件的绝缘材料及提供防触电保护的绝缘材料，应具有阻燃特性。

（8）嵌入吊顶内的装饰灯具应固定在专设的骨架上，导线不应贴近灯具外壳，且在灯盒内应留有余量，灯具的边框应紧贴在顶棚龙骨侧面。

2. 灯具组装

（1）组合式吸顶花灯组装

1）首先将灯具的托板放平，如果托板为多块拼装而成，就要将所有的边框对齐，并用螺钉固定，将其连成一体，然后按照产品技术说明书及示意图要求把各个灯口装好。

2）确定出线的位置，将端子板到各灯口的距离掐线，把掐好的导线剥出线芯，盘好圈后，进行涮锡，然后压入各个灯口，理顺各灯头的相线和零线，用线卡子分别固定，并且按供电要求分别压入端子排，组装好后，试验灯具安装是否合格。

3）根据已固定好的端子板（瓷接头）至各灯口的距离掐线，把掐好的导线剥出线芯，盘好圆后，进行涮锡，然后压入各个灯口，理顺各灯头的相线和零线，用线卡子分别固定，并且按供电要求分别压入端子排，组装好后，试验灯具安装是否合格。

（2）吊灯花灯组装

首先将导线从各个灯口穿到灯具本身的接线端子排上，一端盘圈，涮锡后压入各个灯口，理顺各个灯头的相线和中性线，另一端涮锡后根据相序分别连接，包扎并甩出电源引入线，最后与电源引入线连接，通过吊杆穿出，组装好后，通电检查灯具安装是否合格。

3. 灯具接线

（1）穿入灯具的导线在分支连接处不得承受外力和摩擦，多股软线的端头应涮锡、盘圈，并按顺时针方向弯钩，用灯具端子螺钉拧固在灯具的接线端子上。

（2）螺口灯头接线时，相线应接在中心触点的端子上，中性线应接在螺纹端子上。

（3）荧光灯的接线应正确，电容器应并联在镇流器前侧的电路配线中，不应串联在电路内。

（4）灯具内导线绝缘层良好，严禁导线绝缘层破损漏电，灯具配线不得外露，并保证灯具能承受一定的机械力，可靠安全运行。

（5）灯具配线不许有接头，在引入处不应承受机械等外力。

（6）灯具线在灯头、灯位盒处应将软线端作保险扣，保证接线端子不受外力。

4. 塑料圆台安装

（1）将接灯线从塑料圆台的出线孔中穿出，将塑料圆台紧贴住建筑物顶板或墙体表面，塑料圆台的安装孔对准灯头盒螺孔，用机螺钉将塑料圆台固定牢固。

（2）把从塑料圆台甩出的导线留出适当维修长度，削出线芯，然后推入灯位盒内，线芯应高出塑料圆台的台面，用软线在接灯线芯上缠绕5～7圈后，将灯线芯折回压紧，用黏塑料带和黑胶布分层包扎紧密，将包扎好的接头调顺，扣于法兰盘内，法兰盘吊盒、平灯口应与塑料圆台的中心找正，用长度小于20mm的机螺钉固定。

5. 荧光灯安装

（1）吸顶荧光灯具安装

根据施工图设计确定出荧光灯具的位置，将荧光灯灯箱贴在建筑物表面，荧光灯灯箱应完全遮盖住灯位盒，对着灯位盒的位置打进线孔，将电源线甩入灯箱，在进线孔处应套上阻燃黄蜡管以保护导线。找好灯位盒螺孔的位置，在灯箱的底板上用电钻打好孔，用机螺钉拧牢固，在灯箱的另一端应使用胀管螺栓进行固定。如果荧光灯是安装在吊顶上，应该用自攻螺钉将灯箱固定在龙骨上。灯箱固定好后，将电源线压入灯箱内的端子上，把灯具的反光板固定在灯箱上，并将灯箱调整顺直，最后把荧光灯管装好。吸顶荧光灯的安装如图6-3所示。

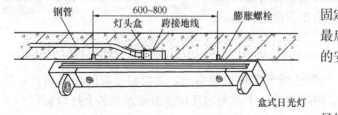

图6-3 吸顶荧光灯的安装

（2）吊链荧光灯安装

根据灯具的安装高度，将全部吊链编好后，把吊链挂在灯箱挂钩上，并且在建筑物顶板安装好塑料圆台，将导线依顺序编叉在吊链内，并引入灯箱，在灯箱的进线处应套上黄蜡塑料管以保护导线压入灯箱的端子板上。将灯具导线和灯位盒中甩出的电源线连接，并用橡胶带和电工黑胶布分层包扎紧密。理顺接头扣于法兰盘内，法兰盘中心应与塑料圆台的中心对正，用木螺钉将其拧牢。将灯具的反光板用机螺钉固定在灯箱上，调整好灯脚，最后将荧光灯管装好。

6. 各类花灯安装

（1）各类型组合式吸顶花灯的安装

根据预埋的螺栓和灯位盒的位置，在灯具的托板上用电钻开好安装孔和出线孔，安装时将托板托起，将电源线和从灯具甩出的导线连接并包扎严密，应尽可能地把导线塞入灯位盒内，然后把托板的安装孔对准预埋螺栓，使托板与顶板表面贴紧，塞上塑料胀管，并用木螺钉拧紧，调整好各个灯口，悬挂好灯具的各种装饰物，安装光源。

（2）吊式花灯安装

将灯具托起，并把预埋好的吊杆插入灯具内，把吊挂销钉插入后将其尾部掰成燕尾状，并且将其压平。导线接好头，包扎严实，理顺后向上推起灯具上部扣碗，将接头扣于其内，且将扣碗贴在顶板表面，塞上塑料胀管，并用木螺钉将其拧紧。调整好各个灯口，上好灯泡，最后配上灯罩。吊式花灯的安装如图 6-4 所示。

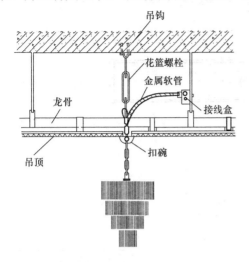

图 6-4 吊式花灯安装

7. 光带安装

根据灯具的外形尺寸确定其支架的支撑点，再根据灯具质量，选用型材，制作支架。做好后，根据灯具的安装位置，用预埋件或用管螺栓把支架固定牢固。轻型光带的支架可以直接固定在主龙骨上。大型光带必须先下好预埋件，将光带的支架用螺栓固定在预埋件上，固定好支架，将光带的灯箱用机螺钉固定在支架上，再将电源线引入灯箱，与灯具的导线连接并包扎紧密。调整各个灯口和灯脚，装上光源，上好 PS 密封罩，最后调整灯具的边框应与顶棚龙骨的装饰线平行。如果灯具对称安装，其纵向中心轴线应在同一直线上，偏斜不应大于 5mm。光带的安装如图 6-5 所示。

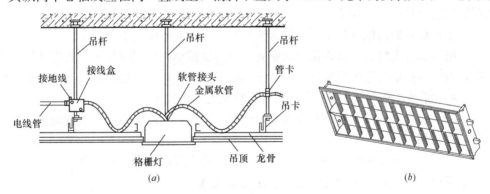

图 6-5 光带的安装
(a) 格栅灯带做法；(b) 格栅灯具外观

8. 壁灯安装

根据灯具的外形选择合适的塑料木台或灯具底托把灯具摆放在上面，四周留出的余量要对称，然后用电钻在木板上开出线孔和安装孔，在灯具的底板上也开好安装孔。将灯具的灯头线从塑料圆台的出线孔甩出，在墙壁上的灯位盒内接头，并包扎严密，将接头塞入盒内。把塑料圆台对正灯位盒、贴紧墙面，可用机螺钉将木台直接固定在盒子耳朵上。壁灯的安装如图 6-6 所示。调整塑料圆台或灯具底托使其端正不斜，再用机螺钉将灯具拧在塑料圆台或灯具底托上，最后配好光源和灯罩，安装在室外的壁灯，其台板或灯具底托与墙面之间应加防水胶垫，并设置泄水孔。

9. 灯具接地

当灯具距地面高度小于 2.4m 时，灯具的可接近裸露金属外壳必须接地（PE）可靠，

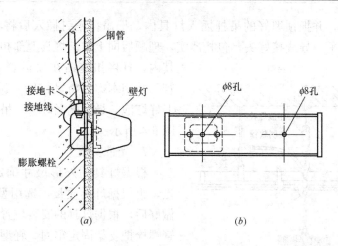

图 6-6 壁灯的安装

(a) 壁灯做法；(b) 壁灯外观

并应有专用接地螺栓，且有标识。

10. 灯具安装工艺的其他要求

（1）同一室内或场所成排安装的灯具，其中心偏差不应大于 5mm。

（2）荧光灯和高压汞灯及其附件应配套使用，安装位置应便于检查和维修。

（3）公共场所用的应急照明灯具和疏散指示灯，应有明显的标识。无专人管理的公共场所照明宜装设自动节能开关。

（4）矩形灯具的边框宜与吊顶装饰直线平行，其偏差不应大于 5mm。

（5）组合式荧光灯具，灯管排列应整齐，其金属或塑料的间隔片不应有扭曲等缺陷。

（6）对装有白炽灯泡的吸顶灯具，灯泡不应紧贴灯罩；当灯泡与绝缘台之间的距离小于 5mm 时，灯泡与绝缘台之间应采取设置石棉垫的隔热措施。

（7）安装在室外的壁灯应设有泄水孔，塑料圆台与墙面之间应有防水措施。

五、成品保护

（1）在安装、运输中应加强保管，成批灯具应进入成品库房，码放整齐、稳固；搬运时应轻拿轻放，以免碰坏墙面的镀锌层、涂层及玻璃罩。

（2）建立库管责任制，并设专人保管，对操作人员做好成品保护交底，领料过程中不应过早拆去包装箱。

（3）安装灯具时不得污染室内墙内、地面，碰坏墙面的阴、阳角。

（4）灯具安装完毕后，不得大面积再次刷涂料，防止照明器具的污染。

（5）照明装置施工结束后，对施工中造成的建筑物、构筑物局部破损部分，应及时修补。

六、安全环保措施

（1）应根据灯具的安装高度选用合适的人字梯，人字梯顶部应连接牢固，距人字梯底部 40～60cm 处要设强度足够的拉绳，不准站在人字梯最上一层作业，严禁从高梯上下抛工具及配料。

（2）手持电动工具的外壳、手柄、电缆线、插头、开关等必须完好无损。使用前，要作空载试验检查，运转正常后方可使用。

（3）手持电动工具使用前，对电动工具开关箱的隔离开关和漏电保护器进行仔细检查，开关箱检查合格后，方可使用手持电动工具。

（4）在露天或潮湿环境的场所必须使用Ⅱ类手持电动工具。

（5）在特殊潮湿环境场所，优先使用带隔离开关的Ⅱ类手持电动工具，如果使用Ⅱ类手持电动工具，必须装设防溅型的漏电保护器。

（6）不应把隔离变压器或漏电保护器设置在人员过往较多、狭窄场所，并应设专人看护。

（7）手持电动工具的负荷线采用耐气候型的橡皮护套铜芯软电缆，电缆不得有接头。

（8）组装灯具及安装灯具所剩的电线头及绝缘层外皮等不得随地乱丢，应分类收集，存放在指定的位置。

（9）灯具的包装袋、灯泡和灯管的包装纸不得随地乱丢，应分类收集，存放在指定的位置。

（10）灯具安装过程中掉下的建筑灰渣，应及时清理干净，做到工完场清。

（11）损坏的灯泡及灯管不得随地乱丢，应分类收集，存放在指定的容器内，统一处理。

七、质量标准

1. 主控项目

相关内容详见《建筑电气工程施工质量验收规范》GB 50303—2002 中普通灯具安装中的主控项目。

2. 一般项目

相关内容详见《建筑电气工程施工质量验收规范》GB 50303—2002 中普通灯具安装中的一般项目。

第四节　电梯安装工程施工设计

伴随着建筑业的发展，高层建筑不断涌现，电梯的使用和需求也日益增多。为建筑物内提供上下交通运输的电梯技术也得到了迅速的发展，在现代化的今天，电梯已不仅是一种生产环节中的重要设备，更是一种工作和生活中的必需设备。

电梯作为高层建筑垂直运输的主要交通工具，是由许多机构组合成的复杂机器。它的主要工作机构是悬挂在钢丝绳一端的轿厢和悬挂在钢丝绳另一端的对重，钢丝绳搭在曳引机的曳引绳轮上。其工作原理是：借助于曳引绳轮与钢丝绳之间的摩擦力来传动钢丝绳，从而使轿厢运行，完成提升和下放载荷的任务。如图 6-7 所示。

电梯属于起重运输类设备，安装工艺复杂，安装技术高、精度高。施工中，必须按"保证安装质量，提高安装速度"的原则选择适当的安装方法，编制合理的施工设计。现以某大厦电梯为例，介绍安装工程设计。

一、工程概况

某金融大厦安装 4 台 M-BD2 型客梯，置于主楼正厅两侧，每侧两台。其性能和技术参数为：

（1）载重 1000kg；

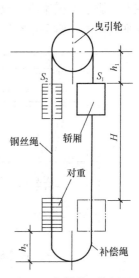

图 6-7　电梯的工作原理

（2）速度 1.75m/s；

（3）层站 26 层 26 站（地上 24 层，地下 2 层）；

（4）提升高度 93.6m；

（5）控制方式，微机程控；

（6）驱动方式：交流调速；

（7）曳引机位置：有齿轮曳引机安装在井道正上方；

（8）轿门种类：自动中分式，开度 1100m；

（9）梯井全高 97.5m；

（10）一层高度 5.5m；

（11）顶层高度 5.2m；

（12）底坑深度 2.8m；

（13）电源：交流 380V、220V、50Hz。

二、施工程序与施工方法

（一）清理井道、井道验收、搭脚手架

由建设单位向安装单位提交的电梯井道及机房土建施工技术资料有：混凝土强度报告、测量定位记录、几何尺寸实测值、质量评定表、测量基准点等。根据电梯土建总体布置图复核井道内净尺寸、层站、顶层高度、地坑深度是否相符，如果有不合图纸要求需进行修正者，应及时通知有关部门进行修正。

安装电梯是一种高空作业，为了便于安装人员在井道内进行施工作业，一般需要在井道内搭脚手架。对于层站多，提升高度大的电梯，在安装时也有用卷扬机作动力，驱动轿厢架和轿厢底盘上下缓慢运行，进行施工作业。也可以把曳引机安装好，由曳引机驱动轿厢架和轿底来进行施工作业。

搭脚手架之前必须先清理井道，清除井壁或机房楼板下因土建施工中所留下的露出表面的异物，特别是底坑内的积水杂物一般比较多，必须清理干净。在井道中按图 6-8 搭设脚手架。脚手架杆用 $\phi48\times4$ 钢管或杉木搭设。脚手架的层高（横梁的间隔）一般为 1.2m 左右。脚手架横梁应铺放两块以上 $\delta=50mm$，宽 200～300mm，长 2m 的脚手板，并与横梁捆扎牢固。脚手架在厅门口处应符合如图 6-9 所示的要求。

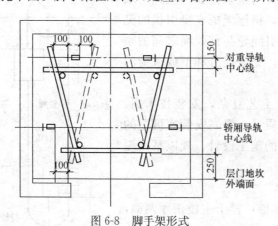

图 6-8 脚手架形式　　　　图 6-9 厅门口处的脚手架

随着脚手架搭设，设置工作电压不高于 36V 的低压照明灯，并备有能满足施工作业需要的供电电源。

（二）开箱点件

根据装箱单开箱清点，核对电梯的零部件和安装材料。开箱点件要由建设单位和施工单位共同进行。清理、核对过的零部件要合理放置和保管，避免压坏或使楼板的局部承受过大载荷。根据部件的安装位置和安装作业的要求就近堆放。可将导轨、对重铁块及对重架堆放在底层的电梯门附近，各层站的厅门、门框、踏板堆放在各层站的厅门附近。轿厢架、轿底、轿顶、轿壁等堆放在上端站的厅门附近。曳引机、控制柜、限速装置等搬运到机房，各种安装材料搬进安装工作间妥为保管，防止损坏和丢失。

（三）安装样板架、放线

样板是电梯安装放线的基础。制作样板架和在样板架上悬挂下放铅垂线，必须以电梯安装平面布置图中给定的参数尺寸为依据。由样板架悬挂下放的铅垂线是确定轿厢导轨和导轨架、对重导轨、轿厢、对重装置、厅门门口等位置，以及相互之间的距离与关系的依据。

样板采用 100mm×100mm 无节、干燥的红白松木制成，木板必须光滑平直、不易变形、四面刨平、互成直角。

在样板上，将轿厢中心、对重中心以及各放线点找出。用 ϕ1mm 的琴钢线和 25kg 重线坠放线至底坑，并用两台激光准直仪校正。

（四）轨道安装

（1）设置 8 个 25kg 线坠，选用 ϕ1mm 的琴钢线。

（2）按照安装图对导轨支架坐标精确放线。

（3）首先在井道壁上安装导轨支架。底座的数量应保证间距不大于 2.5m，且每根导轨至少有两个。

（4）在支架底座上安装导轨支架，其要求是支架背衬的坐标和整个井道内同侧的全部支架中心线，要与导轨底面中心线重合后临时固定。

（5）松开压板安装导轨。

（6）主导轨两侧都用压板临时固定后，即可固定支架。

（7）按表 6-7 要求精找导轨后固定压板。

导 轨 安 装 要 求 表 6-7

项　目		允　差（mm）	检查方法
导轨垂直度		0.7/5m 全长≤1	线坠和游标尺
导轨接头	局部间隙	0.5	塞尺
	台阶	0.05	钢板尺和塞尺
	允许修光长度	≥200	
顶端导轨架和导轨顶允距		≤500	
导轨顶与顶板		50～300	

（8）主导轨间距 1680mm，对重导轨间距 820mm，其允差均为＋2～0mm。

（9）导轨安装前要对其直线度及两端口接口处进行尺寸校正。

（五）轿厢组装

（1）拆除第 24 站中的脚手架，然后用两根道木（300mm×200mm×3000mm）由厅门口伸入设置支承梁。道木一端搭在厅门地面上，一端插入厅门对面的井道壁预留孔中。

（2）在支承梁上放置轿厢下梁，并将其调整找平。

（3）在支承梁周围搭设脚手板组成安装组对平台。

（4）在井道顶通过轿厢中心的曳引绳孔借用楼板上承重架用手拉葫芦悬挂轿厢架，组装轿厢架。

（5）安全钳安装：电梯安全钳为预先组装的 GK_1 型，安装时必须恰当地装配于紧固托架的下底。

（6）下梁与轿底安装：将轿底安放在导轨之间的支承梁上，用水平尺检测其水平度。调节导轨与安全钳楔块滑动面之间的间隙。调节导靴与导轨之间的间隙。

（7）轿壁安装：轿壁安装前对后壁、前壁和侧壁分别进行测量复验，控制尺寸。装配顺序为：后壁、侧壁、前壁、扶手。

（8）轿顶安装：当轿壁安装完毕之后，安装轿顶，并将轿厢固定在轿顶上，然后在轿顶上盖上保护顶板（木板），最后安装轿顶固定装置和附件。

（9）检查验收轿厢。

（六）机房设备安装

1. 承重梁安装

承重梁是承载曳引机、轿厢和额定载荷、对重装置等重量的机件。承重梁一端必须牢固地埋入墙内，埋入深度应超过墙厚中心 20mm，且不大于 75mm。本梯承重梁为 30 号槽钢焊制而成，另一端稳固在混凝土承重地梁上。

2. 曳引机安装

承重梁经安装、稳固和检查符合要求后，安装曳引机。曳引机底座与承重梁之间由橡胶作弹性减振，安装时按说明书要求布置。曳引机纵向和横向水平度均不应超过 1/1000。曳引轮的安装位置取决于轿厢和导向轮。曳引轮在轿厢空载时垂直度偏差必须≤0.5mm，曳引轮端面对于导向轮端面的平行度偏差不大于 1mm。制动器应按要求调整，制动时闸瓦应紧密地贴合于制动轮工作面上，接触面大于 70%，松闸时两侧闸瓦应同时离开制动轮表面，其间隙应均匀，且不大于 0.5mm。

3. 限速器导向轮安装

限速器绳轮、导向轮安装必须牢固，其垂直度偏差不大于 0.5mm。限速器绳轮上悬挂下放铅垂线，使铅垂线穿过楼板预留孔至轿厢架，并对准安全绳头拉后中心孔。

（七）缓冲器和对重装置安装

缓冲器和对重装置的安装都在井道底坑内进行。缓冲器安装在底坑槽钢或底坑地面上。对重在底坑里的对重导轨内距底坑地面 700～1000mm 处组装。安装时用手动葫芦将对重架吊起就位于对重导轨中，下面用方木顶住垫牢，把对重导靴装好，再将每一对重铁块放平、塞实，并用压板固定。

（八）曳引绳安装

当曳引机和曳引轮安装完毕，且轿厢、对重组对完毕后，则可进行曳引绳安装。

（1）曳引绳的长度经测量和计算后，可把成卷的曳引绳放开拉直，按根测量截取。

（2）挂绳时注意消除钢绳的内应力。

（3）将曳引绳由机房绕过曳引轮导向轮垂直对重，用夹绳装置把钢丝绳固定在曳引轮上，把连接轿厢端钢丝绳末端展开悬垂直至轿厢。

（4）复测核对曳引绳的长度是否合适，内应力是否消除，认定合乎要求后作绳头。本梯曳引绳绳径为 $\phi16\mathrm{mm}$，根数为 7 根。

（5）电梯要求绳头用巴氏合金浇注而成。先把钢丝绳末端用汽油清洗干净，然后再抽回绳套的锥形孔内。把绳套锥体部分用喷灯加热，熔化巴氏合金，将其一次灌入锥体。灌入时使锥体下的钢丝绳 1m 长部分保持垂直。灌后的合金要高出绳套锥口 10～15mm。

（6）曳引绳挂好，绳头制作浇灌好后，可借助手动葫芦把轿厢吊起，再拆除支撑轿厢的方木，放下轿厢并使全部曳引绳受力一致。

（九）厅门安装

本梯厅门为中分式结构，安装轿门和厅门应符合下列要求：

（1）厅门地槛的不水平度应控制在 1/1000 之内，厅门地槛比大厅地面略高，其值为2～5mm。

（2）厅门导轨与门套框架的垂直度和横梁的水平度均不应超过 1/1000。

（3）厅门和轿门的门扇下端与地槛间隙为 6±2mm。

（4）吊门滚轮上的偏心挡轮与导轨下端面的间隙不大于 0.5mm。

（5）各层厅门地槛和各层机械电气联动装置的滚轮与轿厢地槛的间隙均在 5～8mm之内。

（6）轿门底槛与各层厅门的地槛间距，偏差为＋2～1mm。

（7）中分门的门缝上、下一致，控制在 2mm 之内。

（十）电气装置安装

1. 施工临时用电

（1）在一层和机房各设一个电源分闸箱，每个闸箱的漏电保护开关容量不小于 60A；用电末端的漏电保护开关，其漏电动作电流不得超过 30mA；

（2）梯井内焊接作业，采用在井内放两根 $50\mathrm{mm}^2$ 的塑料铜线，再用软地线与井外电焊机连接，哪里用哪里开口，用后将破口包好。坚决杜绝借用钢结构和梯井管架作为地线进行焊接；

（3）井内照明采用一台低压变压器额定容量为 5kW、额定电压为 36V 供电，保证井内有足够的照明。

2. 安装控制柜和井道中间接线箱

控制柜跟随曳引机，一般位于井道上端的机房内，控制柜除按施工图要求安装外，还要保证：

（1）安装位置尽量远离门窗，其最小距离不得小于 600mm，屏柜的维护侧与墙壁的最小距离不得小于 700mm，屏柜的密封侧不得小于 50mm；

（2）屏柜应尽量远离曳引机等设备，其距离不得小于 500mm；

（3）双机同室，双排排列，排间距离不小于 5m；

（4）机房内屏柜的垂直度允差为 1.5/1000；机房内套管、槽的水平、垂直允差均为 2/1000。

井道中间接线箱安装在井道 1/2 高度往上 1m 的左右处。确定接线箱的位置时必须便于电线管或电线槽的敷设，使跟随轿厢上、下运行的软电缆在上、下移动过程中不至于发生碰撞现象。

3. 安装分接线箱和敷设电线槽或电线管

根据随机技术文件中电气安装管路和接线图的要求，控制柜至极限开关、曳引机、制动器、楼层指示器或选层器、限位开关、井道中间接线箱、井道内各层站分接线箱、各层站召唤箱、指层灯箱、厅门电连锁等需敷设电线管或电线槽。

（1）按电线槽或电线管的敷设位置（一般在厅门两侧井道壁各敷设一路干线），在机房楼板下离墙 25mm 处放下一根铅垂线，并在底坑内稳固，以便校正线槽的位置。

（2）用膨胀螺栓，将分线箱和线槽固定妥当，注意处理好分线箱与线槽的接口处，以保护导线的绝缘层。

（3）在线槽侧壁对应召唤箱、指层灯箱、厅门电连锁、限位开关等水平位置处，根据引线的数量选择适当的开孔刀开口，以便安装金属软管。

（4）敷设电线管时，对于竖线管每隔 2～2.5m，横线管不大于 1.5m，金属软管小于 1m 的长度内需设有一个支撑架，且每根电线管应不少于两个支撑架。

（5）全部线槽或线管敷设完后，需用电焊机把全部槽、管和箱联成一体，然后进行可靠的接地处理。

（6）电梯导线选用定额电压 500V 的铜芯导线。

（7）井道内的线管、线槽和分接线箱，为避免与运行中的轿箱、对重、钢丝绳、电缆等相互刮碰，其间距不得小于 20mm。

（8）电梯的电源线使用独立电源、并且单机单开关。每台电梯的动力和照明、动力和控制均应要分别敷设。

4. 装置安装

（1）接线箱和接线盒的安装应牢固平整，不能变形，在墙内安装的箱盒，如指示灯盒、按钮盒等，其外表面应与装饰面平齐；

（2）电气接地。所有供电电源零线和地线要分别设置，所有的电气设备的金属外壳均要接地良好，通过接地线分别直接接至接地端子或接地螺栓上，切勿互相串接后再接地。其接地电阻值不应大于 4Ω；

（3）磁感应器和感应板在安装时注意其垂直、平整。其端间隙为 10±2mm，磁开关和磁环中心偏差不大于 1mm；

（4）限位和限速装置的接线在调整完毕后，应将余留部分绑扎固定。

5. 电缆敷设

（1）井道电缆在安装时应使电梯电缆避免与限速器、钢丝绳、限位和缓冲开关等处于同一垂直交叉引起刮碰的位置上；

（2）轿箱底电缆架的安装方向要与井道电缆一致，并保证电梯电缆随轿箱运行井道底部时，能避开缓冲器并保持一定距离。井道电缆架用螺栓稳固在井道中间接线盒下 0.5m 处的井道墙壁上；

（3）电缆敷设时应预先放松，安装后不应有打结、扭曲现象。多根电缆的长度应一致。非移动部分用卡子固定牢固。

（十一）试运转

1. 电梯在试运转应达到的条件

（1）机械和电气两大系统已安装完毕，并经质量检查评定合格；

（2）转动和液压部分的润滑油和液压油已按规定加注完毕；

（3）自控部分已作模拟试验，且准确可靠；

（4）脚手架已拆除，机房、井道已清扫干净。

2. 试运转步骤

（1）手动盘车在导轨全程上检查有无卡阻现象；

（2）绝缘电阻复测和接地接零保护复测；

（3）静载试验：将轿厢置于最低层，平稳加入荷载。加入额定荷载的 1.5 倍，历时 10min，检查各承重构件应无损坏或变形，曳引绳在导向轮槽内无滑移，且各绳受力均匀，制动器可靠；

（4）运行：轿厢分别以空载、额定起重量的 50％ 即 0.5t 荷载、额定起重量 100％ 即 1t 荷载，在通电持续率 40％ 情况下往复升降各自历时 1.5h。

电梯在启动、运行、停止时，轿厢内应无剧烈的振动和冲击。制动器的动作可靠，线圈温升不超过 60℃，且温度均不高于 80℃（当室温为 20℃ 时）。端站限位开关或选层定向应准确可靠。

厅门机械、电气联锁装置、极限开关和其他电气连锁开关作用均应良好可靠。控制柜、曳引机和调速系统工作正常。

（5）超载试验：轿厢荷载达到额定起重量的 110％ 和通电持续率 40％ 的情况下，历时 30min。电梯应能安全启动和运行，制动器作用应可靠，曳引机工作应正常；

（6）安全钳检查：在空载的情况下，在一、二层试验，安全钳动作应可靠无误；

（7）油压缓冲器查验：复位试验，空载运行，缓冲器回复原状所需时间应少于 90s。负载试验：缓冲器应平稳，零件无损伤或明显变形；

（8）平层准确度允许偏差 ±7mm。

（十二）质监和安全部门核验

由甲、乙双方核验竣工移交手续，请质监部门在质量评定表上认定质量等级，请劳动部门在安全使用证上审定。

三、编制安装工程施工进度计划

电梯安装工程施工进度计划如表 6-8 所示。总工期为 120 天。

四、编制主要资源需要量计划

（一）劳动力需要量计划

主要工种劳动力需要量计划见表 6-9。

（二）主要工具计划（表 6-10）。

施 工 进 度 计 划　　　　　　　　　　　　　表 6-8

序号	施工过程	施工进度（天）											
		10	20	30	40	50	60	70	80	90	100	110	120
1	清理验收搭脚手架	━	━										
2	开箱点件	━	━										
3	安装样板放线		━	━									
4	轨道安装			━	━	━							
5	机房设备安装			━	━								
6	轿厢组装					━	━						
7	缓冲器、对重安装							━	━				
8	曳引绳安装								━	━			
9	厅门、轿门安装					━	━	━					
10	施工临时用电	━	━										
11	控制柜		━	━									
12	安分接线箱、敷线槽线管			━	━	━							
13	装置安装					━	━	━					
14	电缆敷设								━	━			
15	拆脚手架									━	━		
16	试运转										━	━	
17	验收移交											━	━

主要工种劳动力需要量计划　　　　　　　　　　　　表 6-9

工 种	人 数	工 种	人 数
项目经理	1	钳工	8
兼职质检员	1	起重工	2
兼职安全员	1	电工	4
机械工程师	1	焊工	2
电气工程师	1	材料员	1

主 要 工 具 计 划　　　　　　　　　　表 6-10

序号	名称	规格	数量	备注	序号	名称	规格	数量	备注
1	汽车	5t	1辆		7	对讲机		2套	
2	吊车	8t	1台		8	兆欧表	500V	1只	
3	手拉葫芦	3t	4只		9	电焊机	12kW	2只	
4	线坠	25kg	16个		10	手提式焊机		1台	
5	钳形表		1只		11	千斤顶	5t	4台	
6	万用表		2只		12	转速表		1块	

五、主要质量安全措施

（一）保证工程质量的措施

1．健全工地的质量管理体系。

2．严格执行专业操作规程，主要工种如电工、起重工、钳工和焊工要求持证上岗。

3．严格执行质量管理中的自检、专检和交接检查工作，做到各项检查有记录。

4．实行挂牌制，做到明确工作内容、质量标准、检验方法和检查验收条件等。

5．执行原材料、设备进场检查验收制度。

6．开工前组织全体施工人员学习规范、熟悉图纸，按程序施工。

7．在施工中，井道验收、导轨安装后验收均请质检站审验。

8．各工种各工序严格按规范和技术交底操作。

9．检测用量具和仪器必须经计量部门检查认定合格后，并在合格期内使用。

（二）保证安全生产的措施

（1）严格执行《建筑安装工人安全操作规程》。

（2）对全体施工人员分专业在开工前进行安全交底。

（3）充分利用"三宝"，杜绝违章施工现象。

（4）电动施工机具都要作好接地接零保护。

（5）焊机的二次接线做好绝缘保护，不准用钢结构、导轨作零线使用。

（6）工地实行安全值班制度。

（7）作好防火工作，现场明火作业严格按公司和上级规定申报批准，并严格按批准规范执行。

（8）井道内脚手架在使用前需要工地安全员检查，认定合格后方可使用。

（9）由于本工程层站多、井道内安装时分层加绳隔离防护。

（10）安装用料和零部件不能过度集中堆放，以防楼板超载。

（11）施工中要注意防潮、防水，现场设备要及时搬到室内，临时存放在室外的设备要注意垫高，并加盖苫布。

（三）降低成本措施

（1）开展全面质量管理，努力提高企业管理和工程质量，避免工程质量事故和安全事故发生。做好现场文明施工工作，从而保证在人力物力和财力上少支出，达到降低成本的目的。

（2）采取流水作业法，既可以确保工程顺利实现，又可以充分发挥人和机具的效率，减少施工机械和工具的使用台班,从而降低机械费。

(3)加强计划管理,在消耗材料的采购供应方面适应进度计划安排,达到流动资金周期短,资金利润率高而降低成本。

(4)严格执行内部承包合同,控制人工费支付也是降低工程成本的一个必不可少的方面。

本 章 小 结

本章主要介绍了设备安装工程施工组织总设计的作用、依据、程序以及所包含的内容,介绍了单位工程施工组织设计的编制程序和编制内容。通过对本章内容的学习,应掌握单位安装工程施工组织设计的编制,了解一些设备的施工组织设计程序。

复 习 思 考 题

1.施工组织设计的任务是什么?

2.施工组织总设计的作用和编制程序是什么?

3.施工组织总设计中的工程概况应反映哪些内容?

4.试述施工总平面图设计的内容、依据、绘制程序?

5.单位工程施工组织设计的编制依据和程序?

6.单位工程施工方案和施工方法主要包括哪些内容?

7.施工总用电量如何确定?如何确定导线截面大小?